CATALOGUE

RAISONNÉ

D'HISTOIRE NATURELLE

ET DE PHYSIQUE,

Qui compofe le Cabinet de M. DE
MONTRIBLOUD.

A LYON,

Chez JACQUENOD, Libraire, rue Merciere.

A PARIS,

Chez DURAND, Libraire, rue Galande,
Et chez tous les principaux Libraires de l'Europe.

M. D C C. LXXXII.
Avec Permiſſion.

AVERTISSEMENT.

LA réputation du Cabinet dont nous donnons ici le Catalogue, nous dispense d'en faire l'éloge. Nous devons cependant dire que les trois plus beaux Cabinets de Paris (ceux de M. DARGENVILLE, de Madame de BOISJOURDAIN, & de M. DAVILA) ont été fondus dans cette magnifique Collection, & qu'elle est le fruit de vingt-cinq ans de travail, pendant lesquels on n'a rien épargné pour se procurer les morceaux les plus capitaux & les plus rares.

Les différens objets d'Histoire Naturelle qui composent ce Cabinet seront vendus au plus offrant & dernier enchérisseur, dans le courant de l'année 1783.

Les papiers publics annonceront le tems préfixe de sa vente, que les circonstances ne permettent pas de fixer à ce moment.

Les perſonnes éloignées qui vôudront ſ
procurer les Articles dont elles auront fa.
choix dans le Catalogue , pourront s'adreſſe
à JACQUENOD , Libraire , rue Merciere
qui ſe chargera de leurs commiſſions
moyennant une proviſion.

L'on eſt prié de vouloir bien affranchi
les lettres , de bien déſigner les Numéros
& de fixer le prix à chaque objet.

CATALOGUE

Des Curiosités d'Histoire Naturelle du cabinet
de M. DE MONTRIBLOUD.

PREMIERE PARTIE.

Polypiers de substance solide ou pierreuse.

GENRE PREMIER.

C O R A U X.

N°. 1 UN bel arbrisseau de corail rouge en éventail,
de 10 pouces de largeur sur 6 de hauteur; il est
remarquable par deux branches cassées qui ont
été liées à la branche sur laquelle elles sont tombées,
par la substance même du corail. Il adhere naturellement à une base composée de divers polypiers
& vermiculaires. On a adapté sur cette base deux
autres arbrisseaux de corail d'un rouge sanguin.

Le groupe entier porte 11 *pouces de haut.*

2 Un groupe de deux arbrisseaux de même corail
adhérans naturellement à la même base : le premier,
disposé en éventail de la forme la plus agréable,

A

porte 7 pouces & demi de haut fur 7 pouces de large ; le fecond , 5 pouces de haut. On y a adapté un petit corail d'un rouge fanguin.

On remarque au morceau principal une branche caffée & recollée par la fubftance même du corail, comme à l'article précédent.

3 Un magnifique arbriffeau très-touffu, de corail rouge, revêtu de fon écorce ; il porte 11 pouces de large fur 9 de haut.

4 Un arbriffeau de corail rouge auffi recouvert de fon écorce : 7 pouces & demi de longueur fur quatre de largeur. Il eft couché fur une éponge noire à laquelle il adhere naturellement.

5 Un corail rouge en arbriffeau touffu , revêtu de fon écorce : 9 pouces & demi de haut , fur 8 pouces de large.

6 Un buccin tuberculeux de 6 pouces de longeur , bien confervé, auquel adhérent naturellement quatre branches de corail rouge , dont la principale eft en éventail, & porte trois pouces fur trois pouces. La bafe du corail s'étend en patte d'oye fur le buccin & le recouvre en partie : on y remarque de plus huit petits tubipores œuillets.

7 Trois branches de corail rouge fur une même bafe. La plus grande porte 5 pouces fur 4, & eft en partie recouverte de fon écorce.

8 Un groupe de trois branches de corail fur une même bafe : on y remarque une poulette légére- ment ftriée fur laquelle font des naiffances de corail.

9 Un groupe de madrépore corail blanc oculé , fur lequel s'élevent plufieurs branches de corail rouge fanguin : deux de ces branches fe terminent, l'une par un tubipore œuillet , l'autre par trois.

10 Un groupe de deux branches de madrépores , dont les extrémites fe terminent en œuillets recou- verts prefqu'entiérement de petites branches de corail rouge très-délicates , de vermiculaires & de coquilles.

Ce groupe très-agréable porte 10 *pouces fur* 7 : *quelques branches ont été collées.*

11 Un groupe d'un grand nombre de poulettes de différentes efpeces, de peignes, & d'autres coquilles, de plufieurs polypiers, & d'une infinité de petites branches de corail rouge, mêlées enfemble en tous fens, tant à l'extérieur qu'à l'intérieur de ce fuperbe morceau. On y remarque trois vermiculaires pains de bougie, & une branche de vrai corail blanc. Ce groupe porte 6 pouces en tous fens.

12 Un morceau de même nature ; on y remarque deux fortes branches de corail qui le traverfent, & plufieurs rétépores manchettes de Neptune ; il porte 8 pouces fur 7.

13 Un grand rocher de 15 pouces de long, fur 8 de large. Il eft compofé de différens polypiers ; fes cavités font tapiffées d'une grande quantité de branches de corail, poulettes, vermiculaires & autres fubftances marines : On y remarque un petit rétépore épineux, du travail le plus délicat, & une branche de corail dont les extrèmités fe divifent en petites éguilles qui forment des houppes; ce morceau admirable eft de la premiere diftinction.

14 Un rocher de même nature, chargé d'éponges, lithophytes, œuillets, & autres polypiers, fur lequel s'élevent deux branches de corail rouge avec leur écorce ; l'une porte 6 pouces de large.

Ce groupe entier porte 8 pouces en tous fens.

15 Une moyenne branche de même efpece, & avec les mêmes accidens que ceux du morceau décrit n°. 10.

16 Dix branches de corail rouge des variétés décrites fous les N^{ros}. précédens, dont plufieurs portent plus d'un pouce de diametre.

17 Un arbriffeau de vrai corail blanc à fortes branches, dont plufieurs ont près d'un pouce de diametre ; il porte neuf pouces de haut.

Ce morceau eft de la plus grande rareté.

18 Un morceau d'amphore ou bouteille antique ,
recouvert en partie par des vermiculaires , & des
racines de corail rouge.

GENRE SECOND.

MADREPORES.

19 UN bel arbriffeau de madrépore blanc oculé ,
des Indes , à étoiles plus nombreufes , moins profondes , moins faillantes , & à moins de rayons
que celles des coraux blancs oculés.

*Ce madrépore, de la plus grande rareté , porte fix
pouces de haut.*

Seba, planche CXVI, n°. 3.

20 Un rare & bel arbriffeau de madrépore blanc
à gros rameaux entortillés , liffes , blanc de
lait , dont les extrêmités font garnies de larges
étoiles , formées de lames verticales , dont quelques unes plus larges & plus faillantes que les
autres , fortent du calice de chaque étoile , & fe
rencontrent prefqu'au centre.

21 Un groupe de corail blanc oculé , de fix pouces
de haut.

22 Un madrepore branchu des Indes Orientales ,
rare , blanc de lait , à branches fines , nombreufes ,
chargées de petits tubules étoilés fort ferrés. Sa
forme eft des plus gracieufes. Il adhere à unpolypier
de l'efpece des faux coraux.

23 Un madrépore de la même efpece que le précédent,
de forme encore plus agréable.

24 *Idem* , plus grand.

25 Un très-grand madrépore rameux , de la Méditerranée , à étoiles larges & profondes , fituées aux
extrêmités des branches. Le refte de fa furface eft
ftrié , & tire fur le rougeâtre ; ce fuperbe madrépore,

(5)

connu fous le nom de grand rofier , porte dix-huit pouces de hauteur , fur autant de large.

26 *Idem* : 22 pouces de hauteur fur autant de large ; il forme un arbre de la plus grande beauté.

27 *Idem* : 11 pouces fur 10 pouces.

28 Un madrépore bois de cerf adhérant naturellement à un grand millepore , d'un blanc fâle , étendu en éventail , dont l'extrêmité des feuilles eft profondement découpée.

> *A cette particularité près , ce groupe reffemble , tant pour la grandeur que pour la forme , à celui repréfenté dans Seba (defcription de fon cabinet , tom. 3 , planche 114 , n°. 1.)*

29 Un bel arbriffeau du même madrépore ; il eft de la plus parfaite confervation , & porte 16 pouces de haut , fur un pied de large.

30 *Idem* : 13 pouces de large fur 11 de haut.

31 Un madrépore épis de bled en buiffon , de couleur brune : 17 pouces fur 15.

32 Un madrépore digité d'un brun très-foncé , à pores étoilés très-peu fenfibles.

> *Cette efpece eft rare.*

33 *Idem.*

34 Un fuperbe madrépore branchu , garni de tubules faillans , connu fous le nom d'épis de bled : il eft de la plus grande blancheur , de forme ronde , parfaitement confervé , & porte 20 pouces fur 18.

35 Un autre madrépore en épis de bled , formant ttois grandes tables fe détachant les unes des autres de la maniere la plus agréable : auffi de la plus parfaite confervation ; 22 pouces fur 15.

36 Un très-beau groupe de deux madrépores , digités épis de bled , d'efpece différente ; le premier dont les digitations font plus fortes , porte fept pouces , fur 7 ; le fecond , qui couronne le premier de la maniere la plus agréable a 16 pouces de large , fur 7 de haut.

A 3

*Le groupe entier dont l'adhérence est naturelle,
porte 16 pouces sur 14.*

37 Un très-beau madrépore digité, en demi-sphere,
1 pied de haut sur même largeur.

38 *Idem* : 8 pouces de large sur même hauteur.

39 Un madrépore en épis de bled très-blanc, bien
conservé, de 8 pouces sur 10 pouces.

40 Un beau madrépore, en buisson, très-blanc, bien
conservé, 9 pouces sur 11 ; c'est l'espece nommée
bois de cerf.

41 Un buisson très-épais de madrépore bois de cerf.

42 Une espece très-rare de madrépore, épis de bled,
à grosses branches noueuses & mamelonnées, à
tubules fort saillans, 11 pouces sur 7.

43 Un petit madrépore fort rare, à branches très-
fines, tubules très-saillans, & corps sillonné.

44 Un madrépore digité, en buisson, 9 pouces de
haut sur 8 de large.

45 Un madrépore à branches plus nombreuses, dont
les principales se subdivisent en d'autres plus petites
& comprimées, qui s'étendent en différens sens,
& imitent le choux-fleur.

46 Un grand & beau madrépore branchu, à rameaux
arrondis, épais & mousses aux extrêmités garnies
de tubules, connu sous le nom de madrépore
amarante, 11 pouces de haut sur un pied de large.

47 *Idem* de 8 pouces de haut sur 10 de large.

48 Un grand & rare madrépore gris-obscur, ressem-
blant à une grande feuille contournée, dont les bords
se rapprochent un peu en forme de cornet ; on
remarque çà & là dans l'intérieur, quelques rejetons
de la même forme ; ce madrepore est couvert de
tubules fort saillans, & est connu sous le nom de
char de Neptune.

49 Un autre char de Neptune d'une seule feuille brune
qui se contourne ; il porte 13 pouces de haut sur
16 de large.

50 Un très-rare madrépore brun, à tubules plus gros
& mousses, 17 pouces de haut sur 14 de large.

51 Un très-beau char de Neptune blanc , dont la feuille arrondie fe découpe par le bas, & forme un demi-cornet, 15 pouces de hauteur fur 18 de large.

52 Un très-beau madrépore de forme mince & applatie, femblable à l'agaric , à furface fupérieure , couverte de fillons onduleux & étoilés. Il eft recouvert de fix madrépores de même nature , qui adhérent naturellement l'un à l'autre, 18 pouces de long fur 9 de large.

53 Un madrépore agaric blanc des Indes , très-rare, à partie fupérieure , revêtue de protubérances cylindriques, groffes , étoilées , plus ou moins fail-lantes , formées de lames très - finement dentelées , qui en rendent la furface comme veloutée , 8 pouces de large fur 6 de haut.

54 Un autre à-peu-près de même grandeur , dont les tubules font moins faillans.

55 Un très-bel agaric en forme de chou à larges feuilles verticales, de la forme la plus agréable & de la plus belle confervation , 15 pouces de large fur 11 de haut.

56 Un madrépore agaric branchu , dont les branches laiffent entr'elles peu d'intervalle , 8 pouces de largeur , fur même longueur.

57 Un madrépore agaric de l'efpece de celui décrit no. 55 , 10 pouces fur 8.

58 *Idem* , 10 pouces de large , fur 6 de hauteur.

59 Un madrépore agaric à feuilles très-fines , pofées de champ en divers fens , 7 pouces fur 6.

60 Un madrépore nommé Calice ou Taffe , fait en forme d'entonoir très-évafé , à plufieurs feuilles , fe repliant en divers fens , & garniffant tout l'intérieur : ce fuperbe madrépore , parfaitement confervé, porte 14 pouces fur 15.

    On pourroit l'appeller auffi le Chou-Frifé.

61 Un autre madrépore de l'efpece du précédent, mais dont les feuilles font beaucoup plus contournées.

& ferrées : il porte 14 pouces de haut , fur un pied de large.

62 *Idem.*

63 *Idem* : l'intérieur eft entièrement rempli de mamelons plus ou moins faillans , 8 pouces fur 6.

64 Un madrépore de l'efpece de celui , décrit n°. 61.

GENRE TROISIEME.

A S T R O I T E S.

65 UN très-bel aftroïte oblong , à partie fupérieure convexe , & inférieure applatie , à grandes étoiles orbiculaires , bordées de petits jets faillans qui fe répandent dans les interftices des étoiles , 16 pouces de long fur 9 de large.

Seba , planc. 112 , n°. 19.

66 Un grand & fuperbe aftroïte à petites étoiles radiées , qui vont en pente vers le milieu : ce morceau , d'une beauté finguliere , eft de forme orbiculaire applatie. Ce groupe eft encore embelli par un madrepore feuilleté ; le milieu eft percé par des vermiculaires & des dails , dont les trous font garnis par la fubftance de l'aftroïte , 21 pouces fur 14.

67 *Idem* , & avec les mêmes accidens , un pied fur 13 pouces.

68 Un aftroïte à étoiles larges & non arrondies fur les bords , 14 pouces fur 12.

69 *Idem* que le n°. 66 , mais fans le madrepore feuilleté , 9 pouces fur 13.

70 Un aftroïte à très-petites étoiles , qui ne s'apperçoivent pas au premier coup d'œil , 12 pouces fur 9.

Cette efpece eft rare.

71 Un aftroïte de l'efpece de celui décrit n°. 66 , 9 pouces fur 10.

72 Un aſtroïte arrondi, de l'eſpece de celui décrit no.65, très-remarquable, en ce qu'il eſt compoſé de quatre demi-calottes hémiſphériques, poſées l'une ſur l'autre.

73 Un aſtroïte rare, de couleur brune, dont les pores arrondis & compoſés de lames très-fines ſont ſaillans ſur leurs bords.

74 Un aſtroïte à tubules arrondis, à bords ſaillans de 4 lignes de large, ſéparés par des lames inclinées.

75 Un aſtroïte décrit no. 66, & groupé naturellement ſur une coquille nommée l'aigrette.

76 Trois autres aſtroïtes des eſpeces ci-deſſus décrites.

GENRE QUATRIEME.

T U B I P O R E S.

77 Un magnifique tubipore des Indes en maſſe arrondie, à longs tuyaux, plus gros, plus ſaillans, que dans les eſpeces que donne la Méditerranée, formés de lames minces, déliées, preſque perpendiculaires, 17 pouces ſur 18.

78 Un autre tubipore, auſſi des Indes, dont les tubes ſont moins longs & moins arrondis.
  Ce joli madrépore porte 9 pouces de diametre.

79 Un petit tubipore à tubes bifourchus.

GENRE CINQUIEME.

M I L L E P O R E S.

80 Un rare & beau millepore de Curaçao, à feuilles blanchâtres, larges, minces, étendues, & piquées de petits trous ronds : il reſſemble à un grand chou qui ne ſeroit pas pommé.

L'huître extraordinaire dont parle Seba, planche 89, n°. 10, peut donner une idée de ce millepore.

81 Un grand millepore des Indes, rare, & des mieux confervés, à branches chargées de rameaux noueux & délicats, diverfement contournés, s'entrelaçant les uns dans les autres, & formant un buiffon des plus épais, d'une forme agréable : Ce morceau à 15 pouces fur 14.

82 Un autre de même efpece, mais très - remarquable, en ce qu'il s'eft formé fur une groffe bouteille, dont il revêt la fuperficie ; toutes les branches feuillues de ce millepore font adhérentes au goulot de la bouteille, d'où elles s'étendent en différens fens & forment un bouquet auffi agréable que curieux. Les polypes ont étendu leur ouvrage tout autour des bords du goulot fans enfermer l'orifice, ni pénétrer en dedans, comme on s'en eft affuré par une ouverture pratiquée au ventre de la bouteille pour voir dans l'intérieur : ce morçeau intéreffant a été péché à la Barbade.

83 Un millepore branchu à dentelures allongées, droites, & en forme de petites mains étendues, ce qui l'a fait nommer *digitata*. On y remarque deux tiges de l'éponge nommée la flûte de Pan, à caufe des trous qui garniffent fes çôtés : il porte 14 pouces fur 10.

84 Un autre millepore à feuilles applaties, minces, & profondement découpées, s'élevant perpendiculairement fur une branche horizontale du madrepore corne de cerf : à l'une des extrêmités s'éleve une autre tige en angle droit avec la premiere ; elle eft recouverte du même millepore, ainfi qu'un gateau feuilleté qui eft à fa bafe.

Ce charmant morceau imite une charmille, au bout de laquelle feroit un arbre.

85 Un millepore de l'efpece précédente, adhérant à un lambis, & recouvrant en partie un très-beau gateau jaune & un rouge : d'entre les branches

du millepore s'éleve une tige d'une éponge grife , épineufe, formée en godet. Ce morceau , ainfi que le fuivant, eft très-agréable.

86   Un autre millepore à feuilles plus larges non reper-cées , groupé naturellement fur un lambis.

87   Un très-grand & beau millepore en buiffon très-épais à feuilles profondément découpées & reper-cées ; il porte 20 pouces de large fur 12 de haut , & eft prefqu'entiérement recouvert par un alcyon cartoneux, garni de pores arrondis, qui lui don-nent quelque reffemblance avec le madrepore agaric.

88   *Idem* , plus petit avec les mêmes accidens.

89   Un millepore à groffes branches rameufes , dont les extrêmités s'étendent en patte d'oie, 11 pouces fur 8.

90   Un millepore de la même efpece , mais de moindre volume.

91   Un grand millepore à très-larges feuilles épaiffes & mamelonnées ; on remarque fur toute fa fur-face des petites bulles applaties , percées dans le milieu , 18 pouces de l'arge fur 14 de haut.

92   Un millepore à branches applaties digitées , très-nombreufes , raffemblées en un buiffon fort épais : il eft femé par-tout de glands de mer recouverts par la fubftance du millepore , ainfi qu'une bran-che du lithophyte , nommé panache de mer , qui fort d'entre les branches du millepore ; toute la bafe eft hériffée de petites tiges de faux corail lilas à branches fines arrondies & granuleufes. Ce beau groupe porte 18 pouces de large fur 9 de haut.

93   Un grand millepore à larges feuilles brunes , dont les extrêmités fe divifent en plufieurs crêtes.

94   *Idem.*

95   Un très-beau millepore bleu à larges feuilles digitées, de l'Ifle de France , un pied de diametre.

96   *Idem* , moins grand.

96 *A.* Un superbe millepore feuillu, d'un volume prodigieux : il porte deux pieds trois pouces de
diametre, sur plus d'un pied & demi de haut.

96 *B.* Un autre d'un pied & demi en tous sens.

*On ne connoît rien en ce genre de plus rare pour
le volume, que ces deux morceaux.*

GENRE SIXIEME.

RETÉPORES ET ESCARRES PIERREUSES.

97 UN beau rétépore de la Méditerranée, nommé
Manchette de Neptune : il est à larges feuilles
minces & délicates, percées à jour de trous ovales
comme de la dentelle. Ce joli morceau, grand
pour son espece, porte quatre pouces sur quatre.

98 Un grand rétépore de couleur brune à feuilles très-
minces, diversement contournées en façon d'écorce
ou de croûte, piqué de très-petits points, comme
de trous d'éguilles.

99 Un autre dont les plis sont plus larges.

100 Six, tant escarres que manchettes de Neptune,
retépores à larges mailles, &c.

101 Sept, *idem.*

102 Vingt deux morceaux, tant escarres que rétépores
& alcyons, dont un galet recouvert d'un madrepore agaric, à surface extérieure parsemée de
pores étoilés peu saillans, assez larges, & dont
les stries sont en dedans : ce galet sert aussi de
support à un madrépore feuilleté, à une jolie
astroïte, & à quelques valves d'huitre du genre
des gateaux feuilletés.

GENRE SEPTIEME.

MÉANDRITES.

103 UNE très-groſſe méandrite d'Amérique , de forme orbiculaire , à côtes minces ; aiguës, ſinueuſes & lamelleuſes , laiſſant des intervalles peu larges , au milieu deſquels les lames viennent à boutir : elle porte 10 pouces & demi, & adhere à un grand panáche de mer.

104 Une autre très-groſſe méandrite de la même forme, dont les côtes ſont plus fortes : elle porte dix-huit pouces de diametre.

105 Une très-belle méandrite des Indes, de forme orbiculaire, à bandes très-ſaillantes plus larges, & d'une ſtructure plus ſerrée que les ſillons qui les ſéparent : ces bandes ont ceci de particulier, qu'au lieu d'aller en s'étréciſſant vers le ſommet, comme dans les autres eſpeces , elles ſont creuſées en gouttiere , s'étreciſſent vers la baſe , & forment comme autant de ruiſſeaux tortueux, dont le lit eſt plus ou moins large.

Ce magnifique & très-rare morceau porte dix-huit pouces de diametre.

Nous ne croyons pas qu'aucun cabinet en poſſede un plus beau.

106 Une belle méandrite de forme ſphéroïdale applatie, à côtes épaiſſes par la baſe , minces & cannelées à leurs extrêmités , ſéparées par de profonds & larges ſillons lamelleux , 11 pouces de diametre.

107 Une autre méandrite qui ne diffwhere de la précédente qu'en ce que les ſinuoſités en ſont plus larges & qu'elle eſt demi-ſphérique ; elle porte 11 pouces de diametre.

108 *Idem.*

109 *Idem*, dont les finuofités font des plus larges.

110 Une très-jolie méandrite adhérente à une large feuille de millepore ; elle eft d'une blancheur éclatante ; fes finuofités fe réuniffent pour former une fuite de cellules à peu près comme celles des œillets.

111 Une très-belle méandrite de forme orbiculaire, à gros mamelons, dont les finuofités fuivent les contours ; 9 pouces de haut fur 11 de large.

112 Une méandrite en plateau arrondi de 11 pouces de diametre.

113 Une méandrite en cylindres, d'une ftructure très-fine & très-ferrée, dont les côtes font très-minces & peu faillantes, ce qui la rend chatoyante, 7 pouces de haut fur 6 de large.

114 Une jolie méandrite orbiculaire à côtes très-aigues, compofées de lames fort féparées, & formant des finuofités, au fond defquelles s'éleve une lame très-mince qui en fuit tous les contours.

115 Deux méandrites à plis groffiers, lamelleux, dont les interftices font très-profonds.

116 Deux autres à côtes plus aigues, & à interftices profonds.

117 Une méandrite de l'efpece décrite nᵒ. 113 ; elle a été caffée & recollée.

GENRE HUITIEME.

FONGIPORES.

117 UN très-rare fongipore, appellé le chou de mer ; il eft du plus beau blanc, à feuilles papyracées, frifées & dentelées, dont les deux furfaces font couvertes de lames longitudinales.

Ce morceau, qui eft d'une beauté finguliere, & très-

grand pour son espece, porte cinq pouces de haut sur sept de large.

118 Un très-petit fongipore de même espece.

119 Le grand bonnet de Neptune, ou la mitre Polonoise, de forme arrondie, & très - gracieuse; sa partie convexe est terminée par un gros tubercule, en façon de bouton, d'où partent en tous sens des lames minces fort serrées, dont les dentelures très- faillantes, forment de distance en distance, de petits tubercules étoilés qui le distinguent des autres especes; sa partie concave est garnie de stries granu- leuses & pointues.

Rhum-phius Herb. amb. tom. 6, tab. 88. n. 3. Mém. acc. des Sciences 1700 pag. 3. planc. 1.

Ce rare morceau a 5 pouces de haut, sur huit de large.

120 Un grand fongipore de l'espece des bonnets de Neptune, de forme ovoïde, allongé, très-convexe, à sommet traversé d'un sillon peu profond, à lames dentelées non continues, mais par boucles irrégulieres, imitant assez la toison d'un mouton, & à bords festonnés, un peu comprimés vers le milieu; il porte 16 pouces de long, sur cinq & demi de haut, cinq dans sa plus grande largeur, & trois dans l'étranglement du milieu.

Seba pl. 3. n. 5.

121 *Idem* à lames plus fortes, 18 pouces de long sur 7 de large.

122 Un fongipore de forme ovoïde, allongé, différent des précédens, en ce qu'il est couvert de lames écailleuses très-petites, environnées d'autres plus minces & plus enfoncées, qui partent de différens centres. Il a 9 pouces de long sur 4 de large, & ressemble assez, quand il est sur sa base, à un chien accroupi sur ses quatre pattes, dont la queue seroit repliée en dessous.

123 Un autre petit fongipore de même forme, à lames minces, écailleuses, droites, fort serrées, les unes contre les autres; on voit sur le milieu du dos un sillon fait en pente, garni de lames radiées; ce joli fongipore est connu sous le nom de taupe marine ou chenille.

124 Un très-beau fongipore de l'efpece décrite nº. 120.
Il eft à quatre lobes reguliérement difpofés en croix;
cet accident le rend très-rare.

125 Un fongipore rare des Indes, de forme conique,
dont la circonférence eft garnie de grandes lames
dentelées, qui fe réuniffent au fommet, pour y
former une fente très - profonde ; les intervalles
des grandes lames font remplis de quatre ou cinq
lames moins épaiffes & moins faillantes, qui aboutiffent au même centre, mais de maniere que les grandes
lames forment feules les deux levres de cette fente.
L'intérieur eft organifé de la même maniere ; mais
au lieu des dentelures des grandes lames, ce font
de longs tubercules épineux, les lames intermédiaires
font auffi plus épaiffes & moins diftinctes.

126 Un fongipore, ou champignon de forme moins
convexe, à lames moins faillantes, moins dentelées
& plus ferrées ; un des côtés de fa circonférence
forme un repli, tant au-dedans qu'au dehors.

127 *Idem* avec un fecond champignon dans l'intérieur.

128 *Idem.*

129 Un champignon de l'efpece, décrite no. 126, mais
formant plufieurs plis.

130 Un fongipore rare, à grandes lames, épaiffes non
dentelées, le fommet forme plufieurs replis

131 Un rare fongipore, œuillet à grandes lames très-
minces & très - féparées, formant dans l'intérieur
plufieurs finuofités.

132 *Idem* dont les finuofités font convergentes.

133 Un groupe d'œuillets à fortes lames, dont les bords
font épineux, les interftices larges & profonds,
plufieurs en fe réuniffant forment des finuofités.

POLYPIERS DE SUBSTANCE MOLLE OU FLEXIBLE.

GENRE PREMIER.

FAUX CORAUX.

134 QUATRE faux coraux, dont un rare en buiſ-
ſon, à branches fines , arrondies , articulées,
blanches, & ſe diviſant en petits rameaux qui
partent pluſieurs enſemble de la même articulation,
en forme d'étoiles , & forment en s'entrelaçant
une maſſe fort touffue ; les trois autres ſont à
petits rameaux arrondis, courts, non articulés,
& adhérent chacun a un petit coquillage du genre   Seba , pl.
des ſabots , qui eſt auſſi recouvert de la même   108, no. 8.
ſubſtance blanchâtre.

Cette circonſtance jointe au défaut de pores ,
de cavités , d'écorce celluleuſe , pourroit faire
regarder ces faux coraux comme une véritable
concrétion, s'ils n'avoient d'ailleurs une organiſa-
tion auſſi réguliere, que celle des autres polypiers.

135 Un très-joli faux corail blanc en arbriſſeau , dont
les branches applaties ſe diviſent en rameaux très-
délicats , garnis ſur leurs arrêtes de petits grains.

136 Un faux corail en arbriſſeau du travail le plus
délicat ; ſes branches ſe diviſent en ramifications ſi
déliées , qu'au premier coup d'œil elles ſemblent
épineuſes ; ce charmant morceau porte 6 pouces
de haut ſur 5 de large.

137 Un faux corail lilas à branches fines , arrondies,
granuleuſes.

Un autre blanc , dont les ramifications très-fines
ſont ſi ſerrées qu'il ſemble velouté ; & un de l'eſpece
décrite ſous le no. 134.

B

138 Un très-bel arbre de faux corail rouge articulé,
d'un seul tronc, se partageant en neuf grosses
branches qui se subdivisent en ramifications les
plus délicates.

  *Ce superbe morceau porte 18 pouces de haut sur 17
de large.*

139 Un autre arbrisseau de faux corail rouge articulé,
formé de deux principaux troncs liés ensemble par
leur base, se divisant chacun en moyennes &
petites branches, mais plus grosses que dans le
précédent.

140 Un très-bel arbrisseau de faux corail blanc articulé,
dont les digitations sont d'une substance pierreuse,
d'un gris blanchâtre, assez profondement striées,
& dont les articulations sont presque lisses, petites,
& d'une substance ornée d'un brun noirâtre;
14 pouces de haut sur 7 de large.

141 Un arbrisseau de faux corail blanc articulé, qui
ne differe du précédent que par ses articulations
qui sont plus grosses & plus larges.

MÉLANGE DE POLYPIERS DES ESPECES CY-DESSUS DÉCRITES.

142 UN groupe de branches de corail entortillées
avec divers polypiers, de l'espece décrite n°. 11.

143 Une grosse huitre bivalve du genre des gryphites
ou crête de coq, adhérente à une grosse branche
de manglier, sur laquelle s'éleve un madrépore de
l'espece des choux-fleurs.

144 Un madrépore épi de bled, auquel adhére une
petite huitre épineuse aurore, à feuilles plattes &
larges, des Indes.

145 Un madrépore à grosses branches arrondies, chargées
de petits tubercules, espece connue sous le nom
d'amarante.

146 Quatre petits madrépores choux-fleurs, corail blanc
oculé, &c.
147 Six autres, dont deux rofiers.
148 Douze autres, dont plufieurs coraux blancs oculés,
choux-fleurs, agarics, &c.
149 Neuf méandrites, œuillets & autres.

GENRE SECOND.

KÉRATOPHYTES OU LITHOPHYTES.

150 -- 1. UN très-grand kératophyte des Indes, connu
fous le nom impropre de corail noir; il eft légérement ftrié, & fes principales branches fe divifent
en un très-grand nombre de petits rameaux
flexibles, d'un roux noirâtre, demi tranfparens,
& dont les extrêmités font très-fines; il adhére
par un gros & large pédicule à un madrépore de
l'efpece des méandrites, qui lui fert de bafe.
Ce morceau a 3 pieds & demi de hauteur.
150 -- 2 Une grande branche de corail noir très-
luifant & très-foncé; elle fe divife en deux principales branches, qui fe partagent enfuite en plufieurs autres; le tout a 4 pieds de haut.
150 -- 3 Une autre tige de même nature, mais moins
grande.
150 -- 4 Un rare & fuperbe kératophyte de Sicile,
noir, luifant, de fubftance cornée; la tige d'environ 4 lignes de diametre s'éleve à 6 pieds, &
de pieds à autre environ, il fe détache de longues
branches, dont l'une a cinq pieds de longueur.
Cette tige eft en colonnes torfes, dont la côte
qui forme une fpirale, a environ une ligne
de faillie; les pas de la fpirale ont 4 lignes de

largeur ; toute la furface eft hériffée de longs poils
fauves, qui font en angle droit avec la tige, &
la rendent comme chevelue.

150 -- 5 Un grand kératophyte à quatre principales tiges
applaties, ftriées, noirâtres, revêtues d'une écorce
tartareufe blanc - fâle, chargées de long filets capillaires revêtus de la même écorce tartareufe, &
qui fe recourbant, forment de fuperbes panaches.
Ce beau morceau porte 5 pieds de haut.

150 -- 6 Un très-beau kératophyte à tiges garnies de
branches alternes, nombreufes, flexibles, étendues
en éventail, revêtues d'une écorce blanchâtre,
dont les cellules font fort faillantes, & difpofées
autour de la tige & des rejetons en forme de
petites grappes ; 2 pieds de hauteur.

150 -- 7 Un kératophyte en arbriffeau à tiges rondes
ramifiées en différens fens, noirâtres, recouvertes
d'une écorce tartareufe grife, à tubercules très-
faillans, qui le rendent épineux ; il eft remarquable
encore par plufieurs étoiles de mer, de l'efpece des
fcolopendroïdes, qui y font adhérentes.

150 -- 8 Un kératophyte des Indes à trois principales tiges noirâtres, arrondies, d'où partent latéralement de longs filets ; le tout eft recouvert d'une
écorce tartareufe blanchâtre, les tiges font garnies
naturellement de huit groupes de l'huitre-feuille à
denture & charniere, comme les crêtes de coq,
plufieurs font bivalves ; ce kératophyte porte 2 pieds
& demi de haut.

150 -- 9 Un beau kératophyte de fubftance cornée,
brune, à branches principales, chargées de petits
rameaux capillaires, revêtues d'une écorce tartareufe
& granuleufe, d'un rouge-pâle ; il adhere à un galet,
s'étend en éventail, & porte 16 pouces de haut
fur 20 de large.

150 -- 10 Un kératophyte à tiges rondes, ftriées légérement, garnies de longues branches nombreufes,

recouvertes d'une écorce tartareufe d'un beau rouge , formant d'efpace en efpace de gros nœuds , & par-tout ponctuées de jaune : les branches de ce beau kératophyte formant un buiffon épais font embarraffées en quelques endroits par différens madrépores, rétépores & vermiculaires.

150 -- 11 *Idem*, d'une couleur moins vive , & difpofé en éventail.

150 -- 12 *Idem*, à tubercules beaucoup plus gros, & dont quelques branches font dépouillées de leur écorce.

150 -- 13 Un kératophyte de fubftance cornée brune, à tiges & ramifications applaties , recouvertes d'une écorce tartareufe rouge.

150 -- 14 Un kératophyte à tige brune , fe divifant en plufieurs branches ; fingulier en ce que celles d'un côté font revêtues d'écorce rouge , & celles de l'autre d'écorce grife.

150 -- 15 Un kératophyte à tige arrondie , fe ramifiant en branches très-déliées , recouvertes d'écorce rou-geâtre. Il adhere à un caillou fur lequel s'éleve un autre petit lithophyte à écorce grife.

150 -- 16 Un kératophyte à branches principales , fe fubdivifant en plufieurs rameaux qui s'élevent droit ; l'écorce qui le couvre eft jaunâtre & ponc-tuée de petits trous.

150 -- 17 Un kératophyte à tige fauve , arrondie , garnie de branches déliées ; il eft recommendable par une huitre de l'efpece connue fous le nom d'hirondelle, qui y adhére.

150 -- 18 Un kératophyte à branches déliées , ftriées , grisâtres , dans lefquelles eft embarraffé un ovaire de raie.

150 -- 19 Un kératophyte à groffes branches finueufes, dépouillées de leur écorce.

150 -- 20 Un kératophyte de fubftance cornée , dont les rameaux font recouverts par un millepore à feuilles repercées & digitées.

150 -- 21 Un kératophyte à tige grisâtre, cannelée, dont les branches montent droit, & font recouvertes d'une écorce tartareuſe, jaunâtre qui forme de longues tiges cylindriques de 8 lignes de diametre, de la même groſſeur dans toute leur étendue, & arrondies par les extrêmités ; cette écorce eſt compoſée de filets divergens vers la ſurface où leur écartement forme par tout de petites fentes d'une ligne environ de longueur.

Ce rare kératophyte porte 18 pouces de haut.

150 -- 22 Un lithophyte très-rare en éventail, dont les tiges paralleles à leur naiſſance, & en filets très-déliés, ſont recouvertes de petits grains fiſtuleux, diſpoſés comme la graine du plantin, & de la même groſſeur.

150 -- 23 Un petit kératophyte très - rare, à tiges garnies de grains pyriformes de 4 lignes environ de longueur ſur 2 de large, tenant à la tige par de petits pédicules.

150 -- 24 Un très-rare & très - ſingulier lithophyte à tiges rondes, garnies de gros nœuds ovoïdes, d'une matiere calcaire très - compacte & très-dure, de près d'un pouce de diametre ſur 2 de hauteur.

Ce lithophyte porte 16 pouces de haut.

150 -- 25 Un magnifique panache de mer, d'Amérique, de couleur brune, ſe partageant dès la racine en pluſieurs rameaux liés entr'eux par un rezeau de même nature ; il eſt recouvert en partie par une écorce griſâtre, ainſi que le rejeton qui y adhére ; il porte 2 pieds & demi de haut.

150 -- 26 *Idem*, dont l'écorce eſt jaune.

150 -- 27 Un panache des eſpeces précédentes, entiérement recouvert par un millepore jaunâtre & digité, qui recouvre auſſi un grand nombre de glands de mer.

150 -- 28 Deux tiges de kératophyte en éventail, à écorce griſe granuleuſe, adhérent à une eſcarre

pierreufe à plufieurs feuillets couchés les uns fur les autres en forme d'agaric.

150 -- 29 Un lithophyte à tige ftriée'noire, fe divifant en plufieurs rameaux recouverts d'une forte écorce brune, dont les pores font très-fenfibles.

150 -- 30 Un lithophyte en éventail, très-agréable, à rameaux très-nombreux applatis, recouverts d'une écorce blanchâtre mince.

150 -- 31 Un autre dont les rameaux font plus nombreux & moins applatis.

150 -- 32 Trois lithophytes en évantail à tiges arrondies, dont les branches très-nombreufes font recouvertes par une écorce blanchâtre granuleufe.

150 -- 33 Un kératophyte à tige applatie, garnie d'une nervure dans toute fa longueur, ainfi que les longs filets qui s'en détachent latérallement. Chaque filet eft garni fur fes côtés feulement, d'une rangée parallele de petits trous très-ouverts.

NOTA. Tous les lithophytes compofans ces trente-trois articles ont été réunis fous le même N°. 150, pour ne point divifer cette fuite intéreffante & variée, dont prefque tous les individus font rares, & du plus beau choix.

151 -- 1 Un kératophyte faux corail noir, de l'efpece décrite n°. 150 -- 1.

151 -- 2 Un kératophyte de l'efpece de celui décrit n°. 150 -- 5.

151 -- 3 Un kératophyte de l'efpece décrite n°. 150 -- 6.

151 -- 4 Un kératophyte de l'efpece décrite n°. 150 -- 14, remarquable en ce que l'une de fes branches eft chargée de rétépores, madrépores & autres polypiers.

151 -- 5 Dix autres lithophytes des efpeces décrites dans les différens articles du n°. 150, dont un adhére à une valve de câme.

151 -- 6 Une valve de câme, de l'intérieur de laquelle s'éleve un lithophyte à branches très-déliées, recouvertes d'une croute du plus beau jaune.

151 -- 7 Un beau panache à trois feuilles, recouvert d'un écorce jaunâtre ; il adhere à un cerveau marin.

151 -- 8 *Idem*, recouvert en partie de son écorce.

    NOTA. Les kératophytes décrits sous les 7 articles du N°. 151 ont été réunis, parce qu'il nous a paru utile de ne point diviser cette suite, qui, quoique moins nombreuse que la précédente, offre cependant des morceaux intéressans.

152 Quarante-huit lithophytes des especes décrites sous les N^{ros}. précédens.

TROISIEME GENRE.

CORALLINES.

153 -- 1 UNE tablette sur laquelle sont posées sept corallines articulées, dont une à articulations imitant parfaitement la queue du serpent à sonnete ; une autre à larges feuilles applaties & réticulées, & trois rares à longues tiges ornées à l'un des bouts d'une houppe à filamens articulés, très-déliés, semblable à un pinceau.

    C'est le vrai pinceau de mer.

153 -- 2 Onze petites corallines, dont la grande bugle, la coralline commune, la coralline en cheveux, &c.

153 -- 3 Un tas de corallines articulées à feuilles découpées en forme de rein, recouvertes d'une substance crétacée blanche.

154 Seize cartons contenant deux cent vingt algues, fucus & corallines de couleurs variées les plus agréables, & très-bien conservées.

155 Un herbier marin contenant soixante-dix plantes & polypiers marins, flexibles, & ayant l'apparence extérieure des plantes terrestres, tels que

fucus , algues , mouffes marines , &c. Cet article
eft intéreffant par le nombre & la variété des
efpeces qu'il réunit.

156 Treize fucus très-bien confervés & développés
entre des feuilles de papier.

157 Huit fucus ajuftés fur des feuilles de carton.

QUATRIEME GENRE.

É P O N G E S.

158 -- 1 UNE éponge rameufe digitée à feuilles
applaties ; elle adhére à une belle moule magellanique de l'efpece chatoyante.

158 -- 2 Une éponge d'Amérique de forme longue
comprimée , à côtes garnies de petits trous , à
partie fupérieure percée d'une fuite de trous larges
& profonds rangés fur une même ligne qui lui
ont fait donner le nom de flûte de pan ; elle a 16
pouces de long.

158 -- 3 Une éponge en forme de colonne , à fibres
rudes & ferrées , à circonférence parfemée de
grandes cavités irrégulieres , à fommet percé d'une
large ouverture cylindrique qui pénetre jufqu'à
fa bafe : elle eft de couleur rouffe.

158 -- 4 Une éponge en colonne pyramidale nommée
le cierge à tiffu ferré , brun-noirâtre , à fuperficie
hériffée de tubercules ; elle eft remarquable par fa
hauteur qui eft de 41 pouces.

158 -- 5 Une éponge de même efpece , mais différente
par fa forme ; c'eft un groupe de cinq gros tuyaux
placés l'un près de l'autre , comme des tuyaux
d'orgue ; elle a 22 pouces de haut.

158 -- 6 Une grande éponge , nommée le bonnet de

Neptune ; sa partie convexe tuberculeuse est à larges cannelures , sa partie concave est tapissée de fibres longitudinales , qui vont du sommet à la circonférence d'une maniere fort réguliere.

158 -- 7 Une éponge rare en forme de cornet, appellée trompette de mer ; le tissu en est mince , fragile, & remarquable par quantité de petits trous cylindriques , dont la cavité & les bords extérieurs sont revêtus d'une croute pierreuse , striée & étoilée , qui en bouche quelquefois l'ouverture.

158 -- 8 Une éponge à-peu-près de la même forme que la précédente ; mais de texture plus solide & & sans aucunes cellules pierreuses.

158 -- 9 Une superbe éponge en éventail , formée de 17 tiges principales divergentes. Chaque tige est formée d'un tuyau cylindrique chargé de tubercules qui le rendent comme épineux; la surface est semée de petits trous de la même nature que ceux de l'éponge décrite no. 158 -- 7 , mais plus sensible ; le tissu de l'éponge est plus serré.

Ce très-beau & très-rare morceau , porte 1 pied de haut sur 18 pouces de large.

158 -- 10 Une petite éponge à feuilles minces découpées en forme d'agaric , remarquable par des vésicules formées dans la substance même de l'éponge , & percées à leur sommet.

158 -- 11 Une éponge très-rare déchiquetée , à tubercules au sommet desquels on remarque des épines d'une substance pierreuse.

158 -- 12 Une éponge composée de trois tubes tuberculeux.

158 -- 13 Une éponge en forme d'entonnoir à surface tuberculeuse.

158 -- 14 Une éponge à filets fins & paralleles, liés par un tissu peu serré; sa forme imite une crosse.

158 -- 15 Une éponge formée de trois tubes liés entr'eux, & de deux autres, dont l'extrémité est fermée & arrondie, sa substance est très-serrée.

158 -- 16 Une éponge à tiffu fin , caffant, peu ferré, formant des tubes.

158 -- 17 Une très-rare & magnifique éponge rameufe, de couleur brune-obfcure , dont les branches rondes vers la tige , s'élargiffent & s'applatiffent en s'élevant , & prennent la figure de cornes de daim ; elles font entiérement couvertes de petites feuilles drues, pliffées & comprimées , d'un tiffu ferme, ferré , peu flexible ; fes branches les plus larges font réticulées comme le lithophyte panache ou éventail , 21 pouces de haut fur 1 pied de large.

158 -- 18 Une très-belle éponge de couleur brune , formée d'une feule feuille en éventail , d'environ 3 lignes d'épaiffeur, d'un pied de largeur , fur 7 pouces de hauteur ; fa texture eft ferrée, garnie d'un côté de petits pores ; & de l'autre , femée de trous dont plufieurs difpofés en étoile.

158 -- 19 Une grande & belle éponge formée d'un large tube cylindrique en forme de bonnet de Hongrois ; l'ouverture a environ 11 pouces de diametre , & l'épaiffeur environ 4 lignes. Sa fubftance eft cartonneufe & d'un tiffu ferré ; fa furface eft hériffée de petits tubercules épineux : une autre éponge de même nature , ayant la forme d'une oreille d'âne , y adhére vers la bafe.

Ce beau morceau porte 18 pouces de haut.

158 -- 20 Une autre éponge de même nature , mais hériffée de tubercules plus ferrés & plus épineux; fon tiffu & fa forme la font reffembler à une vieille fouche d'arbre.

Diametre de l'ouverture , 9 pouces fur 8 pouces de hauteur.

158 -- 21 Une éponge de même nature , à-peu-près de même forme , mais moins grande.

158 -- 22 Une fuperbe éponge brune cylindrique à grands plis, qui rendent feftonnés les contours de fon orifice. Son tiffu eft compofé de filets durs &

peu ferrés, fa furface pleine de rugofités très-
profondes, finueufes & irrégulieres.

*Ce morceau de choix porte 15 pouces de hauteur
fur 9 pouces de diametre à fon orifice.*

158 -- 23 Un groupe d'éponges formé de deux tubes
cylindriques de couleur brune, d'un tiffu peu ferré
& caffant. Ils portent 19 pouces de haut.

158 -- 24 Une autre éponge auffi en tubes d'un tiffu
plus lâche.

158 -- 25 Une autre éponge de même nature, formée
de plufieurs tuyaux.

158 -- 6 Une autre d'un tiffu plus ferré, ayant la
forme d'une main.

158 -- 27 Une éponge à quatre cylindres creux, épineux,
de couleur grife, ainfi que la précédente.

158 -- 28 Une éponge rare en arbre formé d'un
tronc, qui fe divife en plufieurs groffes branches,
nombreufes & ramifiées, de la groffeur du doigt.

Un pied tant de large que de haut.

158 -- 29 Une éponge d'une fubftance molle & flexible,
divifée en cinq fortes digitations, qui la font
reffembler à un gand de falle d'armes.

C'eft l'éponge ordinaire.

158 -- Une très - finguliere éponge d'une fubftance
molle & flexible, de forme fphérique & mamelonnée; fa furface eft hériffée de petits tubercules
épineux très-ferrés. Chaque mamelon eft percé
d'un tube long de deux lignes de diametre.

*Cette jolie éponge eft adhérente à l'extrémité d'un
lithophyte du genre des coraux noirs.*

158 -- 31 Un buiffon d'éponge blanche rameufe &
flexible, dont les branches s'élevent parallelement
fur un morceau de rocher.

158 -- 32 Une éponge rare, brune de fubftance cartonneufe, ayant la forme d'un vafe; l'intérieur
eft percé par tout de trous cylindriques.

*Elle adhére à l'efcarre pierreufe & feuilletée
décrite no. 150 -- 25.*

158 -- 33 Une très-rare & très-finguliere éponge brune, d'un tiffu ferré & uni, formé d'un long cylindre de la groffeur du doigt, entrelacé, roulé fur lui-même, & percé dans toute fa longueur de trous placés irréguliérement à demi pouce d'intervalle.

158 -- 34 Une éponge d'une feule tige jaunâtre, & d'un tiffu flexible.

158 -- 35 Une éponge de la même nature, mais ramifiée.

158 -- 36 Une très-jolie éponge en larges feuilles applaties & tranfparentes, dont la furface eft fillon-née & comme cizelée.

158 -- 37 Un groupe de deux petites éponges très-rares, de la couleur & du brillant du byffus ou foeye de la piune marine; la fouche eft en forme de poire, & fe divife à fon fommet en beaucoup de filets très-flexibles qui vont en s'étréciffant; cette finguliere éponge imite par fa forme un oignon & fon chevelu.

158 -- 38 Une éponge de même nature que celle de l'éponge décrite nᵒ. 158 -- 28.

158 -- 39 Une éponge rameufe noire, d'un tiffu groffier & caffant, remarquable par une huitre crête de coq qui y adhére.

158 -- 40 Deux boules ou égagropiles de mer, compofées de fibres végétales ou de la fubftance des éponges, entrelacés enfemble, à-peu-près comme dans les bézoards de poil.

Nous avons porté toutes ces éponges fous un feul numéro, parce qu'il feroit fâcheux de divifer cette fuite, la plus belle & la plus complette que nous connoiffions, & dont plu-fieurs des Individus ne fe trouvent point dans la plupart des cabinets.

159 Une très-jolie fuite de petites éponges, la plupart montées fur des pieds de bois noirci, & des efpeces cy-deffus décrites.

Cet article eft intéreffant, parce que, quoique très-complet, il demande un emplacement peu confidérable.

GENRE SIXIEME.

ALCYONS.

160 -- 1 LE grand guêpier de mer, cet alcyon
en forme de ruche est de couleur rougeâtre,
d'une substance dure & cartonneuse percée çà
& là d'un grand nombre de petits trous. Au
sommet est une large ouverture en cône renversé,
qui laisse voir les compartimens celluleux dont
l'intérieur est garni; ce morceau curieux a 10
pouces de haut sur 8 de large.

160 -- 2 Un alcyon branchu peu commun, en forme
de corne de daim; la substance en est spongieuse,
friable, percée de distance en distance de trous
arrondis qui laissent voir les cellules intérieures.

160 -- 3 Un alcyon branchu, rare, en cornes de daim;
sa substance est coriacée, dure, est semée de cavités
peu profondes.

160 -- 4 Un autre alcyon branchu, noir, de substance
membraneuse, celluleuse & épineuse.

160 -- 5 Un grand alcyon de substance cartonneuse,
brune, de forme contournée, percé en 7 ou 8
endroits de larges trous.

160 -- 6 Un alcyon branchu à larges feuilles applaties,
semées sur leur surface de trous formés chacun de
4 petits pores disposés en croix.

160 -- 7 Un alcyon branchu de forme singuliere de
substance cartonneuse grise, semée de trous.

160 -- 8 Un alcyon de forme sphérique, de substance
coriacée, jaunâtre, recouvrant une branche de
madrépore bois de cerf.

Sa surface est toute semée de trous bordés d'un
bourrelet formé par des stries convergentes.

160 -- 9 Un petit alcyon de fubftance cartonneufe grife, en feuille contournée.

160 -- 10 Un gros alcyon ovoïde très-rare & fingulier, en ce que la partie fuperieure eft toute hériffée de longues tiges paralleles & pointues, d'entre lefquelles s'éleve la coralline plume de mer.

160 -- 11 Un gros alcyon de fubftance fibreufe & ligneufe percée çà & là de grands trous ; on y remarque une valve de cœur ftrié retenu par la fubftance de l'alcyon.

160 -- 12 Un fuperbe & magnifique alcyon fphérique de fubftance cartonneufe ; fa furface eft hériffée de gros tubercules irréguliers, la bafe eft creufée en cône renverfé qui laiffe voir l'organifation intérieure.

Ce morceau porte 9 pouces de haut fur 8 de diametre.

160 -- 13 Un fingulier alcyon fouple & élaftique, de forme fphérique, liffe, fibreufe, adhérant à un faux corail ou lithophyte ; il reffemble parfaitement à une groffe poire, dont ce fragment de lithophyte imite la queue.

160 -- 14 Quatre frais de coquilles : ce font des amas de petites veffies jaunes, qui fervent de matrices aux pourpres communes.

Cette fuite d'alcyons offre des efpeces très-rares, très-difficiles à raffembler, & forme avec la fuite d'éponges du n°. 158, la plus belle collection en ce genre.

COQUILLES DE MER UNIVALVES.

PREMIERE FAMILLE.

LÉPAS OU PATELLES.

GENRE PREMIER:

LÉPAS A COQUILLE SIMPLE ET ENTIERE.

Conchylio-
logie de M.
Dargenville,
édition de
Mr. Defa-
vanes.
Planc. 3,
lett. H.
NOTA.
C'est cet
ouvrage que
nous citerons
toujours pour
les coquilles,
ainsi nous ne
répéterons
point le titre,
nous nous
contenterons
d'indiquer la
planche & la
lettre.

Planc. 1,
lett. Q.

Planc. 3,
lett. D. 2.

Nº. 1 UN lépas des Indes, très-rare, blanc, de forme presque ronde & applatie, creusé en dessous de sillons ondés, concentriques, & en dedans de stries fines qui s'étendent du centre à la circonférence; le bouton du sommet est jonquille, le milieu de l'intérieur est fauve. Cette coquille d'un volume extraordinaire porte 4 pouces sur 3 & demi. On la nomme le *Parasol Chinois.*

2 Un autre dont l'intérieur est jonquille, 3 pouces sur 2 pouces 3 lignes.

3 Un autre parasol Chinois, remarquable par sa petitesse, 1 pouce 5 lignes sur 1 pouce.

4 Un lépas de Indes, rare, à tête située vers les deux tiers de sa longueur, à base avale de l'espece, nommée *Bouclier, imitant l'écaille de tortue;* il est marbré en dessus, & nacré en dessous, & porte 2 pouces 5 lignes sur 2 pouces.

5 Un grand lépas magellanique de forme oblongue, à tête fort élevée & chatoyante, à grosses stries ou côtes longitudinales, raboteuse, de couleur brune moirée en dessus, nacrée en dedans; 3 pouces sur 2 pouces 3 lignes.

6 Deux lépas magellaniques, de l'espece décrite cy-dessus; le nacré de l'intérieur de l'un des deux est à bandes de diverses couleurs.

Z Deux

7 Deux lépas magellaniques, l'un brun comme ceux
décrits cy-deffus, l'autre blond à tubercules bruns.

8 Deux lépas magellaniques blonds, dont un prefque
blanc.

9 Trois lépas magellaniques, dont deux blonds, mais
plus applatis que les précédens, & un de forme
conique, nommé l'*Entonnoir*.

10 Trois, *Idem ;* les ftries de l'entonnoir font plus
larges & plus faillantes.

11 Trois lépas en entonnoir, un jonquille poli, un
blond à tête brune, & un à groffes côtes alternativement blanches & brunes.

12 Quatre lépas à tête entiere & élevée, dont un
à bandes vertes & jaunes, un à bandes brunes &
jaunes, un très-joli à côtes peu faillantes, alternativement blanches & brunes ; elles font interrompues par deux zônes verdâtres ; le quatrieme
eft granuleux, à ftries vertes & jaunes.

13 Un grand lepas à côtes alternativement grandes
& petites, débordant la bafe, de forme applatie,
à tête marbrée de blanc & de fauve, brun
dans le refte nommé l'œil de bouc ; 3 pouces fur
2 pouces 9 lignes.   Planche 2, lett. B.

14 *Idem*, à côtes moins faillantes & de forme plus
bombée ; 2 pouces & demi fur 2 pouces 4 lignes.

15 Trois lépas, favoir : Un de forme peu bombée,
à côtes longitudinales, grandes & petites, alternatives, débordant la bafe en forme de rayons ;
il eft panaché en zig-zag de blanc, de jaune clair
& de brun, & a le fommet noir. On le nomme
l'œil de rubis radié.

    Un autre à fortes ftries ferrées & tuberculeufes,
blanches, dont les intervalles font fauves ; un
blanchâtre à ftries un peu moins prononcés, mais
garnies de petites tuiles peu faillantes.

16 Un lépas œil de rubis radié, dont la tache brune
de la tête eft beaucoup plus large & féparée   Planch. 2, lett. B 4.

du bord qui eſt panaché, par une large zône blanche;
2 pouces 9 lignes ſur 2 pouces & demi.

17 Deux lépas en pendant, de l'eſpece nommée œil
de rubis radié; la tache de la tête eſt plus petite.

18 Un lépas, de forme oblongue, à côtes comprimées
reſſemblant par là à un bateau.

19 Trois grands lépas à ſtries inégales & raboteuſes,
marbrés de blanc & de fauves; un d'eux eſt recouvert de glands de mer.

20 Six lépas dont un légerement ſtrié, facié de brun
& de blanc, deux nommés l'œil de rubis, un
lépas blanc à côtes & deux de l'eſpece décrite ſous
le n°. précédent.

21 Un beau lépas à ſtries granuleuſes, fines, d'une
couleur de roſe vive relevée par des lignes blanches.

22 Trois très-jolis lépas, dont un à ſtries granuleuſes alternativement roſes & blanches, un à fortes
côtes panachées de blanc & de verd foncé, & un
recouvert en entier de glands de mer violets
& ſtriés.

23 Trois lépas de choix à ſept rayons très-ſaillans
en vive arrête, panachés de noir & de blanc, un
autre à ſtries fines alternativement blanches &
brunes.

24 Neuf lépas des eſpeces cy-deſſus décrites, dont
un blanc à fortes côtes en vive arrête débordant
la baſe.

25 Un lépas très-rare par ſa beauté; ſa ſurface extérieure eſt ſtriée & verdâtre, l'intérieure eſt de la
plus belle nacre bleue, chatoyante comme la pierre
de labrador.

26 Un lépas très-rare, papyracé, verd, de forme
longue, plié par une de ſes extrêmités qui ſe termine en un bec pointu, l'autre extrêmité arrondie,
moins courbée, & beaucoup plus large: le pli de
la tête qui occupe les deux tiers de la coquille eſt
blanchâtre tant au dedans qu'au dehors, & garni
intérieurement d'une petite crête.

Planc. 3,
lett. B. 3.

Planc. 3,
lett. M.

Planc. 4,
tt. G.

27 Six lépas remarquables par la beauté de leur intérieur,
    savoir : un jonquille, orienté ; un à bords chatoyans
    & orientés, à lignes alternatives brunes & blanches ;
    un œil de rubis radié ; un à lignes brunes &
    blanches très-diſtinctes ; un à bords feſtonnés cha-
    toyans comme l'opale & un de la variété décrit nº. 25.

28 Dix petits lépas remarquables pour la beauté de
    leurs couleurs intérieures, orangées, jaunes,
    brunes, &c.

29 Trente-un lépas des eſpeces cy - deſſus décrites,
    dont un blanc papyracé.

30 Un lépas à tête recourbée, à ſtries fines &   Planc. 4 ;
    ſerrées, nommé *bonnet de dragon* ; l'intérieur eſt   lett. E.
    d'une belle couleur de chair.

31 Un autre bonnet de dragon ; il differe du précé-
    dent, en ce que l'intérieur eſt par bandes tranſ-
    verſales blanches & couleur de chair.

32 Un grand bonnet de dragon dont l'intérieur eſt
    tout blanc.

33 Six lépas dont deux à fortes côtes recouverts de
    glands de mer, quatre à tête près du bord de la
    coquille, dont un papyracé à ſtries fines circulaires
    & à bandes alternatives jaunes & vertes.

GENRE SECOND.

LÉPAS A COQUILLE PERCÉE EN DESSUS.

34 SEPT lépas de choix dont deux blancs à doubles
    trous, c'eſt-à-dire, dont le trou allongé eſt ſéparé
    en deux parties preſqu'égales, par deux petites
    languettes qui avancent un peu l'ur.e vers l'autre
    ſans ſe réunir, à gros tubercules qui ſe détachent
    ſur un fond réticulé, un blanc à fines ſtries gra-
    nuleuſes, un joli lépas feuilleté & réticulé très-

<table>
<tr><td>Planc. 3 ,
lett. A 4.</td><td>parfait , deux à doubles trous , à ftries alternati-
vement vertes & blanches , un grand à trou allongé
ftrié , du détroit de Magellan , à bandes longitu-
dinales vertes & blanches.</td></tr>
</table>

35 Deux lépas blancs ftriés , à bafe ovale , l'un des bouts de l'ovale eft échancré ; deux autres à ftries rouges mais fans échancrure , ces quatre lépas font un peu comprimés latéralement & les trous de leur tête font légérement feftonnés : plus , treize lépas , tant réticulés que ftriés des variétés ci-deffus décrites.

GENRE TROISIEME.

LÉPAS A COQUILLE CHAMBRÉE.

<table>
<tr><td>Planc. 4 ,
G 1, G 2.</td><td>36 Douze lépas moyens & petits , favoir : quatre blancs , flambés de brun rougeâtre , de forme plate , à bafe irréguliere , à tête en forme de bec recourbé fe terminant à la bafe de la coquille , à chambre parallele à la bafe , un blanc de même nature ; un de forme plus bombée dont le bec fe recourbe de biais vers la bafe , nommé la *nacelle* ; deux blancs</td></tr>
<tr><td>Planc. 4 ,
lett. D.</td><td>papyracés très-applatis nommés la *fandale* ; ils font rares & bien confervés ; un ovaie à tête en forme de bec au milieu & près d'un des bouts de l'ovale , fa robe eft panachée de points triangulaires jaunes fur un fond noir ; la levre qui forme la chambre</td></tr>
<tr><td>Planc. 4 ,
E 1.</td><td>eft plus étroite que dans les efpeces précédentes ; un fauve de forme ronde , en cône évafé , la tête eft au fommet , l'intérieur eft garni d'une petite</td></tr>
<tr><td>Planc. 4 ,
C 2, C 3.</td><td>chambre qui va du centre à un des bords de la coquille & forme un demi cornet ; on le nomme *bonnet* Chinois , un verd foncé à tête blanche , & un épineux rare.</td></tr>
</table>

GENRE QUATRIEME.

LÉPAS A APPENDICE EN DEMI-CORNET.

37 DEUX lépas blancs à appendice en demi-cornet, à bafe irréguliere, à tête élevée & faillante en bec à corbin, la furface eft comme ridée par de groffes rugofités irrégulieres, & un lépas dont la tête eft moins recourbée.   Planc. 4, B 4.

SECONDE FAMILLE.
OREILLES DE MER.
GENRE PREMIER.

OREILLES DE MER A TROUS.

38 UNE oreille de mer, des Indes, rare, dépouillée, d'une très-belle nacre, ayant plufieurs femences de perles dans fon milieu, & portant cinq pouces & demi, fur quatre.   Planc. 5; A 2.

39 Une autre oreille de mer non dépouillée, à ftries rougeâtres; 4 pouces 8 lignes fur 3 pouces & demi.

40 Une autre oreille de mer, des Indes, à furface fillonnée de plis profonds; l'intérieur eft nacré; 4 pouces 3 lignes fur 3 pouces & demi.

41 Une oreille de nos mers remarquable par une groffe loupe de perles en bec à corbin qui fuit le contour de la coquille.   Planc. 5; A 4.

Planc. 5,
A 4.

42 Une belle oreille de mer, de la Chine, de forme étroite allongée, à ſtries très-fines, revêtue de ſa pellicule d'un beau verd-pré tachetée de chevrons blanc-ſale ; l'interieur eſt du plus bel orient.

43 Une autre.

44 La même dépouillée juſqu'à la nacre.

45 Une très-rare oreille de mer à longs cordons qui partent de la tête & vont, en ſuivant la forme de la coquille, ſe terminer à ſa baſe ; ils ſont chargés dans toute leur longueur de tuiles qui ſe font ſentir dans l'intérieur de la coquille, qui eſt de la plus belle nacre.

Planc. 5,
A 3.

46 Quatre petites oreilles de mer, orientales, dont une à robe orangée ; une autre panachée de blanc & d'orangé ſur laquelle eſt un cordon ſaillant qui ſuit la rangée des trous & forme au dedans une cannelure ; une verte à fortes ſtries arrondies, une papyracée, dépouillée, rare.

47 Neuf oreilles de mer, du plus beaux choix, l'une à robe du plus beau verd, l'autre à chevrons bruns ſur un fond blanc.

GENRE SECOND.

OREILLES DE MER SANS TROUS.

Planc. 5,
lett. C.

48 DEUX oreilles de mer, ſans trous, ſtriées & bombées, de couleur fauve.

TROISIEME FAMILLE.

TUYAUX ET VERMICULAIRES.

GENRE PREMIER.

TUYAUX DE MER.

49 UN très beau tuyau de mer de l'iſle d'Amboine, nommé l'arroſoir ou le pinceau de mer. Il eſt de couleur blanche, à tête arrondie en forme de gland & percée de petits trous, couronnée d'un eſpece de fraiſe, formée de petits tubes accollés & tenans les uns aux autres comme autant de portions de rayons d'un même cercle : 6 pouces de long. Planc. 5, B.

50 Un grand tuyau de mer de l'eſpece des *ſolen* du ſable, de forme cylindrique droite, ridée & compoſée comme de pluſieurs pieces entées l'une ſur l'autre, formant un ſeul tube, excepté à l'extrêmité ſupérieure, qui ſe partage en deux par une cloiſon longitudinale d'un pouce de long ; il eſt fort épais, d'un blanc-ſâle & a 16 pouces de haut ſur 14 lignes de diametre dans le bout le plus gros ; on le nomme le cierge.

51 Un tuyau de mer, des Indes, & de la plus grande rareté, de couleur blanche. Sa reſſemblance avec un eſcalier lui a fait donner le nom de *Scalata* ; Planc, 5, A. c'eſt un tuyau contourné réguliérement en ſpirale de huit orbes qui ſe ſurmontent les uns les autres, en forme de vis conique & dont le plus bas revient en cornet former une bouche ovale ; il eſt revêtu extérieurement & à diſtances égales d'anneaux blancs ſaillans en vives arrêtes ſe rapportant, & partie ſe joignant d'orbe en orbe, & laiſſant entre

C 4

deux , d'un orbe à l'autre , des jours à raison de neuf par orbe , à commencer de la bouche même, que le premier borde ; elle a deux pouces une ligne & est bien conservée.

52 Cinq gros tuyaux de mer , rares, de couleur grise , de forme presque cylindrique, contournés en spirales & nommés *tirrebourre* , ils sont groupés naturellement les uns sur les autres ; cette espece est remarquable par des stries circulaires, ondu- leuses & ridées, & par une fente droite qui regne dans la longueur de toutes les spires.

53 Un long & gros tuyau de l'espece nommée *solen serpent* , contourné en villebrequin à trois faces , dont deux plattes & la troisieme arrondie , à stries longitudinales & transversales.

54 Un long tuyau , aurore-clair , aussi contourné en villebrequin à plusieurs faces applaties, assez peu inclinées entr'elles pour ne pas lui ôter la forme ronde , le côté supérieur est remarquable par une fente droite qui regne dans toute sa longueur & qui est toute formée de petits trous ; on a détaché un peu de sa surface vers le haut pour laisser voir les cloisons de l'intérieur tournant leur convexité du côté du bout le plus mince & destitué de syphon.

55 Un moyen tuyau de l'espece décrite n°. 50 , & trois autres tuyaux tuberculeux diversement contournés

* * *

GENRE SECOND.

VERMICULAIRES.

56 Un beau groupe de vermiculaires , blancs, arrondis, légérement striés, contournés en divers sens , dont les extrêmités se détachent du groupe,

& font fort faillantes , leur ouverture a 5 lignes de diametre , 6 pouces de long fur 3 & demi de haut.

57 Un grand & beau groupe de tuyaux vermiculaires de la Méditerranée , partie operculés , partie de l'espece appellée tuyaux *trompettes* , lequel renferme plufieurs petoncles ; 11 pouces de haut.

58 Un autre groupe en arbre ; les orifices des tuyaux *trompette* font bien confervés ; ils font légérement colorés en rofe ; hauteur, un pied.

59 Un autre groupe de la même hauteur ; on y remarque une éponge qui y adhére.

60 Un autre groupe de 13 pouces de haut , auquel adhérént des valves de peignes.

61 Deux autres groupes moins grands.

62 Un groupe de vermiculaires mêlés confufément avec des huitres feuilletées.

63 Dix-fept groupes de vermiculaires adhérens à diverfes fubftances, telles que moules , peignes , huitres , galets , efcarres & autres corps marins ; l'un eft fur un teffon de cruche.

64 Un beau groupe de tuyaux d'orgue d'un beau rouge ;   Planc. 6, 4 pouces & demi , fur 6 pouces.   lett. A 2.

65 Un autre groupe de tuyaux d'orgue ; 9 pouces & demi fur 5 pouces.

66 Trois autres groupes.

67 Un très-gros pains de vermiculaires confufément liés entr'eux & d'un tiffu fort ferré.

GENRE TROISIEME.

TUYAUX ET VERMICULAIRES NON TESTACÈS.

68 UN groupe de vermiculaires de l'Océan ; formés de fable & de fragmens de coquilles ; la furface où aboutiffent les bouches des tuyaux,

offre à l'œil des compartimens arrondis , difpofés
comme les rayons dans un gâteau de cire de
mouches à miel.

69 Un autre groupe de vermiculaires formés feulement de gros fable blanc.

Il vient de l'ifle de l'Afcenfion.

70 Un très-gros bloc des vermiculaires décrits n°. 68.

QUATRIEME FAMILLE.

NAUTILES.

GENRE PREMIER.

NAUTILES ÉPAIS ET CHAMBRÉS.

Planc. 7, D 2.
71 UN grand nautile des Indes, fauve, très-épais
& chambré, à flammes onduleufes , canellé dans
la moitié de fa robe la plus voifine de la tête
& à grandes tâches noires dans l'origine de la
feconde révolution.

72 *Idem*, moins grand.

73 Trois nautiles de même efpece que l'on a découpés
& cizelés diverfement.

Planc. 7, lett. D 1.
74 Un nautile épais chambré, rare, en ce qu'il eft
umbiliqué & de grand volume pour fon efpece ;
la robe eft fafciée d'orangé clair & de blanc
de lait.

75 *Idem*, moins grand.

76 Deux autres petits, dont un dépouillé.

GENRE SECOND.

NAUTILES PAPYRACÉS , NON CHAMBRÉS.

77   UN nautile , de la plus grande rareté , papyracé , diaphane , d'un blanc-sàle , en vive arrète & légérement convexe par le dos , un peu concave au côté oppofé ; la tête fe recourbe & forme un petit bec , comme celui du lépas bonnet de dragon ; le corps de la coquille eft formé de ftries très-prononcées , paralleles & horizontales

    Le côté convexe a deux pouces 5 lignes de haut, le concave 1 pouce 3 lignes , la bafe 22 lignes de long fur 10 lignes & demie de large.

    Cette jolie coquille eft gravée dans la nouvelle édition de M. d'Argenville fous le nom de *Nautile vitré triangulaire.*   Planc. 7 ½ lett. C 2.

78 Un nautile des Indes , papyracé , blanc , tirant fur le fauve , à ftries chargées de petits tubercules en forme de grains de ris , à deux crochets faillans ou oreilles , à carenne large garnie de deux rangs de gros tubercules , tuilés , noirs vers la tête de la coquille & blanc dans le refte ; 4 pouces fur 3.   Planc. 7 lett. A 7.

79 Un nautile papyracé , de la Méditerranée , blanc de lait , à ftries onduleufes unies , à carène étroite bruniffant vers la tête ; 6 pouces de largeur : il eft très-bien confervé.   Planc. 7 ½ A 2.

80 *Idem* , auffi très-bien confervé.

81 *Idem* , défe&ctueux.

82 Trois autres petites auffi de la Méditerranée.

CINQUIEME FAMILLE.

LIMAÇONS.

GENRE PREMIER.

LIMAÇONS A BOUCHE RONDE.

<table>
<tr><td>Planch. 9,
lett. G 2.</td><td>83</td><td>UN dauphin lilas, d'une belle confervation.</td></tr>
<tr><td>Planch. 8,
lett. K 1.</td><td>84</td><td>Un burgaut à robe verte, marbrée de blanc & de marron, nommé en Hollande, princeffe.</td></tr>
</table>

83 UN dauphin lilas, d'une belle confervation.

84 Un burgaut à robe verte, marbrée de blanc & de marron, nommé en Hollande, princeffe.

85 Une autre princeffe auffi bien colorée.

86 Une petite de la même efpece, auffi bien colorée.

87 Une petite princeffe très-rare pour fa belle couleur & la richeffe de fa robe qui eft chamarrée de chevrons bruns, fur un fond nué de verd & de blanc.

88 Un très-gros burgaut, dépouillé & poli, pour en faire voir la belle nacre orientée des plus vives couleurs : on a confervé la côte verte qui couronne chaque fpire.

89 *Idem.*

90 Un très-beau burgaut, poli & dépouillé du plus vif orient.

91 Un petit burgaut auffi dépouillé & moins gros.

92 Un très-rare & fuperbe burgaut à tubercules, nommé *la veuve perlée*, dépouillé & poli, à robe nuée de rouge & d'orangé, de l'éclat du rubis.

93 Un burgaut rare, de la Chine, verd foncé, nué de jaune, à canelures & ftries circulaires & inégales, croifées d'autres ftries tranfverfales, fines & onduleufes, à cinq pas de fpirales & à très-petite queue ; il eft garni d'un rang de tuiles faillantes.

94 Trois burgaux à robe panachée de noir & de blanc , nommés *la veuve* , dont deux sont dépouillés jusqu'à la nàcre.   Planch. 9; lett. F 2.

95 Une veuve ; elle renferme un bernard l'hermite rouge épineux.

96 Un autre bernard l'hermite à pattes noires, aussi dans une veuve.

97 Trois veuves polies , dont une dépouillée jusqu'à la nacre.

98 Trois limas, dont la veuve & le petit deuil aussi polis , & une veuve non polie.

99 Une belle bouche d'argent à tubercules tuilés & à cordelettes saillantes ; sa robe est à larges zônes tortueuses , brunes sur un fond blanc.   Planch. 8 ; lett. G 1.

   Elle est d'un beau volume.

100 Deux petits deuils , dont un poli.

101 Une bouche d'argent de gros volume , à tubercules tuilés , dans laquelle est un bernard l'hermite à épines saillantes.

102 Une bouche d'argent non tuberculeuse ; sa robe est panachée de verd de fauve & de blanc.   Planch. 9; A 4.

103 Une bouche d'argent tuilée ; une autre non tuilée à robe d'un beau verd , & une bouche d'or.

104 Une bouche d'argent polie de la plus belle nacre pourpre , ce qui la rend extrêmement rare.

105 Un limaçon verd tuberculeux à vives arrêtes , comme les éperons à bouche bordée d'un bel orangé.

106 Un joli dauphin à longues griffes , & un petit limaçon recouvert d'une escarre pierreuse & rameuse.

107 Quatre limas , dont un dauphin : plus , deux opercules de limas , l'un chargé de tubercules saillans , l'autre verdâtre , papyracé & de substance cornée.

108 Un limaçon lisse à robe brune fasciée de blanc du plus vif éclat; on y distingue deux lignes noires, ponctuées comme dans les amiraux, & une large zône fauve,   Planch. 9; lett. D 2.

109 Deux rubans, l'un brun, l'autre fauve, à robe
fafciée, de la plus belle couleur & du deffin le
plus riche.

110 Deux *idem* auffi très-riche en couleur.

111 Quatre limas, dont un réticulé & tuberculeux,
fafcié de verd, d'orangé & de blanc.

112 Treize limas des efpeces ci-deffus décrites, dont
un ruban.

113 Un limaçon rare de la nouvelle Zelande, à ftries
chargées de petits grains alternatifs blancs & fauves.

114 *Idem.*

GENRE SECOND.

LES NÉRITES.

Planch. 11,
lett. H.

115 UNE nérite rare des Indes, de beau volume,
umbiliquée, de couleur fauve en deffus, à mamelons de l'umbilic applati, nommé le *jaune d'œuf
applati.*

116 *Idem.*

Planch. 11,
lett. H 2.

117 Deux mamelons, ou tetons de Vénus, rares,
foucis, à tête & bouche blanches.

Planch. 10,
lett. C.

118 Une nérite à larges cannelures, & à fortes taches
alternatives noires & blanches, à bouche dentée,
granuleufe & tachée de jaune, nommé *la grive*, &
une nérite blanche, dépouillée & polie.

119 Une nérite umbiliquée, fauve, à trois bandes
blanches; une autre umbiliquée brune, à points
blancs; une nérite ftriée, panachée de verd, de
blanc & d'aurore; une nérite noire à cannelures
blanches très-profondes.

Ces quatre nérites font d'un beau choix.

120 Une nérite umbiliquée blanche, fafciée de chevrons
bruns en zigzag; deux quenottes faignantes, dont

une de la plus vive couleur de rose à zigzags
noirs; une nérite lisse, fasciée de verd sur un
fond blanc, & à trois bandes roses; & deux
nérites striées rose & noir.

121 Sept nérites umbiliquées & fasciées, les unes à
bandes ponctuées, les autres à chevrons, toutes de
couleurs variées les plus agréables.

    Cette suite est intéressante.

Planch. 11, D 1, D 2, D 4.

122 Trois nérites umbiliquées, de beau volume, à
fond blanc-sale, dont deux fasciées & l'autre
ponctuée de brun.

123 Une nérite umbiliquée, ponctuée, & quatre nérites
lisses, fasciées, des couleurs les plus agréables,
dont une avec un bernard l'hermite.

124 Sept nérites, dont une grive & quatre mamelons
de différentes couleur & grosseur.

125 Vingt-cinq nérites, tant saignantes que lisses,
mamelons, nérites umbiliquées, testicules de couleurs variées, dont une nérite avec son opercule.

GENRE TROISIEME.

LES SABOTS.

126 UN grand cadran, de la côte de Coromandel,
& deux sabots dépouillés jusqu'à la nacre & polis.

Planch. 12, lett. K.

127 Deux cadrans, un éperon, un sabot lisse, marbré
de rouge & de violet, à orbes séparés par un
cordon & deux sabots dépouillés jusqu'à la nacre.

128 Deux sabots tachetés de verd, de noir & de
violet, à stries cordelées, à base renflée & à bouche nacrée, doublée de blanc mat, ce qui la fait
nommer *bouche double.*

Planch. 8; A, A 2.

129 Deux boutons de camisolle & trois sabots lisses,
dont deux dépouillés jusqu'à la nacre.

Planch. 13, lett. Y.

130 Deux forcieres, de beau volume, panachées de
rofe & de blanc, umbiliquées & bien confervées ;
un fabot tuberculeux, panaché de rouge & de
blanc.

*Planch. 8,
lett. I 4.*

131 Un fabot de forme conique, à robe recouverte
de toutes fortes de coquilles & de madrépores,
dont un bel œillet ; on le nomme *la fripierre.*

*Planch. 12,
C 1.*

132 Deux petits fabots fort rares, à robe grife tachetée de violet foncé, à cinq étages de fpires bombés
& détachés à côtes longitudinales, un peu tuberculeufes & à umbilic.

*Planch. 13,
lett. Q.*

133 Un fabot à tête élevée, à plufieurs étages chargés
de tubercules, finiffant en pointe, nommé *le toit
chinois.*

*Planch. 12,
lett. A.*

134 Un fabot nué de verd & de violet, dont les orbes
font applatis & ne font diftingués que par une
légere fciffure à umbilic très-évafé ; la bouche fe
prolonge en une lêvre nacrée ; la forme de fa bafe
lui a fait donner le nom d'entonnoir.

*Planch. 12,
lett. F.*

135 Un fabot blanc, dont les fpires font chargées de
groffes côtes longitudinales, inclinées & paralleles,
fe terminant par des tuiles renverfées qui couronnent le bas de chaque orbe ; toute la coquille eft
chargée de plis peu prononcés, qui vont en fens
contraires des côtes.

*Planch. 13,
lettr. D.*

136 Un fabot à robe noire, reticulée, chargée de ftries
longitudinales, inclinées ; l'intérieur eft nacré &
d'un beau verd d'éméraude vers l'umbilic.

137 Un très-rare & joli fabot à ftries circulaires, blanches & ficelées, fines & granuleufes, alternativement noires & blanches.

138 Neuf fabots des efpeces ci-deffus décrites, dont
deux éperons.

139 Vingt-trois *idem.*

140 Un grand & beau cul de lampe, panaché réguliérement de verd & de blanc ; la bafe de rofe &
de blanc : il eft en partie recouvert par un madrépore épis de bled.

141 Deux

141 Deux culs de lampe panachés de couleurs vives.
142 Trois culs de lampe, dont un dépouillé jusqu'à la nacre & un découpé à jour pour laisser voir l'intérieur.
143 Deux autres, dont un découpé comme celui de l'espece précédente.

Planch. 12,
lett. B,

SIXIEME FAMILLE.

BUCCINS.

GENRE PREMIER.

BUCCINS A BOUCHE ENTIERE, DÉPOURVUE DE QUEUE.

144 Un buccin des Indes, revêtu de son épiderme maron, à huit orbes granuleux, à bouche couleur de chair, garnie de deux dents, & de forme approchante de celle d'une oreille, ce qui l'a fait nommer *oreille de Midas.*

Il est d'un très-beau volume, & porte 4 pouces.

Planch. 65,
lett. H 2.

145 Une oreille de Midas de l'espece de la précédente & de même grandeur, mais dépouillée & d'une belle couleur de chair.

GENRE SECOND.

BUCCINS A BOUCHE ÉCHANCRÉE, DÉPOURVUE DE QUEUE.

146 Un buccin très-rare, rayé par zônes alternatives de blanc & d'orangé vif, à tête assez élevée,

D

à clavicule blanche, finissant en bouton; on le nomme le *Pavillon d'Orange*; il est de la plus parfaite conservation, & porte deux pouces cinq lignes de long sur un pouce trois lignes de large.

147 Un très-joli buccin, à peu près de la forme du précédent, mais à tête plus élevée; sa couleur est fauve, ponctuée de lignes brunes intermittentes.
Cette coquille est très-rare.

148 Un buccin des parages magellaniques, à robe maron foncé, à stries transversales tuilées, alternativement plus ou moins élevées, armé en dedans vers l'extrêmité inférieure d'une dent saillante, ce qui lui a fait donner le nom de *licorné* : un buccin peu commun, à taches maron disposées par zônes sur un fond blanc, & paralleles les unes aux autres; ce buccin est umbiliqué.

149 Une licorne & un buccin comme le précédent.

150 Deux buccins blancs, tachetés par zônes, l'un de rouge sanguin, de l'espece nommée thiare ou couronne papale; l'autre d'orangé, & connu sous le nom de mitre.

151 Deux *idem.*

152 Une mitre, une *ivoire*, un buccin brun réticulé rare.

153 Quatre *minarets*, dont deux à zônes vertes & blanches, un verdâtré, un orangé à zônes noires, & une ivoire.

154 Deux mitres ou minarets rares, fond brun foncé, à zônes étroites, blanc de lait.

155 Trois petites mitres fond blanc, fasciées d'orangé, dont une tuberculeuse.
Ces trois coquilles sont rares & très-jolies.

GENRE TROISIEME.

BUCCINS A BOUCHE GARNIE D'UNE QUEUE PEU LONGUE.

156   DEUX buccins très-rares & en pendans, blanc-sale, à grosses stries applaties, & néanmoins très-saillantes, à larges & profondes cannelures, à quatre orbes, le premier desquels est chargé de trois stries & de deux cannelures, tandis que les autres n'ont que deux stries & une cannelure, non compris les pas creusés en dedans & plats qui les séparent : ces buccins sont grands dans leur espece, on les nomme le *cabestan*.
    Planch. 34, E.

157   Un buccin feuilleté magellanique, & six autres buccins, dont deux à grains de riz, & un brun foncé à côtes longitudinales terminées par un bouton blanc.

158   Un très-rare buccin de près de quatre pouces de longueur, du golphe du Mexique, à robe comme celle du buccin nommé le lard ou la toile à matelas, de couleur brune, fasciée dans le premier orbe de deux zônes jaunes, dont le plus haut blanchissant peu à peu suit la spirale jusqu'à la clavicule, à six pas larges & plats, garnis de petites lames onduleuses presque perpendiculaires à leur plan, & bordés chacun d'une suite d'ongles ou de serres en forme de crenelures, dont les premieres sont creusées en bec de perroquet, espece nommée le *buccin crenelé*.
    Davila, T. I, *planch.* 9, *lett.* A.

159   Un buccin de forme allongée, dont la tête ne fait que le quart de la coquille ; le fond de sa robe est uni, blanc de lait, taché réguliérement & par bandes de larges points fauves : cette coquille est très-rare, & porte trois pouces un quart de haut sur un pouce un quart de large.
    Planch. 79, A.

D 2

160 Un buccin liffe à quatre orbes renflés, mais tous
tournés à gauche : on pourroit croire que cette
rare coquille feroit foffile ; cependant fa couleur
confervée & la nature de fon teft peuvent laiffer
penfer auffi qu'elle eft marine : hauteur, trois pouces
un quart ; largeur, deux pouces.

Planch. 79, F.

Davila, plan-
che 10, T. 1. 161 Un buccin feuilleté, magellanique, & deux buccins,
polis, à bouche blanche, à robe brune, coupée
fur le dernier orbe par une bande tranfverfale
blanche.

162 Un buccin feuilleté & deux autres à ftries tranfverfales, granuleufes, coupées de trois côtes longitudinales, la bouche garnie en dehors d'un fort
bourrelet ; la robe eft orangé vif à zônes blanches ;
Planch. 34, on le nomme *la livrée*.
lett. G 3.

163 Un buccin fauve, rare, légérement ftrié ; chaque
orbe eft couronné de tubercules tuilés.

164 Deux grands buccins des Indes, ventrus, imitans
le plumage de la perdrix, à trois rangs de bourrelets, à levres extérieures dentelées, nommées
trompe marine, ou conque de triton ; ils portent
plus d'un pied de haut.

Planch. 31 , 165 Deux autres conques de triton, très - belles de
lett. G 1. couleur & moins grandes, dont une avec un bernard l'hermite épineux.

166 Trois autres, dont une avec un bernard l'hermite
marqué de ftries tranfverfales.

167 Un buccin rare, des Indes, fauve-roux, recouvert
de fucus, ventru, à groffes ftries noueufes, à
levre intérieure ridée, & extérieure garnie de
groffes dents qui laiffent de profondes cannelures.

168 Un buccin de l'efpece ci - deffus décrite, auffi
recouvert de fucus, & un dépouillé de ce fucus.

169 Deux buccins fauves, rares, à orbes chargés de
ftries tranfverfales en vives arrêtes.

170 Un buccin d'un blanc grisâtre, à gros tubercules
& côtes longitudinales, la robe eft toute garnie
Planch. 35 , de lignes brunes paralleles qui y forment des
lett. B 2. rubans ; on le nomme *tapis de Perfe*.

171 Un grand buccin fauve tuberculeux ; chaque orbe
est chargé de deux grosses côtes longitudinales ; la
bouche est garnie d'un bourrelet applati en dedans
& dentelé.

172 *Idem.*

173 Un buccin comme le précédent & deux conques
de triton.

174 Trois conques de triton, dont une des Indes.

175 Six conques de triton.

176 Deux buccins lisses, fond blanc, marbré de roux
& rayés de brun, à orbes ceints d'un petit cordon granuleux, nommés la *tulipe* ; ils sont très-
beaux pour les couleurs & la régularité de leur   Planc. 34;
dessein, ainsi que les suivants.   lett. L.

177 Deux *idem.*

178 Deux *idem.*

179 Deux *idem.*

180 Une tulipe polie de la plus belle couleur.

181 Une tulipe fond rose à lignes transversales brunes.

182 Deux tulipes dont une toute brune.

183 Deux *idem* très-belles.

184 Une très-belle tulipe fond orangé, polie.

185 Quatre petites tulipes des especes précédentes, dont
une des Indes à lignes transversales beaucoup plus
marquées.

186 Un buccin à stries circulaires serrées, à orbes bordés
d'une couronne de petits tubercules, à robe brune,
bordée au-dessous de chaque pas de deux zônes   Planc. 30;
blanches, nommé la *cordeliere.*   lett. B 1.

187 Une cordeliere & une tulipe.

188 *Idem.*

189 Trois cordelieres, dont une jaune rare, une grise   Planc. 35;
aussi très-rare, & une brune.   lett. D.

190 Un buccin rare de l'espece des cordelieres, mais
fond blanc, à stries circulaires fauves, à tuber-   Planc. 34;
cules plus arrondis.   lett. H.

191 Trois buccins, dont un de l'espece précédente &

deux autres à grosses côtes transversales, dont un à levre papyracée.

Planc. 34,
lett. A 5.

192 Trois buccins rares ; savoir, deux blancs nués de fauve clair à stries circulaires très - fines, à pas applatis, dont les bords granuleux rentrent en dedans du côté de la columelle où ils forment un assez large sillon.

Planc. 23,
H 1, H 2,
H 3.

193 Deux buccins, dont un de l'article précédent & un de la même forme, mais dont les orbes sont couronnés de gros tubercules applatis, nommés la contr'unique.

194 Un grand buccin très - rare, de la forme du second buccin du n°. précédent, mais dont la bouche est à gauche, ce qui l'a fait nommer l'unique ; il porte dix pouces & demi de haut.

195 *Idem* moins grand, mais dont la robe est tachée de bleu.

196 Un grand & beau buccin d'un beau volume & de la plus grande conservation, à côtes longitudinales brunes sur un fond fauve ; cette coquille est très-rare de cette perfection.

Planc. 23,
lett. H 1.

197 Deux buccins blancs, épais & pesans, nommés *marbres* ou *raves*, à tête élevée, à levre intérieure armée de trois grosses dents, & à cinq orbes légèrement tuberculeux, se recouvrant l'un l'autre.

Planc. 35,
lett. I.

198 Un marbre à tête plus élevée, en forme de tirebourre.

199 Un buccin rare, de forme approchante de celle des précédents, à fines stries circulaires peu prononcées, à clavicule fort saillante, en forme de spirale cylindrique ou de tirebourre, à robe blanche piquetée par zônes de points jonquilles, & couronnés de tubercules.

200 Deux buccins tuberculeux à grains de ris, & un petit buccin *unique* de l'espece décrite n°. 196.

201 Un rare buccin de l'espece des tapis de Perse, mais plus allongé, à gros tubercules mousses, à sept

(55)

orbes chargés de ftries tranfverfales brunes, difpoſées deux à deux fur un fond orangé.

202 Un très-beau buccin de grand volume, tuberculeux, à groſſes côtes longitudinales, à bouche
orangée armée de douze dents blanches difpoſées
deux à deux.

203 Deux beaux & rares buccins blancs, piquetés de
brun, à clavicule très-allongée, à robe & à côtes
longitudinales, réticulées par de petits tubercules
épineux à queue recourbée.

204 Un buccin à côtes longitudinales très-ſaillantes,
à fortes ftries tranfverfales, difpoſées deux à deux,
& allant former, le long de la bouche, un bourrelet applati & feſtonné; & un autre buccin recouvert d'un drap marin brun épineux.

205 Une conque de triton des Indes & fix moyens
buccins tuberculeux.

206 Une conque de triton des Indes & treize autres
buccins des efpeces ci-deſſus décrites.

207 Un grand buccin d'un pied de long, fauve-clair,
à robe ftriée réguliérement à huir orbes, dont
le premier eft tuberculeux, nommé le grand fuſeau
de la chine.

208 *Idem* de 11 pouces de longueur.

GENRE QUATRIEME.

BUCCINS A BOUCHE GARNIE D'UNE LONGUE
QUEUE.

209 UN buccin rare, de couleur fauve, à queue
courte & recourbée, à bouche garnie de fix dents,
nommé le fuſeau à dents de Ternate; il porte fept
pouces de long.

210 *Idem.*

211 Un fuſeau très-rare, blanc, nué de fauve vers la

Planc. 34,
lett. B 3.

queue, qu'il a droite & plus longue que le précédent, à levre garnie de cinq fortes dents, dont
la supérieure se recourbe sur le second orbe ; on
le nomme le grand fuseau à dents ; il porte cinq
pouces & demi de long.

212 Un fuseau blanc, à stries fines, circulaires, à
très - longue queue brune, creusée en gouttiere,
nommé la quenouille : dix-sept pouces & demi.

213 Une autre quenouille.

214 Une quenouille remarquable par le coude que forme
la queue.

215 Deux fuseaux à fortes stries transversales, à bouche
échancrée vers le haut, dont un blanc à stries
tranchantes, & recouvert d'un millepore, l'autre
à stries plus arrondies, fond blanc, taché réguliérement de larges points bruns, presque noirs :
on les nomme la tour de Babel.

216 Trois petits buccins rares ; savoir, un fauve, à
stries en vive arrête, à bouche échancrée, à clavicule très-allongée ; une très-petite tour de Babel
à petits points bruns sur un fond blanc , & un
buccin à bouche échancrée, fascié de brun, sur
un fond blanc, à clavicule très-élevée, à huit orbes
chargés de tubercules épineux.

217 Dix petits buccins, des especes ci-dessus décrites,
& une quenouille.

SEPTIEME FAMILLE.

MUREX OU ROCHERS.

GENRE PREMIER.

ROCHERS A BOUCHE DENTÉE OU NON DENTÉE, SANS QUEUE.

218 DEux rares & beaux rochers des indes, dont un blanc-fale, l'autre couleur de chair, marbrés par grandes taches, & par traits en zigzags de fauve roux & de maron, à bouche dentée & échancrée, à fept orbes couronnés de tubercules pointus, de l'efpece nommée *Foudres* ; ils font d'un beau volume.

219 Un très-beau & très-rare foudre, fond couleur de chair, à zigzags très-foncés bruns, à deux orbes couronnés de longues tuiles très-aiguës, & à trois dernieres fpires, fe terminant en un gros mamelon liffe & mouffe ; on le nomme le *foudre couronné.*

220 Un grand & beau rocher des indes, à fond orangé, veiné & taché par zônes de maron foncé, à levre intérieure dentée, & à couronne de tubercules, dont les gros fe prolongent en forme de côtes fur le dernier orbe ; on le nomme le bois veiné ; il eft de grand volume.

221 Quatre foudres de couleur & d'efpece variées.　Planc. 23.

222 Un foudre très-rare, en ce ce qu'il a deux rangs A 1, A 2. de tubercules de plus fur le premier orbe.

224 Un foudre très-rare, en ce qu'au lieu de tubercules, il a les orbes couronnés d'un fimple cordon granuleux.

225 Un foudre de l'espece de celui décrit n°. 218,
mais à tubercules plus faillants, à tache & chevrons du plus bel aurore.

226 Un très-beau bois veiné, de grand volume, dont
le fond gris de lin est fascié de lignes tranfverfales
interrompues, & d'une zône de taches brunes &
de chevrons de même couleur.

227 Un autre à double bande & d'un deffein plus riche.

228 Une mufique rare, verd-céladon, pointillée réguliérement de brun, à cinq petites zônes blanches
pointillées de même couleur ; efpece que l'on
diftingue par le nom de mufique verte.

Planc. 23,
lett. G 5.

229 *Idem.*

230 Une mufique rare, nommée à caufe de la couleur de fon fond, la mufique couleur de rofe.

231 Deux mufiques à bandes, dont une aurore.

232 Une mufique rare, à bandes foncées verd-céladon, d'une riche couleur.

233 Deux mufiques rares, dont une rofe & une à
bandes verd-céladon.

234 Une mufique aurore & deux autres à taches plus
prononcées, à côtes plus faillantes, nommées le
plein-chant.

Planc. 23,
G 2, G 4.

235 Un très-beau rocher jaune-pâle, couleur de
chair en dedans, fort large par le haut & effilé
par le bas ; le premier orbe est garni de deux
rangs de gros tubercules en forme de clous, &
les autres feulement d'un rang.

Planc. 23,
lett. L 1.

236 Deux rochers fort renflés, à bandes jaunes, fur
un fond bleu, à fpirale de fix pas, fe recouvrant l'un l'autre, & féparés par un fillon ; le premier a un demi-rang de tubercules vers la tête,
le fecond en a deux rangs vers la tête, & un
vers le bas de la coquille ; nommés *toile à mate-*
lats, ou *lard*.

237 Deux autres lards, dont un à trois rangs de tubercules, & un rare à quatre rangs.

Planc. 24,
lett. E 2. 238 Trois lards, dont un à deux rangs de tubercules,

un sans tubercules , & un rare à quatre rangs de tubercules tuilés , dont les rangs supérieurs forment vers le haut du premier orbe une double couronne.

Planc. 24, lett. F 3.

239 Deux rochers d'Amérique blancs , à stries circulaires inégales , à huit orbes , tous couronnés de tubercules à quatre grosses stries tuberculeuses ou tuilées dans le bas & umbiliqués , nommés *aigrette*.

240 Un rocher des Indes , noir , marbré de blanc , à plusieurs rangs de pointes régnants dans toute leur longueur , nommés *chausse-trapes* , ou *murex* à *dents de chien* ; il est d'un beau volume , & porte quatre pouces & demi.

Planc. 24, lett. C 3.

241 Un autre moins grand , mais de la plus grande conservation.

242 Trois petits rochers , dont deux à dents de chien , l'un plus bombé , l'autre à tête moins élevée ; le troisieme gris , réticulé à tubercules tuilés & plissés.

GENRE SECOND.

ROCHERS A BOUCHE DENTÉE ET A PETITE QUEUE.

243 Deux rochers triangulaires , fauve - roux , à fascies transversales , nombreuses , élevées & tuberculeuses , à stries fines en même sens dans les intervalles des fascies ; à trois rangs de bourrelets un peu applatis , mais très-saillans , sur - tout celui de la levre extérieure , à queue retroussée , & nommés *dragons*.

244 Un autre, ventre de biche, nué d'orangé , à grosses côtes tuberculeuses transversales , & à bossages fasciés de blanc & de maron , de forme très-irréguliere , à queue un peu contournée & retroussée; espece nommée *rhinocéros*.

Planc. 34, lett. A 3.

245 Un rocher jaune-pâle, nué de blanc, à plusieurs
rangs circulaires de tubercules granuleux, à quelques portions de côtes longitudinales tuberculeuses,
à levre extérieure dentelée & à très-petite queue,
nommé la *culotte de Suisse*.

246 Un dragon & deux rochers fauves, nués d'aurore,
à côtes & fascies peu différentes de celles du rhinocéros, mais moins saillantes; à queue un peu
longue, contournée & retroussée.

Planc. 31, 247 Une moyenne culotte de Suisse bien conservée.
lett. E 1, E 2. 248 Deux rochers des Indes, fauves, nués de blanc,
de forme applatie, à deux rangs latéraux de grandes
épines, & à quelques rangs longitudinaux de pe-
Planc. 32, tites pointes, à levre extérieure dentelée & à petite
lett. B 2. queue, nommés en Hollande *crapauds*.

249 Deux rochers blancs, nués de fauve & de maron,
à stries transversales, granuleuses, dont trois plus
fortes chargées d'épines sur le corps, la plus
élevée desquelles se prolonge dans tous les orbes;
à deux côtes longitudinales & latérales tubercu-
Planc. 32, leuses & à très-petite queue connue sous le nom
lett. B 3. de *racrocheuse*.

250 Deux rochers par pendans, dont un marbré de
fauve, à stries longitudinales & transversales,
granuleuses dans leur rencontre mutuelle, de forme
bombée & comme bossuée en dessus, mais applatie
en dessous, à levres se rabattant en dehors en
une fraise plate, mince & dentelée des deux côtés;
espece que la forme de sa bouche a fait nommer
Planc. 31, la grimace, & l'autre plus blanc, à réseaux plus
lett. H 1. réguliers & à plus petits grains, à queue plus
longue & moins recourbée, nommé la grimace
blanche.

Planc. 32, 251 Une grimace, une culotte de Suisse à gouttieres
lett. B 1. & un buccin à gros tubercules.

Planc. 34, 252 Six rochers réticulés & tuberculeux des especes
A 4. ci-dessus décrites.

253 Neuf petits rochers, dont une musique, une mûre
à longues pointes, &c.

254 Deux très-grands casques, à levres fort larges &
applaties, à trois rangs de tubercules.

255 Un casque blanc, marbré de fauve, à stries circulaires & canelures piquées régulièrement de petits
traits longitudinaux, par où ils imitent le dessous
d'un ouvrage tricoté ; à trois fascies tuberculeuses
& une couronne de clous qui s'étend dans tous
les orbes, nommés *casques tricotés*.

256 Un petit casque tricoté & un triangulaire, à
bandes extérieures du bourrelet marqué de six taches
brunes, & à tête couronnée de tubercules.

257 Un grand casque de la mer du Sud, rare, blanc,
nué de fauve, à stries longitudinales peu élevées
en forme de rides ; à quatre zônes chargées de
taches rousses, & dont la plus haute est un peu
tuberculeuse ; à huit orbes renflés, ornés chacun
d'une couronne de petits tubercules, & au-dessus
de cercles granuleux, à levre extérieure & intérieure saillantes en dehors & applaties, & à côte
mince longitudinale : il est d'un beau volume &
porte huit pouces de long.

258 *Idem*, un peu moins grand.

259 Un casque des Indes, rare, blanc nué de fauve,
à plis longitudinaux, laissant entr'eux de larges cannelures, à côte latérale tachetée de brun, de même
que la cavité du bourrelet de la levre extérieure,
à pas des orbes granuleux & à tête élevée. Planc. 25,
lett. D 4.

260 Deux casques des Indes, l'un fond blanc, à grandes
taches quarrées fauves, rangées par zônes, à clavicule aiguë, nommé casque pavé ou truité, grand
dans son espece ; & un gris teint de verd d'eau,
à levre extérieure finissant par trois dents saillantes
en dehors ; espece nommée casque *bezoard*.

261 Deux casques bezoards, dépouillés & polis.

262 Quatre petits casques pavés, de deux especes différentes. Planc. 24,
lett. I.

263 Quatre casques, dont un pavé, un bezoard, un
d'un rouge obscur, à stries longitudinales & can-

nelures tranfverfales „ peu profondes , appellés bonnets de Pologne , & un cafque plume.

264 Deux cafques peü communs , blancs, nués de fauve ,
à ftries circulaires nombreufes , à levre extérieure
relevée & faillante en dehors , en vive arrète,
& intérieure tapiffant une partie de la bafe , &
faillante auffi vers le bas , à petite queue peu retrouffée ; l'une à bouche dentée des deux côtés ,
l'antre à bouche non dentée.

265 Un cafque de l'efpece des précédens, mais de plus
gros volume.

266 Un très-joli cafque fond verd-céladon , réticulé , à
larges bandes longitudinales , ondées , brunes , à
deux fortes côtes brun-foncé , fe terminant vers
le haut de la coquille , par deux petits tubercules
blancs épineux , nommé cafque rayé.

267 Un petit cafque des Indes très-rare , à robe rofe
feche , panaché comme les cafques plumes, à bouche
aurore vif , dentée des deux côtes , umbiliqué ,
& à tête couronnée de petits tubercules.

268 Trois jolis petits cafques , dont un pavé & deux
rayés.

269 Cinq petits cafques des efpeces ci-deffus décrites,
dont un très-fingulier , en ce que , fur le dos de
la coquille on diftingue les mêmes dentelures que
celles qui garniffent l'intérieur de la bouche.

270 Cinq cafques , dont un rare à ftries tranfverfales
brunes , fur un fond blanc ; un à gros tubercules,
& trois autres.

271 Trois petits cafques , dont un blanc à fortes ftries
tranfverfales arrondies , nuées de fauve , à bouche
fortement dentelée des deux côtés , la levre extérieure rentre en dedans en vive arrète ; & deux
petits cafques liffes fond blanc , la bouche eft bordée
extérieurement d'une côte longitudinale , marquetée de larges taches brunes , quarrées & épineufes
vers le bas.

272 Deux grands cafques des Indes , nués & marbrés
de blanc , d'aurore & de brun de différentes

Planc. 24 ,
lett. F 2.

nuances, à stries fines longitudinales, ceints d'un grand nombre de cordons circulaires tuberculeux, à bouche d'un rouge vif, dentée des deux côtés, à levres retroussées, l'extérieure fort épaisse, nommés *turbans*.

Planc. 26, lett. D 2.

273 Deux gros casques d'Amerique, gris-blanc, flambés par bandes longitudinales en zigzag, de fauve, de brun & de violet, de forme un peu triangulaire, à trois fascies transversales tuberculeuses, à tête applatie, à levre teinte par grandes taches de brun foncé, nommés casques triangulaires.

Planc. 25, lett. B 2.

274 Deux autres moins grands.

275 Quatre casques, dont un turban, deux casques triangulaires & un casque plume.

***

GENRE TROISIEME.

ROCHERS A BOUCHE AILÉE, SANS PATTES.

276 UN très-rare, grand & beau rocher brun, fascié de blanc, à grande aile cannelée transversalement, se repliant en dedans, s'étendant sur la tête, la dépassant, échancrée vers le bas, à dix orbes couronnés de petits tubercules, nommé l'aile large.

Planc. 22, A 5.

277 Cinq ailées peu communes, à bouche échancrée, & diversement colorées de noir, de violet, à robe plus ou moins chargée de tubercules, du dessein le plus agréable & le plus varié.

278 Neuf ailées, dont deux à chevrons bruns, sur un fond blanc, à bouche couleur de rose; deux, fond blanc fascié de jaune, à levre extérieure rose, garnie de trois échancrures, à levre intérieure noire, & autres.

279 Deux ailées très-rares, blanches, à stries circu-

laires noires , formés de traits interrompus & onduleux ; à huit orbes, dont le premier eft couronné d'un rang de tubercules , à triple échancrure
dans l'aile , comme les précédentes , & à bouche
citron ; on les nomme , en Hollande , buccins de
la mer rouge.

280 Deux ailées blanches rares , à robe ftriée tranfverfalement fur l'aile, à orbes très-renflés & comme
boffus , à levre extérieure dentée intérieurement ,
& dont la dentelure eft d'un beau violet , qui
tranche fur une large bordure blanche.

281 Deux grandes ailées de la Jamaïque , rares , blanches , marbrées par traits longitudinaux de roux ,
à trois groffes côtes longitudinales dans le corps,
qui forment , dans la couronne du premier orbe,
autant de gros tubercules oblongs ; à dix orbes
un peu creufés en doucine , à aile mince un peu
finueufe vers le bas , & très-faillante.

282 Trois autres ailées de la Jamaïque , dont une blanche
& une à levres épaiffes.

283 Quatre ailées en pendant ; favoir , deux blanches
tachetées de brun , de diverfes nuances , à huit
zônes chargées de petits tubercules inégaux , à
un cercle de boffages qui couronnent le premier
orbe , & fe prolongent en forme de tubercules fur
les fuivants ; à deux échancrures vers le haut &
autant par le bas , de l'efpece nommée tête de
ferpent. Deux aurore très-vif dans le corps, à
tête blanche , à douze orbes , dont les premiers
font couronnés de clous & les autres de tubercules , à aile échancrée ; on les nomme oreille de
cochon.

284 Une très-rare oreille de cochon, à robe blanche,
à bouche d'un beau violet pourpre.

285 Trois têtes de ferpent , nuées de rofe fur un fond
blanc , dont une à aile épaiffe , une à aile papyracée & une fans aile , du premier âge.

289 Deux

Planc. 21 ,
A 4.
Davila ,
n°. 317, t. 1 ,
pag. 183.

Planc. 20 ,
lett. B 1.

286 Deux ailées à queue un peu retroussée, à robe
grise un peu fasciée de brun, chargée de stries
transversales tuberculeuses, à levre extérieure, à
grandes taches brunes sur un fond blanc, échancrée vers le haut, & se prolongeant en forme
de doigt.

287 Un rocher blanc un peu taché de jaune, à grande
aile cannelée transversalement, se repliant en dedans, s'étendant sur la tète, la dépassant, & divisée
alors en cinq fortes échancrures, échancrée aussi
par le bas & dentelée, à dix orbes couronnés de
tubercules, nommée l'aile large échancrée.

288 Six rochers, dont quatre de forme très-bombée,
à aile épaisse, un nommé l'oreille d'âne, à bouche
d'un rouge vif, & une ailée à bouche papyracée
sans aile & du premier âge.

289 Sept autres des especes décrites dans l'article précédent.

290 Cinq ailées de moyenne grandeur, du genre des
lambis, à gros tubercules à robes fasciées de diverses couleurs.

291 Trois ailées blanches, légérement teintes de jaune.
dont deux à aile papyracée & une aile très-épaisse
& à très-gros tubercules.

292 Deux grande ailées d'Amérique très-bien conservées, couleur de chair, à grosses stries transversales, à orbes couronnés de tubercules très-
saillans & bouche couleur de rose, nommés *lambis*, & une du premier age sans aile, aussi très-
bien conservée.

293 Deux lambis, l'un à aile épaisse, l'autre à aile
papyracée, & revêtus de leur épiderme, & deux
du premier âge, c'est-à-dire sans aile.

294 Trois lambis à aile papyracée & trois du premier âge.

295 Cinq petits lambis du premier âge, dont deux
roses.

Planc. 22;
lett. A 2.

Planc. 20;
lett. A 2.

Planc. 20;
lett. C 1,

GENRE QUATRIEME.

RO CHERS A BOUCHE AILÉE ET A PATTES.

296 **D**EUX rochers des Indes marbrés de blanc &
de maron-clair, à quatre fafcies tuberculeufes de
deux âges différents, favoir, un du dernier âge, à
aile armée de fix grandes pattes crochues, creufées
par deffous en canal prefque fermé, à levre chargée
de petites ftries couleur de rofe, nommé en France
araignée mâle, & en Hollande griffe du diable,
un de l'âge moyen à pattes courtes fort larges &
fort ouvertes, nommé l'araignée femelle.

297 Une araignée mâle & une femelle fans aile ni
pattes.

298 Une très-belle araignée mâle, bien colorée.

299 Une ailée mâle du plus grand volume.

300 Une très-rare ailée de la plus riche couleur à fept
pattes au lieu de fix, nommée par Pline *Heptaphyllos*.

301 Deux araignées marbrées fur le corps des mêmes
couleurs que les précédentes, & blanches feulement
en dedans, à fept pattes y compris la queue,
nommées, en Hollande, crabes communs; dont
une mâle ou du fecond âge à pattes longues, étroites
& fermées, & deux femelles ou du premier âge
à pattes courtes, larges & ouvertes.

302 Une grande & belle araignée de l'efpece precédente.

303 Deux autres en pendans.

304 Un rocher des Indes, blanc, marbré de fauve-
roux, différent de ceux décrits n°. 301, les pattes
& la queue en font plus longues, très-brunes &
recourbées & la bouche en eft ftriée, blanche,
& brune : cette coquille très-belle & foncée en
couleur porte 6 pouces un quart.

305 Un autre auffi des Indes & rare à queue plus

effilée , à pattes dont les nœuds font plus fenfibles ;
on le nomme le fcorpion goutteux.

306 Une araignée de l'efpece décrite n°. 301 , & fix
petits rochers fauves , nués de gris ; à orbes
tuberculeux & à tête élevée, deux defquelles ont
l'aile partagée en quatre doigts longs , nommés
hallebardes ou pattes d'oye.

HUITIEME FAMILLE.

POUPRES.

GENRE PREMIER.

POURPRES A QUEUE UN PEU LARGE,
COURTE, ET RECOURBÉE.

307 DEUX pourpres rameufes , triangulaires , jaunes   Planc. 37,
& brunes , à ftries tuberculeufes très-faillantes à lett. B 2.
trois côtes longitudinales , chargées de petites
feuilles courtes & frifées , nommées le cheval
de frife.

308 Deux chevaux de frife & deux autres pourpres   Planc. 36,
triangulaires blanches à corps chargés de fortes lett. H 2.
ftries , à trois groffes côtes longitudinales chargées
de grandes feuilles rameufes.

309 Une pourpre rameufe triangulaire des Indes ,
blanche , fafciée , dans les cannelures, de brun , à
ftries fines circulaires , & autres plus groffes dont
le prolongement fe termine le long des groffes côtes   Planc. 36,
longitudinales en feuilles frifées faillantes.   lett. F.

310 Une pourpre de l'efpece décrite dans le n° précédent & un cheval de frife.

311 Deux pourpres triangulaires rameufes couleur de

fuie, à feuilles très-ferrées les unes contre les autres dans chaque rang longitudinal & qu'on pourroit nommer les enfumées, & une blanche triangulaire à gros mamelon mouffe & à ftries fines.

312 Une pourpre rameufe, triangulaire, noire, à quelques endroits près qui font marqués de blanc dans le corps ; à grandes feuilles frifées & recourbées à trois groffes boffes fituées entre les trois rangs longitudinaux de ces feuilles à levre intérieure couleur de rofe, efpece qu'on nomme *brûlée*.

313 Une pourpre triangulaire de l'efpece décrite au n°. 309, mais de la plus belle couleur brune.

314 Une pourpre triangulaire, rare, brune, de forme plus effilée, à feuilles moins longues du plus beau lilas.

315 Une poupre triangulaire, rameufe, brune, de la plus vive couleur.

316 Une grande & belle pourpre à feuilles longues très-brunes & très-détachées.

317 Trois pourpres triangulaires, dont une nommée jatou par M. Adamfon, à feuilles applaties non partagées, une à feuilles brunes très-peu faillantes, & une brune dont le corps eft très-petit, les feuilles longues & recourbées.

318 Une pourpre triangulaire, ailée, des Indes, très-rare, blanche, à ftries circulaires très-fines, & à trois côtes longitudinales, de chacune defquelles, & principalement de celle qui porte la levre, s'élevent de longues avances papyracées en forme d'aile à tête très-élevée, compofée de fept orbes un peu renflés & à levre en vive arrête, elle porte 3 pouces 3 lignes de long.

319 Une pourpre ailée différente de la précédente, en ce que les ftries en font plus prononcées, que les ailes s'y prolongent jufqu'à clavicule, que la tête en eft moins élevée, quoique compofée de neuf orbes, que les intervales des côtes ailées y font chacun garnis d'un boffe, que la queue en eft recourbée

en deſſus & diviſée en une eſpece de fourche &
qu'elle n'a que deux pouces de long.

320 Deux poupres triangulaires ailées, faſciées de
rouge & de blanc, à ſtries tranſverſales & à trois
forts tubercules longitudinaux, dans l'intervale *Ididm.*
deſquels ſont trois autres côtes longitudinales lett. O.
moins ſaillantes.

321 Une pourpre rameuſe des Indes à coque mince,
blanche; chargée de ſix rangs de feuilles noires
très-déchiquetées & connue ſous le nom de *rotie*. Planc. 36,
lett. K.

322 Une pourpre rotie eſt une pourpre triangulaire, à
feuilles blanches.

423 Une pourpre rameuſe blanche tirant ſur le brun, à
ſix côtes longitudinales, dont cinq chargées de
très-petites feuilles & la derniere qui borde la levre
extérieure d'autres très - grandes, brun foncé, Planc. 36,
larges, applaties à l'extrèmité, ce qui lui a fait lett. G 3,
donner en France le nom de pattes de crapaud.

324 Une petite poupre épineuſe des Indes très - rare,
fond blanc à ſtries circulaires de même à huit côtes
longitudinales, obliques, noires, hériſſées de longues Davila ;
pointes aigues, de même couleur, qui regnent de tom. 1.
la tête à la queue, à tête bombée compoſée de Planc. 15,
cinq orbes, à clavicule blanche, nommée le radis lett. H.
à pointes noires.

325 Neuf pourpres des eſpeces décrites ſous les numéros
précédens, à corps bombé garni de feuilles courtes
& recourbées, une brûlée & autres.

326 Une poupre rare, blanche à bandes tranſverſales
brunes à ſix rangs de groſſes côtes légérement
feuilletées, à bouche jaune nuée de couleur de chair.

327 Une pourpre rare, de forme très-renflée & preſque
ronde, blanche, chargée de huit côtes longitudinales, légérement feuilletées, blanches faſciées
de brun; umbiliquée à bouche couleur de roſe.

328 Une poupre peu commune, fond gris à bandes
brunes à cinq côtes longitudinales légérement feuil-

letées, chargées chacune d'un gros tubercule épineux très-faillant.

329 Une poupre bombée prefqu'arrondie à clavicule élevée à cinq côtes longitudinales tuberculeufes, à robe grisâtre coupée de bandes tranfverfales brunes, à bouche à bandes alternatives brunes & blanches & deux pourpres triangulaires rameufes de l'efpece décrite n°. 309.

330 Trois groffes pourpres rameufes, dont une blanche d'un volume prodigieux.

GENRE SECOND.

POURPRES A QUEUE PLUS ÉTROITE, LONGUE ET DROITE.

331 Une pourpre des Indes, couleur de chair, marbrée de noirâtre de brun, & de blanc, à ftries fines circulaires, à trois groffes côtes longitudinales & à trois rangs intermédiaires de petits tubercules, à bouche couleur de rofe & à très-longue queue ; nommée tête de bécaffe.

Planc. 38, lett. B 2.

332 *Idem.*

333 Une pourpre des Indes, blanche, veinée de fauve, à trois côtes longitudinales, chargées dans toute leur longueur de deux rangs d'épines fines ou arrêtes, les unes longues, pointues & recourbées, les autres plus fines & plus courtes, à queue longue, creufée intérieurement en canal, nommée la grande bécaffe épineufe.

Planc. 38, lett. A.

334 Une bécaffe épineufe, des Indes, à épines moins nombreufes & plus courtes que dans l'efpece précédente.

335 Une bécaffe épineufe de l'efpece décrite fous le numéro précédent, d'un volume prodigieux, ayant près de 6 pouces de long.

336 Une tête de bécasse épineuse d'Amérique, à épines plus courtes & plus grosses, remarquable par une de ses épines qui est extrêmement longue, ce qui la rend très-rare.

337 Une bécasse épineuse d'Amérique avec le même accident.

338 Une grande pourpre, des Indes, rare, blanche, à stries circulaires légérement granuleuses, à six côtes longitudinales un peu applaties, chargées de deux rangs circulaires de grandes épines; celles d'en haut plus fortes; à deux rangs obliques de petites épines sur la queue à tête applatie & à levre intérieure saillante en dehors, espece que l'on nomme la *grande Massue d'Hercule*. *Planc.* 38, lett. E 2.

339 Deux massues d'Hercules différentes de la précédente en ce que la tête est plus élevée, qu'elles n'ont chacune qu'un rang d'épines sur la queue; & qu'outre les deux rangs d'épignes du premier orbe, elles en ont un troisieme sur les deux orbes suivans; & une bécasse épineuse d'Amérique. *Planc.* 38, lett. D 3.

340 Onze bécasses épineuses d'Amérique & deux massues d'Hercule.

NEUVIEME FAMILLE.

TONNES OU CONQUES SPHÉRIQUES.

GENRE PREMIER.

TONNES A BOUCHE ENTIERE.

341 UNE tonne fasciée de rouge & de brun, à coque mince, de forme ovale, à bouche évasée par le bas, en spirale en forme d'umbilic, espece que l'on peut nommer la muscade ou la noix, d'un *Planc.* 27, lett. F 5.

gros volume ; & deux blanches nuées de fauve ; de forme encore plus oblongue, à ftries fines circulaires & à bouche fort évafée vers le bas ; nommées *oublies* ou *papier roulé*.

342 Une noix fond blanc fafciée de couleur de rofe, une fafciée de brun à deux zônes noires & une blanche de forme approchante de la fphérique à ftries circulaires très-fines, à coque papyracée & à bouche débordant les deux extrêmités du corps; variété nommée la bulle d'eau.

343 Six coquilles, dont une oublie, deux bulles d'eau & trois noix de couleur variée.

344 Une bulle d'eau blanche, papyracée, une noix brune à deux zônes noires & fix autres noix.

GENRE SECOND.

TONNES A BOUCHE ÉCHANCRÉE.

345 UNE très-grande tonne couleur de noifette, umbiliquée à tête peu élevée, à levre extérieure unie & mince, à pas des orbes creufés en fillons. à groffes & petites fafcies fur le corps ; les petites placées dans les cannelures des grandes ; 9 pouces & demi fur 7 pouces de large.

Planc. 27, lett. B 1. 346 Deux tonnes à fafcies difpofées, comme celle de l'article précédent, mais à tête plus élevée, l'une d'elles a la bouche garnie de dents formées par les extrêmités des cannelures.

347 Une tonne blanche de l'efpece décrite.

345 Une de couleur rouffe à bouche épaiffe & garnie intérieurement d'un bourrelet, à clavicule élevée, à pas des orbes creufés en gouttiere, à groffes ftries arrondies, féparées vers le haut par trois ftries plus fines & par le bas par une feule, &

une à fafcies larges & plattes, à cannelures étroites de couleur fauve à tâches blanches en croiffant, uniformes fur toutes les fafcies, nommée la *perdrix*.

348 Une perdrix très-colorée, une tonne de l'efpece décrite nº. 345, & une blanche à quatre zônes fauves, à fafcies applaties féparées par de larges cannelures peu profondes, à bouche bordée d'un bourrelet dentelé intérieurement.

349 Une belle tonne à fafcies blanches, garnie de taches fauves à cannelures grifés larges & peu profondes, à bouche fortement dentelée par l'extrê-mité des fafcies. Planc. 27, lett. C1. C 2.

350 Une tonne de l'efpece décrite au nº. précédent, mais à bouche papyracée & une autre fond jaune & blanc à lignes longitudinales brunes.

351 Quatre tonnes, dont une perdrix, une à can-nelures marquetées de fauve, une de l'efpece décrite nº. 345, & une blanche à bouche garnie d'un bourrelet d'entelé.

352 Cinq tonnes, dont deux perdrix, & trois tonnes de l'efpece de celle décrite nº. 345.

353 Sept petites tonnes des efpeces cy-deffus décrites.

354 Une très-grande tonne, à robe liffe, canelle, à tête applatie, dont les trois premiers orbes à pas concaves, font couronnés de clous tuilés, & les trois derniers faillent de la couronne intérieure en forme de mamelons, à bouche fort évafée, nommée *couronne d'éthiopie*; 7 pouces & demi. Planc. 27, lett. B 1.

355 Une couronne d'éthiopie de même grandeur que la précédente.

356 Une fuperbe & très-rare *couronne d'éthiopie marbrée* elle differe de la précédente, en ce qu'elle eft marbrée par grandes taches blanc de lait & cannelle foncé, flottantes dans deux larges zônes; elles ont deux rangs de fpires couronnés. Planc. 28, lett. B 5.

    Elle eft parfaitement confervée.

357 Une couronne d'éthiopie à robe blanche, jaune vers l'intérieur & marquée alors de fix taches

brunes, à tête garnie d'un rang de tubercules tuilés & à mamelon peu élevé , & ne dépaffant pas les plus courtes des tuiles.

359 Une jolie couronne d'éthiopie paille à deux zônes marquées de larges taches foucis, à mamelons élevés & à un rang de tuiles.

360 Une petite couronne d'éthiopie à un rang de tuiles à mamelon jaune - clair faillant , à robe fauve , à deux zônes brunes.

361 Une fuperbe & très - rare gondole mamillaire à robe marron foncé , marbrée dans trois zônes & par chevrons en cœur de taches blanches , à mamelon comme dans les couronnes d'éthiopie ci-devant décrites.

362 Une très-grande gondole mamillaire fond jaune-clair , à lignes longitudinales brunes ferpentans en zigzags, à deux larges bandes formées de chevrons bruns , à mamelon brun élevé , à pas des orbes un peu renfoncés, à large levre épaiffe comme dans les ailées.

Cette coquille eft très-rare ; 6 pouces fur 4.

363 Une gondole mamillaire qui ne differe de la précédente que par la bouche qui eft dépourvue d'aile.

364 Une gondole mamillaire fauve-roux foncé à quatre orbes , dont les premiers font féparés par un fillon très-profond , à mamelon très-peu élevé.

Planc. 28 , lett. C 1.

365 Une gondole fans mamelon , veinée de blanc, de fauve & de gris de lin , à pas du premier orbe très-creufé , à mamelon à peine fenfible , nommée taffe de Neptune.

366 Une gondole jaune-pâle , à pas du premier orbe faillant en dehors, en vive arrête concave en deffus & à petit mamelon , efpece nommée cuiller de *Neptune.*

Planc. 28 , lett. C 3.

367 Une gondole de l'efpece précédente, d'un pied de long.

368 Une très-belle gondole , de forme très-évafée , de couleur fauve à trois zônes de grandes taches brunes,

à mamelon recouvert par le premier orbe, efpece nommée *cul de mulet*; 7 pouces & demi.

369 *Idem*, de fept pouces.

370 Deux culs de mulet des efpeces décrites fous les deux numéros précédens, mais moins grands, l'un d'eux a le mamelon faillant.

371 Une harpe à côtes peu élevées nuées de gris & de brun, à deux belles zônes couleur de rofe vif, efpece nommée la *harpe couleur de rofe*.   Planc. 28, A 2

372 Une très-belle harpe, rare, marbrée par zônes inégales, de rouge vif tirant fur l'aurore, de blanc, & de brun, à côtes larges applaties, couleur de chair, à quatre zônes de lignes brunes difpofées quatre à quatre, laiffant entr'elles des cannelures larges, ces côes fe prolongeant vers le haut dans tous les orbes y forment une efpece de couronne, de petits tubercules; la bouche eft un peu dentée, d'un émail jaune-vif, à quatre larges bandes brunes.

     Cette coquille eft très-belle en couleur.

373 Une belle harpe rare, à feftons bruns fur un fond gris, à côtes larges & applaties, marbrée par zônes, de brun, de blanc, de couleur de chair & de rofe vif; la bouche eft marquée auffi par bandes des mêmes couleurs; les côtes fe pro-longent vers la tête, & y forment une triple cou-ronne de tubercules épineux.   Planc. 28, A 3.

374 Une belle harpe, à côtes nombreufes, très-ferréés & couleur de chair.

375 Une harpe à riche deffein en feftons bruns & blancs, à côtes étroites & en vive arrête.   Planc. 28, A 1.

376 Trois harpes dont une couleur de rofe.

377 Une harpe couleur de chair d'un beau volume & deux autres.

378 Deux harpes à côtes couleur de chair, arrondies dans l'une, & en vive arrête dans l'autre.

379 Cinq petites harpes des efpeces ci-deffus décrites.

380 Trois tonnes dont une grife, à ftries circulaires, à fafcies étroites, formées de petits quarrés longs,

Planc. 27,
D 2.

Planc, 27,
D 4.

alternativement blancs & violet-foncé & à large bouche, nommée *conque perfique* ; deux autres auffi à bouche fort évafée, à un grand nombre de fafcies brunes fur un fond blanc, dont quelqu'unes tuberculeufes, efpece nommée la *mûre* ; elles font d'un beau volume.

381 Une conque perfique à lignes blanches, & violettes plus fortes que dans la précédente, & fept mûres variées.

GENRE TROISIEME.

TONNES, A BOUCHE GARNIE D'UNE PETITE QUEUE.

382 UN grand & beau radis, épais, jaune, à ftries circulaires, à deux rangs de tubercules, dont le premier eft tuilé, à umbilic très-profond, en entonnoir, dont le bord extérieur eft feuilleté & l'intérieur en vive arrête, à bouche couleur de chair dentée, formant une queue en gouttiere : cette coquille eft fort rare.

383 Six coquilles dont une figue, deux tontons & autres.

DIXIEME FAMILLE.
V I S.

GENRE PREMIER.
VIS LISSES.

384 DEUx belles vis, l'une fond blanc , l'autre fond fauve , à zônes obliques suivant la spire , à raison de deux par chaque révolution , & formées de taches brunes inégales, qui représentent quelquefois des caracteres , à bouche un peu oblongue & échancrée, nommées *la vis à caracteres*, ou le *clou*. Planch. 39, lett. A.

385 Un clou, une vis fond blanc-sâle ; chaque spire est accompagnée d'un sillon qui en suit les contours & est marquée réguliérement de deux zônes de taches brunes ; deux autres vis aussi à sillons fond couleur de chair , à larmes longitudinales blanches. Planch. 40, lett. Y.

GENRE SECOND.
VIS STRIÉES.

386 UNe vis des Indes marron brun, à stries circulaires bien prononcées, à stries longitudinales fines en forme de rides, à base presque platte, espece nommée le *télescope*, d'un beau volume & bien conservé ; il porte 3 pouces & demi. Planch. 39, lett. B 2.

387 Une vis des Indes brune , nuée de fauve & de verdâtre , à révolutions de spires garnies chacune

Planch. 40,
A 1.

de trois ſtries circulaires & de plis longitudinaux qui les rendent onduleuſes , à levre extérieure fort évaſée & un peu rétrouſſée en dehors ; eſpece nommée la *cuiller à pot ;* 3 pouces & demi.

Planch. 39,
E.

388 Une très‑belle éguille des Indes , de plus d'un demi pied de long , marron , s'éclairciſſant de plus en plus depuis le bas juſqu'à la clavicule qui eſt blanche , à trente-quatre orbes bombés , chargés chacun de ſix ſtries ſéparées par de profondes cannelures , & à bouche preſque ronde , nommée par Seba , *éguille faite en vis de tambour* , & gravée dans la deſcription de ſon cabinet planche 56 nº 12.

f Planch. 39,
lett. D.

389 Une grande vis blanche nuée de fauve à orbes chargées de ſtries circulaires très-fines & de trois plus marquées , dont une très‑ſaillante en vive arrête , à pas des orbes , formant avec leur voiſin des angles rentrans & à bouche preſque ronde ; eſpece nommée vis de preſſoir , une vis de tambour & deux autres.

Planc. 40 ,
lett. A 3.

Planc. 39,
lett. C 15.

390 Une petite cuiller à pot différente de celle décrite nº. 387 , en ce que la bouche en ſe joignant au corps de la coquille forme un petit tube rond , que les ſtries circulaires ſont plus profondes , & les côtes longitudinales plus ſaillantes ; deux jolies vis à côtes longitudinales peu ſaillantes , bariolées de lignes alternatives blanches & brunes , à petite queue retrouſſée.

GENRE TROISIEME.

VIS TUBERCULEUSES.

Planch. 39,
lett. C 5.

391 UNE grande vis des Indes , blanche , bariolée de rouge & de bleu foncé , à ſtries circulaires , à douze orbes chargés de gros tubercules , à levre

épaiffe & dentelée & à petite queue nommée la grande chenille.

392 Quatre vis dont une blanche tachée & pointillée de brun, à orbes garnis d'un rang de tubercules, à levre extérieure épaiffe & à petite queue nommée la *chenille bariolée* ; une gris de fer chargée de deux rangs de tubercules, l'un fur le milieu de chaque orbe, l'autre vers le haut, à levre moins épaiffe & à queue moins rétrouffée que la précédente nommée la chenille noire, & une brune à gros tubercules pointus & nombreux, la quatrieme de même efpece, mais à zônes noires & à tubercules applatis.
    Planc. 39, C 10.
    Planc. 39, C 6.
    Planc. 39, C 19.

393 Quatre chenilles en pendans, favoir : deux de la premiere efpece de l'article précédent, & les deux autres de la troifieme.

394 Une grande vis grife à bouche échancrée, à pas des orbes applatis, à deux lignes ponctuées de brun, & couronnés de tubercules blancs ; une chenille bariolée de lignes brunes & blancbes tranf-verfales de la feconde efpece décrite fous le n°. 390 ; & deux autres vis qui ne different de la précédente qu'en ce qu'elles font toutes blanches.
    Planc. 40, A 1.

395 Treize vis, tant liffes que ftriées & tuberculeufes, dont un enfant au maillot, une fauffe fcalata blanche, deux autres fcalatas bariolées de violet, deux vis, ftriées lilas & autres.
    Planc. 39, C 16.

396 Vingt - neuf vis, des variétés décrites fous les numéros précédens.

ONZIEME FAMILLE.
VOLUTES.

GENRE PREMIER.

VOLUTES CONIQUES OU CORNETS.

397 Un rare & superbe cornet tant pour le volume, que pour la couleur ; il est marbré de larmes blanches sur un fond rouge brun, à trois larges zônes jaunes, dont une sur le haut du corps, l'autre en bas & la troisieme au milieu ; celle - ci est divisée en deux par uue bandelette de marbrure du fond ; on nomme cette coquille l'amiral ; elle porte 2 pouces & demi.

Planc. 17, I 1.

398 Un amiral de moindre volume aussi très-beau.

399 Un amiral de même fond & marbrure, & à trois larges zônes jaunes, comme le précédent ; il en differe en ce que celle d'en haut & celle d'en bas sont accompagnées d'une autre petite zône de même couleur, & que celle du milieu est chargée de deux bandelettes, dont une de la marbrure du fond ; & l'autre formée de simples traits bruns ; on la nomme *amiral à deux bandes.*

Planc. 17, I 2.

400 Un cornet très-rare de même fond & marbrure que le précédent, qui ne différe de l'amiral décrit sous le no. 397 , qu'en ce que la bande du milieu n'y est point chargée d'une bandelette, on le nomme vice-amiral.

Planc. 17, lett. I 5.

Cette coquille est de la plus parfaite beauté pour sa riche couleur, & sa conservation.

401 Un autre vice-amiral aussi très-beau.

402 Un cornet de la plus grande rareté ; il ne différe

de

de celui décrit n⁰. 397 , qu'en ce que les points blancs de fa furface font élevés & la rendent grenue.

Il eft très-riche en couleur de la plus belle confer-vation.

Planc. 17.
lett. I 5,

403 Un vice-amiral grenu ; il porte le même caractere que le précédent , & n'en differe que parce que la bande du milieu n'eft point chargée de la bandelette de la couleur du fond.

Planc. 17.
I 6.

404 Un cornet du genre de l'amiral ; il en differe, en ce que la marbrure brune eft moins foncée , & que les bandes en font plus blanches.

405 Un cornet des Indes, rare , peu différent des précédens, pour le fond & le marbrure , mais d'un volume beaucoup plus fort , à clavicule élevée , & à une zône de trois petites bandelettes de points , vers les deux tiers de fa hauteur , nommé *l'amadis* grand dans cette efpece de la plus grande beauté & confervation.

Planc. 17.
lett. M.

406 Un amadis très-riche en couleur , différent du pré-cédent en ce qu'il n'a point de bandelettes , mais feulement deux larges zônes plus brunes que le fond & marbrées de même.

407 Un amadis , fond blanc marbré de jaune , à plu-fieurs rangs de petites bandelettes.

408 Un cornet couleur de rofe , à deux bandes blan-ches , dont l'inférieure bordée de deux rangs de points bruns , à ftries circulaires , à pas des orbes un peu concaves , nommé amiral d'Angleterre , 2 pouces 4 lignes.

409 Un cornet des Indes , à clavicule élevée , marron , marbré de larmes blanches , fur-tout dans une zône près du milieu , interrompue par une ban-delette de la couleur du fond : cette coquille que l'on nomme amiral de rhumphius eft d'un beau volume , bien confervée & colorée.

Planch. 17.
lett. N.

410 Un amiral de rhumphius du même volume que le précédent ; il en differe par les bandes blanches qui font plus larges.

F

Planch. 14,
lett. I 3.

411 Un cornet à robe ornée de zônes inégales,
jaune-clair, blanches & couleur de chair, marquetées de taches brunes; nommé en Hollande
volute de guinée, & en France l'aile de papillon.

412 Un autre dont les taches mouchetées font un peu
moins larges.

413 Un très-beau cornet des Indes, blanc, cerclé
de plufieurs rangs de points, de traits & de taches
rouge-brun, imitant des caractères, fafcié dans
les intervalles de cordons jonquilles pâles, dont
quelques-uns font auffi ponctués de rouge-brun,
nommé fauffe aile de papillon.

414 Deux cornets à clavicule élevée & tuberculeufe;
l'un brun, l'autre jaune, à cercles légérement granuleux dans toute leur robe, à taches inégales par
zônes; le jaune eft tout chargé de petites bandelettes ponctuées de blanc.

415 Deux cornets fond couleur de rofe nués d'orangé,
à deux bandes déchiquetées couleur de rofe mêlées
de blanc; le fond de l'un d'eux eft fafcié de bandelettes légérement ponctuées de blanc, à clavicule
liffe dont les orbes font marqués par un léger fillon,
& flambés d'orangé & de couleur de chair.

416 Deux petits cornets, très-rares, fond couleur de
rofe vif, à lignes circulaires grenues, à bande
blanche vers le milieu de la robe interrompue de
flammes brunes, à clavicule un peu tuberculeufe,
blanche, à lignes brunes.

417 Deux petits cornets très-rares, fond blanc, nué
de bleu, à clavicule légérement creufée, à ligne
faillante ponctuée de brun qui fépare les orbes;
le corps eft tout femé de petits traits bruns,
formant des lignes paralleles & circulaires très-
nombreufes.

418 Trois cornets; le premier jaune, marqué vers le
bas de la coquille, d'une bande blanche, garni
depuis le milieu de fa robe jufques en bas de lignes
circulaires formées de points blancs grenus, à

clavicule garnie de tubercules blancs en forme de creneaux, à tête de la clavicule couleur de rofe.

Le fecond, grenu, fond blanc, à deux bandes brunes.

Le troifieme, fond bleu nué de violet, à deux bandes blanches nuées de bleu, chargé de lignes circulaires paralleles formées de petits traits alternativement bruns & blancs.

419 Un beau cornet, à pas des orbes un peu concaves, blanc marqueté de chevrons bruns, à clavicule élevée & aigue, à robe falciée de trois zônes blanches & de deux plus larges intermédiaires, canelles, chargées les unes & les autres de bandes longitudinales ondées, pourpre-foncé ; on le nomme la *flamboyante*.

    Cette coquille d'un beau volume porte deux pouces neuf lignes.

420 Une flamboyante de la plus riche couleur, fond brun-foncé, à trois zônes blanches chargées de larges lignes longitudinales d'un brun tirant fur le noir, à clavicule plus levée.

421 Une flamboyante qui ne differe de la précédente que par le fond qui eft d'un brun prefque noir.

422 Deux flamboyantes en pendans de l'efpece décrite n°. 412.

423 Un beau & rare cornet nommé le *damier Chinois*, à robe marbrée, fur un fond blanc, de traits recourbés d'un beau fauve, qui laiffent de grandes & de petites taches du fond, lefquelles font en forme d'écailles.

    Cette coquille d'un beau volume porte un pouce neuf lignes.

424 Un moyen damier de la Chine, d'une belle couleur.

425 Un beau cornet des Indes, fouci tacheté, par zônes de points rouge-bruns, fur des lignes blanches, à tête applatie formée d'orbes un peu bombés & tacheté de lignes ondées de même couleur, à clavicule aigue & nommé *la tine de beurre*.

Planc. 14,
lett. K 2.

Planch. 14,
lett. E 2.

426 Une autre tine de beurre à taches brunes très-foncées & plus nombreuses : cette coquille est très-vive en couleur & rare.

427 Une tine de beurre rare, à clavicule plus arrondie, de couleur blanche, ainsi que la robe, semée çà & là de petites lignes brunes longitudinales.

Planch. 15, lett. D 1, D 2.

428 Un cornet fauve - clair, rayé transversalement & fort serré, de brun, à tête applatie d'un brun vif, nommé le minime ; un autre rare bleuâtre, à grand nombre de zônes formées de lignes interrompues, ou traits rouge - brun, qui se répondent mutuellement en longueur, à une zône blanche, à tête applatie tachée de brun foncé, nommé *minime bleu*.

429 Deux cornets dont un à flammes longitudinales sinueuses, sur un fond blanc, à sillons légers transversaux, l'autre à clavicule & robe blanche, à zônes formées de grandes & de petites taches irrégulieres, d'especes de caracteres, de lignes interrompues & de points rouge - brun ; nommé *spectres*.

430 Un gros cornet rare, blanc, tacheté de petites lignes fauves, se joignant de diverses manieres en forme de fil toile d'araignée, à deux zônes de taches marron-foncé, à tête peu élevée & chargée de petits tubercules, nommé en Hollande la toile d'araignée, & en France l'esplaudian.

Plauc. 17, lett. P.

431 Un cornet d'amboine, rare, blanc, couvert dans tout le corps d'un dessein de traits récourbés jonquilles, laissant entr'eux les taches du fond en forme d'écaille.

432 *Idem.*

433 Un grand cornet blanc, cerclé, dans toute sa longueur, de lignes interrompues, & de points noirs, chargé de plus, de deux larges fascies vertes & fauves, à tête applatie & couronnée de crénelures qui vont en diminuant jusqu'au sommet, ce qui l'a fait nommer *couronne impériale*.

Planch. 14, lett. A 3.

Un grand cornet blanc, poli, à pointe violette, à tête peu élevée où les révolutions des ſpires ne ſont marquées que par des traits ; on le nomme l'onix ou le cierge blanc.

434 Un cierge blanc & une couronne impériale très-vive en couleur.

435 Un cornet rare pour ſon volume conſidérable, & pour ſon eſpece, à tête blanche, à clavicule élevée & tuberculeuſe, à robe de la même couleur & du même deſſein que les couronnes impériales ci-deſſus décrites, mais à traits beaucoup plus fins.

436 Quatre cornets, dont une couronne impériale rare fond verd - celadon peu foncé, piqueté de brun, à quelques taches brunes irrégulieres.

Un autre fond blanc à taches quarrées brunes, à trois bandes nuées légérement de jaune, faſciées des mêmes taches brunes, à clavicule applatie, à chaque orbe garni de deux ſillons & marqué des mêmes taches.

Deux blancs marbrés par zónes de taches quarré-long, orangé vif, nommés nattes d'Italie.

437 Quatre cornets, dont un minime, une natte d'Italie, un damier, & un cornet blanc faſcié de brun à lignes ponctuées comme les amiraux.

438 Un grand cornet des Indes, blanc, à taches, violet-foncé, de forme à-peu-près quarré - long, à tête platte, à orbes tuberculeux, nommé *le* grand *damier*, de 4 pouces de long. Planc. 14, lett. E 4.

439 Une autre auſſi de trés-grand volume.

440 Un damier de trés - grand volume différent des précédens en ce que le fond eſt légérement nué de roſe ſur le blanc, à deux zónes plus brunes.

441 Deux damiers de beau volume & polis, de la variété décrite ſous le nᵒ. 438.

442 Deux *Idem* non polis.

443 Deux grands cornets des Indes, en pendans, fond blanc, à bandes bleuâtres marquées de lignes Planc. 13, lett. A 5.

noires, dont quelques unes des taches noires fe réuniffent en longueur ; ce qui les fait paroître ondés.

444 Un tigre à bandes noires formées de lignes noires longitudinales, très-ferrées, fur un fond blanc.

445 Deux tigres en pendans.

446 Un tigre très-rare, différent des précédens, en ce que les taches brunes font plus féparées & que fur le fond blanc de la coquille, on diftingue quatre zônes jaunes, nuées de couleur de chair, nommé le *tigre à bandes jaunes*.

447 Un tigre à bandes jaunes pareil au précédent.

Planc. 14, lett. G 3. 448 Huit petites coquilles dont deux fond gris, à deux larges bandes, à rezeaux bruns, un fpectre jaune, un tigre à taches jaunes, un cornet jaune à bandes déchiquetées blanches, décrits n°. 414, un de l'article no. 415, à bandelettes comme les amiraux, & deux hébraïques.

449 Sept cornets dont un blanc à trois zônes détachés, larges, un peu oblongues, violet foncé, à fpirale chargée de femblables taches, nommé l'*hébraïque*, une flamboyante, &c.

450 Six cornets dont un dépouillé violet à bandes blanches, deux jaunes & trois autres.

451 Six cornets dont un tigre jaune, un cornet jaune, un damier à zônes noires & autres.

452 Quatre cornets dont un cierge jaune à queue violette & autres du genre des navets.

253 Quatre cornets dont un jaune-roux marqué vers le haut à la tête, & dans une zône du milieu, de taches blanches, à pointe brune un peu recourbée, à tête auffi un peu recourbée.

Un blanc nué & veiné d'orangé en forme de filamens un peu onduleux, à deux larges zônes brunes dont la plus baffe termine la coquille, *nommé faux-amiral ou navet*; un poli, gris couleur d'agate & une tine de beurre.

454 Trois jolis cornets, dont deux orangés à deux
bandes jaunes, à deux ftries granuleufes vers le
bas, & un à clavicule & robe fafciée de verd &
de blanc, à deux bandes blanches.

GENRE SECOND.

VOLUTES CYLINDRIQUES OU ROULEAUX.

455 Un grand rouleau des Indes, blanc, à raies longitudinales en zigzags, brunes & rouge-fanguin,
fe joignant fréquemment les unes aux autres, &
laiffant entr'elles quantité de petits vuides du fond
en forme d'écailles ou de cœurs, chargé de plus
de fix zônes jonquilles, dont trois larges & trois
étroites, ce qui l'a fait nommer *drap d'or fafcié*;  Planc. 13,
cette belle coquille eft d'un volume extraordinaire, lett. B 1.
& porte quatre pouces fur deux pouces quatre
lignes.
456 Un autre drap d'or fafcié, à trois larges bandes
& une étroite, auffi de beau volume ; trois pouces
dix lignes fur un pouce 9 lignes.
457 Un drap d'or fafcié, à quatre bandes, dont une
large.
458 Un grand drap d'or dépouillé, & devenu par-là
d'un très-beau blanc.
459 Un drap d'or fafcié & un autre en pendans, différent du premier en ce que les tâches jonquilles
ne font point jettées tout-à-fait par zônes ; on
les nomme, par cette raifon, fimplement drap d'or.
460 Deux draps d'or pareils aux précédents.
461 Trois draps d'or.
462 Un drap d'or très-rare, fafcié, à quatre bandes
fond bleu, à treillis formé de lignes brunes, &

à trois bandes, comme dans les précédents, nommé *drap d'or fafcie bleu.*

Planc. 18,
lett. B 4.

463 Deux draps d'or rares, dont un à quatre fafcies, dont deux larges à deffein de zigzags très-ferrés, l'autre à grandes taches blanches triangulaires en zigzags, comme dans les brunettes.

464 Un drap d'or rare, fond brun formé de lignes brunes tranfverfales paralleles, coupées perpendiculairement d'autres lignes brunes, qui forment une efpece de réfeau à taches blanches triangulaires.

465 Un grand rouleau de la Chine peu commun, fond jonquille, marbré de taches blanches triangulaires, à ftries fines circulaires, de forme oblongue & effilée, à tête un peu élevée ; efpece nommée drap orangé.

466 Un rouleau rare des Indes, à taches blanches, petites & peu nombreufes, & à grand nombre de branches longitudinales étroites, orangées, fur un fond jonquille.

467 Un autre, dont les ftries longitudinales font moins fréquentes que dans le précédent.

Planc. 18, 468
lett. B 6.

468 Un autre, différent en ce que les côtes longitudinales font d'un brun foncé; cette coquille rare eft de la plus vive couleur.

469 Un rouleau rare, de forme effilée, à clavicule peu faillante, chamarée de brun fur un fond blanc, à robe fond blanc nué de bleu, marbrée dans deux larges zônes de brun foncé, garnie dans toute fa furface de lignes circulaires brunes, femées de points blancs.

470 Un rouleau de même efpece, qui ne differe du précédent que par des lignes longitudinales blanches, paralleles, qui forment une zône fur le milieu de la coquille.

471 Un rouleau différent de celui décrit fous le nº. 469, en ce que les zônes brunes font moins diftinctes.

472 Un rouleau différent du précédent en ce que les

marbrures des zônes brunes & blanches font plus inégales ; il eft très-riche en couleur.

473 Deux petits rouleaux blancs, à ftries circulaires chargées à diftances égales de points rouge-foncé, à taches longitudinales orangées, de forme effilée ; efpece nommée drap d'or piqué de la Chine.

474 Deux rouleaux, dont un blanc fillonné de lignes circulaires peu profondes, à trois bandes chargées, ainfi que la clavicule, de lignes tortueufes orangées, l'autre fond blanc, parfemé d'affemblages de petites taches noires plus ferrées dans deux efpeces de zônes ; on le nomme *piqûre de mouches ou drap d'argent.*

475 Une piqûre de mouches ; un rouleau blanc un peu taché de bleu ; deux à bandes formées de taches orangées un peu interrompues, à lignes circulaires formées de petits traits bruns & de points blancs, nommés la *nébuleufe* ; le quatrieme rouleau dépouillé & poli, ce qui le rend violet.

476 Un rouleau blanc, varié d'aurore, nommé *l'omelette.*

477 Un rouleau mince fond blanc, à bande fafciée de rouge - brun, à fond nué de brun en forme de réfeau, à pas des orbes tuberculeux ; efpece nommée le *brocard de foie* ; une nébuleufe & un rouleau blanc nué de couleur de chair, à grandes taches en forme de nuages, formées d'un affemblage de raies brunes, à tête peu élevée, dont les orbes font concaves & marbrés comme le corps, nommée l'*écorchée.*

Planc. 19, lett. L.

Planc. 19, lett. N.

478 Une écorchée d'un grand volume, de la plus belle couleur & confervation.

479 Un grand brocard de foie.

480 Un grand rouleau des Indes, maron, à fuites ou traînées longitudinales, tranfverfales & obliques, de taches en forme d'écailles triangulaires, laiffant entr'elles de grands efpaces du fond ; efpece nommée *brunette* : quatre pouces de long.

Planc. 18, lett. C 7.

381 Une autre brunette moins grande que la précédente.

482 Une brunette très-vive en couleur, & deux écorchées.

483 Deux rouleaux à clavicule tuberculeuſe fond blanc, pointillés dans toute leur robe de points bruns très-petits dans l'une, très-foncés & plus gros dans l'autre, nommés la *moire*.

Planc. 15, lett. F 2, F 5.

484 Deux rouleaux des deux variétés décrites ſous le n°. précédent, & une nébuleuſe brune & violette.

485 Sept rouleaux, dont quatre écorchées, une moire & deux nébuleuſes.

GENRE TROISIEME.

VOLUTES ÉCHANCRÉES OU OLIVES.

486 DEux olives des plus rares, en pendans, blanches, ponctuées de gris, ſemées çà & là de traits tranſverſaux brun-foncé, la plupart en zigzag, à plis longitudinaux peu prononcés, à carne circulaire peu ſaillante vers le tiers de la hauteur, à petite tête, dont les ſpires ſont creuſées en gouttiere, à levre extérieure applatie en dehors, & intérieur couleur de chair ; cette coquille ne ſe trouve pas même dans les cabinets de Hollande : elle eſt gravée tome premier du catalogue de M. Davila, planche 15, lettre F.

487 Une olive jaune, à levre épaiſſe, à carne circulaire peu ſaillante vers le tiers de la hauteur.

488 Une olive rare, à bouche couleur de roſe vif, fond blanc, nué de lignes violettes en zigzag, à deux bandes de taches longitudinales interrompues d'un beau violet.

489 Une olive fond blanc tirant ſur le jaune, à tête

très-élevée, panachée, ainsi que le corps de la coquille, de longues lignes en zigzags verdâtres.

490 Trois olives, dont une fond jonquille panaché de verd foncé, à trois bandes vertes tirant sur le brun, à levre extérieure orangée tant au dedans qu'au dehors ; une autre fond jaune - paille, à réfeaux très-ferrés & deux bandes d'un verd foncé ; une autre couleur de chair nuée de bleu, couverte d'un grand nombre de traits orangé - brun, qui defcendant de la tête en forme de chevelure, fe prolongent enfuite dans tout le corps en divers zigzags plus ou moins grands & ferrés, laiffant des intervalles triangulaires du fond, à-peu-près comme dans le drap d'or, à tête peu élevée & à pas des orbes creufés en fillons ; efpece nommée *porphyre* ou *olive de panama*. Planc. 19, lett. K.

491 Deux olives en pendans appellées morefques ou négreffes ; le premier orbe de la clavicule eft creufé en gouttiere. Planc. 19, lett. F.

492 Une olive jaune-fouci, du genre des négreffes ; une de forme très-renflée à trois lignes, & deux bandes de brun foncé fur un fond blanc ; une petite olive brune, à clavicule blanche, & deux autres blanches à bande violette vers le haut.

493 Une olive verte & brune du genre des négreffes ; une de forme effilée, fafciée de verd fur un fond jaune & deux olives de *panama*.

494 Quatre olives, dont deux fafciées de verd fur un fond jaune, & deux de *Panama*.

495 Quatre olives ; favoir, trois blanches teintes par traits longitudinaux & en zigzag de ventre de biche, à une zône blanche oblique vers le bas & à une petite fafcie au-deffous, qui fe termine à l'échancrure de la bouche, de forme renflée ainfi que le haut de la levre intérieure, & à tête blanche peu élevée : une de même efpece, mais dépouillée, & dont la robe eft devenue par-là maron-foncé, bariolé de blanc, mais la zône, la fafcié & la tête, font reftées blanches. Planc. 19, lett. E 3.

496 Une olive de l'espece précédente, dépouillée ; deux
à réseau verd sur un fond jaune, à levre intérieure de la bouche d'un rouge vif ; deux à levres
épaisses fasciées de lignes longitudinales rouges, sur
un fond blanc, & une autre fasciée de zigzags
rouge-foncé sur un fond rouge clair.

497 Huit olives des especes ci-dessus décrites, dont
deux de Panama.

498 Huit autres.

499 Vingt-neuf autres.

DOUZIEME FAMILLE.

PORCELAINES.

GENRE PREMIER.

*PORCELAINES A BOUCHE MOINS ÉTROITE, DÉ-
POURVUE DE DENTS, OU N'EN AYANT QU'A
L'UNE DES DEUX LEVRES.*

500 Une porcelaine des Indes trés-rare, blanche,
à leve extérieure en bourrelet, & dont les extrêmités se prolongent en deux longues avances
creusées en gouttiere, nommée navette de tisse-
rand, & grande dans cette espece ; elle porte trois
pouces trois lignes.

Planc. 30,
lett. K 2.

501 Une autre navette de deux pouces.

502 Une porcelaine papyracée, blanche tant en dessus qu'en dedans, & dont les extrêmités ne se
prolongent que peu en dehors, à levres tranchantes,
nommé l'œuf papyracé.

503 Sept porcelaines, dont un œuf papyracé ; quatre
blanches nuées d'aurore, à un anneau très-saillant
sur le milieu du corps, à bouche dépourvue de

Planc. 30,
lett. G 1.

dents ; deux blanches à lignes tranfverfales fauves ,
à clavicule applattie & à bouche épaiffe.

504 Deux groffes porcelaines, différentes de celles décrites n_o. 502, en ce que la coque en eft plus
épaiffe, la levre extérieure renflée & dentée en
forme de rides, le dedans orangé ; variété que
l'on nomme fimplement l'œuf.

Planc. 30;
lett. N.

505 Trois œufs, dont un paroît être du premier âge
en ce que la levre extérieure eft plus mince &
moins recourbée.

GENRE SECOND.

PORCELAINES A BOUCHE PLUS ÉTROITE, EN FORME DE FENTE, DENTÉE DES DEUX COTÉS.

506 DEux porcelaines fauve-pâle, ornées de traits
longitudinaux, fins, ferrés & hachés, cannelés,
interrompus dans le milieu par une bande longitudinale ondée, d'où partent, de côté & d'autre, de petits rameaux à taches rondes plus ou
moins grandes vers le bas, & nommées cartes
géographiques ou mappemondes, toutes deux
grandes dans cette efpece.

Planc. 29,
lett. A 3.

507 Deux très-grandes porcelaines, couleur de chair
pâle nué de bleu, à taches rondes brunes & noires,
à une bande longitudinale, étroite & ondée, tirant
fur le jaune, à coque épaiffe & nommées *peaux
de tigre.*

Planc. 30;
lett. L 2.

508 Deux autres.

509 Deux autres.

510 Trois autres de couleurs variées, dont une bleue,
une brune prefque noire, une blanche à taches
brunes très-vive.

511 Trois autres, dont une rare fond paille, tachetée
de brun.

512 Trois autres, dont une bleuâtre ; les deux autres fond paille tacheté de brun.

513 Deux porcelaines de beau volume, fauve-brun, parsemées de taches blanches, à deux fascies peu prononcées, nommées *neigeuses*.

Planc. 30, 11, 12.

514 Une porcelaine brun-foncé, parsemée dans le milieu du corps de taches rondes à-peu-près égales, grises & blanc-sale, interrompues par une petite bande longitudinale de même couleur, à côtes épaisses & à base platte ; espece nommée par *Rumphius*, porcelaine à tête de serpent ; & deux *peaux de tigre*.

Planc. 30, lett. F 2.

515 Une porcelaine fauve marbrée de maron, à extrêmités des levres fort saillantes & applaties, s'enfonçant vers le bas dans l'intérieur de la coquille ; espece nommée le *lapin* : une tête de serpent & une peau de tigre.

516 Un lapin, deux têtes de serpent & une neigeuse, sans taches sur le dos & couleur d'agate.

517 Une porcelaine à large base, bariolée sur les flancs, de blanc & de fauve clair, ayant sur le milieu du corps une large bande longitudinale blanche, nommée le *léopard* ; une blanche teinte de bleu pâle, tachée de brun.

Planc. 30, lett. A.

518 Deux *idem* & deux neigeuses.

519 Une grande porcelaine de forme oblongue, marbrée par grandes taches de blanc & de brun, dont la robe est en plusieurs endroits comme saupoudrée de blanc ; on la nomme le *lievre*.

Planc. 30, lett. O.

520 Une porcelaine fauve nuée de petit-gris, chargée de cercles grands & petits, canelle vif, & à deux grandes taches brunes sur chacune des levres ; espece que l'on nomme le *grand Argus*.

Planc. 29, lett. B 2.

521 Un argus, & une porcelaine olivâtre, chargée dans toute l'etendue de sa robe, de taches rondes & blanches, ou de taches brunes cerclées de blanc, & dans son milieu d'une bande longitudinale plus claire que le fond ; espece nommée *faux-Argus*.

Planc. 29, lett. B 1.

522 Une porcelaine fauve , à petites taches rondes blanches, nommée la *biche*, & un faux-argus dépouillé & devenu par-là du plus beau violet.

523 Une porcelaine rare, blanche, nuée par intervalles de fauve on de gris - bleu, ornée dans toute fa robe de traits fouci, qui laiffent un très-grand nombre de raches ou polygones du fond , ferrés les uns contre les autres, & à bande longitudinale de même couleur ; efpece que l'on nomme *Arlequine*.

Planc. 29 , lett. A 1.

524 Une autre arlequine.

525 Une porcelaine qui ne differe de la précédente qu'en ce que la bafe, nuée de bleu, eft plus applatie , & que les taches fur les hachures font moins régulieres , nommée la *fauffe-Arlequine* ; un faux-argus & une porcelaine gris de lin , à quatre larges zônes gris-brun , nommée la taupe.

Planc. 29 , lett. A 2.
Planc. 29 , C 2.

526 Une taupe & une biche.

527 Deux fauffes-arlequines , dont une à bafe arrondie , rare ; un faux-argus &? une taupe.

528 Une taupe fauve à trois zônes blanchâtres , d'un très - grand volume ; elle porte cinq pouces de long fur près de trois de large.

529 Une porcelaine de grand volume , grife tirant fur le fauve , à deux zônes gris plus clair , à deux taches rouges-brun , en forme d'yeux à chaque extrêmité ; efpece qu'on nomme *la Souris*.

Planc. 29 , C 4.

530 Quatre porcelaines , dont une à levres épaiffes , couleur de chair , marquetée de points bruns , à robe fafciée de verd ; une fauffe arlequine , une neigeufe & une fouris.

531 Une porcelaine fauve , chargée de traits longitudinaux noirs , à extrêmités des levres couleur d'or , nommée l'*Ifabelle* ; une jaune parfemée de taches blanches, rondes & à-peu-près égales entr'elles , nommée le *petit-Argus* ; une marbrée principalement par zônes & par chevrons couchés , imitant le point de Hongrie, de noifette & de blanc bleuâtre , à coque mince & à clavicule un peu

Planc. 29 , lett. B 4.

élevée ; une blanche , teinte en quelques endroits
de bleu-pâle & de fauve-roux , nommée la truitée ;
une fouris & une petite porcelaine à petites taches
jaunes , femées de quelques points noirs.

Planc. 29 ,
lett. B 6.

532 Une truitée , une fouris , & une porcelaine rare
à côtes blanchâtres , tachetées de violet , à dos
verdâtre femés de taches rondes , blanche ; une
à bouche aurore vif , à dos panaché de verd &
de brun , & deux porcelaines à tête de ferpent de
la petite efpece.

Planc. 30 ,
lett. F 1.

533 Deux porcelaines verdâtres , fur le milieu du dos
defquelles eft une large tache réguliere jaune-foncé ;
deux blanches à trois bandes noires , nommées le
petit âne , & dix , tant coliques que kauris ; favoir , deux foufres , deux à cercles aurore ; fur un
fond blanc , deux à cercles violets , trois à dos violet
& une toute blanche.

534 Dix-huit petites porcelaines des epeces ci - deffus
décrites.

535 Dix-huit autres.

536 Dix-huit autres.

537 Dix-huit autres.

MÊLANGES DE COQUILLES
UNIVALVES.

538 SOIXANTE - DOUZE petites coquilles de choix ,
dont une petite navette , fix petits limaçons recoû-
verts d'une jolie incruftation çalcaire , trois limaçons de l'efpece des bouches , en oreilles & autres.

539 Un compartiment de treize petites boîtes peintes
en verd , formant par leur affemblage un quarré-
long , rempli de petites coquilles d'efpece & couleurs variées.

540 Deux petits lions en regard , formés de petites
nérites marines, des couleurs les mieux afforties ;
ouvrage dans le goût de Roberdet.

COQUILLES

COQUILLES DE MER.
CLASSE SECONDE.
BIVALVES.

PREMIERE FAMILLE.
HUITRES.
GENRE PREMIER.
HUITRES PROPREMENT DITES.

541 UNE huître des Indes rare, brune, nuée de blanc & de verdâtre, nacrée en dehors, de forme presque ronde, à larges sinuosités & plis dans son contour, à stries longitudinales très-fines, à valves se collant presque l'une sur l'autre, & à charniere composée de deux élévations étroites, qui forment un angle aigu dans le haut de la valve supérieure, & se logent dans deux cavités semblables de l'inférieure; espece nommée selle polonoise, & portant plus de cinq pouces de diametre. **Planc. 41; lett. D 3.**

542 Une huître du genre des selles polonoises plattes, d'un blanc argenté, de forme ronde, à angle de la charniere plus aigu, nommée vitre chinoise, parce qu'effectivement les Indiens & les Chinois s'en servent pour cet usage. **Planc. 41; lett. D 2,**

Une huître à valve nacrée blanche transparente, à côtes longitudinales un peu divergentes, percée dans l'une de ses valves, près du sommet; d'un **Ibid. let. B;**

grand trou ovale, à charniere formée d'une petite patte ovale située au-dessus de la valve supérieure, & correspondante à une cavité de la valve inférieure nommée *pelures* d'oignon ; une huître des Indes de forme applatie, à bords supérieurs des deux valves dépourvus de charniere, mais seulement un peu cave, sur-tout vers le milieu, pour recevoir le ligament, nommée *Pintade* ; elle est nacrée au dedans, dépouillée & polie au dehors, & devenue par-là d'une très-belle nacre, ayant toutes les couleurs de l'iris.

Ibid. E 1.

543 Une pintade dépouillée, d'un bel orient, de grand volume : six pouces de diametre.

544 Une vitre chinoise, une pintade non dépouillée, & deux petites pintades de l'Amérique, différentes des précédentes en ce que leurs écailles sont un peu saillantes & qu'elles sont papyracées.

Planc. 41, lett. E 1.

545 Une huître des Indes, à valves très-inégales entr'elles, à charniere montrant dans la valve inférieure une petite dent, avec un long sillon, & dans la supérieure une cavité qui reçoit la dent, & un petit filet qui engraine dans la rainure de l'autre valve, nommée l'hirondelle ou l'oiseau, à cause de leur forme, qui, lorsque la coquille est ouverte, imite assez la tête, les ailes & la queue d'un oiseau ; deux autres, à ailes plus larges, plus arrondies & plus bombées, & recouvertes toutes deux de vermiculaires violets.

Planc. 42, C 1, C 2.

On distingue dans la nacre de l'une de ces deux huitres des naissances de perles.

546 Trois oiseaux de la seconde espece décrite sous le n°. précédent, dont un couvert de vermiculaires, de madrépores, & d'une petite huître en crête de coq.

547 Une huître des Indes, rare, blanche, nuée de fauve, à deux faces, l'une triangulaire, l'autre en demi-cœur alongé, presque planes & à équerre dans la valve supérieure, convexes dans l'inférieure, con-

Planc. 51, lett. G 2.

tournées l'une fur l'autre , de maniere à fe join-
dre , quoique peu exactement , à ftries longitudinales partant du fommet , & à charniere formée
d'un grand nombre de petites hachures ou entailles
régnant dans prefque toute l'étendue du fommet de
chaque valve ; c'eft l'*Oftreum tortuofum* , nommée en
Hoilande le Devidoir , & en France la Biftournée ;
celle-ci eft d'un beau volume , d'une parfaite confervation , & porte trois pouces fept lignes de longueur.

548 Une autre , dont les valves ne font pas appareillées.

549 Une huître des Indes , rare , violet-noir en deffus ,
nacrée en dedans & où l'on voit même des perles ,
à deux branches à-peu-près d'équerre l'une fur
l'autre , dont une étroite , courte & finiffant en
pointe , l'autre large , longue & arrondie à fon extrêmité , arquée dans fon milieu , à charniere comme
les précédentes , mais comprenant jufqu'à vingt-
quatre dents ; efpece nommée en Hollande l'équerre ,
& en France la cuiffe ; celle-ci porte plus de fept
pouces de long.

Planc. 42 ;
lett. B 1.

550 Une grande huître des Indes , rare , & d'une belle
confervation , violet-noir en dehors , plombée ,
brillante & nacrée en dedans , de la forme d'un T
un peu plié & contourné , à charniere formée dans
le milieu de la valve inférieure , d'une large dent
triangulaire applatie , chargée elle-même d'autres
très-fines , correfpondantes à de petites cavités de
même forme dans la valve oppofée , & à profondes échancrures dans les deux valves deftinées
à recevoir le ligament ; efpece nommée le *marteau.*

Planc. 42 ;
A 1.

551 Une coquille de la plus grande rareté , différente
de la précédente par fa couleur qui eft blanche ;
celle-ci , finguliere par fa petiteffe , porte vingt-
deux lignes de long fur dix-huit de large.

552 Un petit marteau de l'efpece décrite fous le no 550
& une huître plate , large , à charniere étroite.

553 Une valve d'un grand marteau blanc.

554 Une huître ftriée longitudinalement, de forme longue, à tête formée d'un petit bec, le côté du
nerf eft arrondi, celui oppofé s'étend en une aile
parallele à la tête ; la couleur de cette coquille
eft marron foncé tant au dedans qu'au dehors,
excepté la petite aile qui eft blanche, la charniere
eft compofée de deux dents alongées dans l'une
des valves, & d'une feule dans l'autre.

555 Une huître des Indes, rare, à robe maron clair,
granuleufe & comme chagrinée, de forme prefque ronde, à larges plis difpofés de maniere que
les angles faillants d'une valve s'enclavent exactement dans les angles rentrants de l'autre, à charniere formée d'un fimple pli à peine vifible, parallele au fommet de l'une des valves, & s'adaptant avec le ligament dans un léger enfoncement
de l'autre valve ; efpece nommée **crête de coq**
ou **oreille de cochon**.

Planc. 45,
lett. D 3.

556 Un groupe de trois crêtes de coq femblables à
la précédente.

557 Une huître couleur de rofe feche, de forme oblongue, à valve fupérieure chargée dans fon milieu
d'une forte côte longitudinale, plus faillante que
large, à valve inférieure divifée par un fillon de
même largeur que la côte oppofée & par laquelle
la coquille adhéroit à quelque branche ; à larges
plis & cannelures obliques naiffant de la côte &
du fillon, & s'adaptant exactement d'une valve à
l'autre, à charniere comme dans la crête de coq ;
efpece nommée la *feuille*.

Ibid. D 4.

558 Une autre feuille rofe feche, à côtes plus larges
que dans la précédente.

559 Un groupe de deux huîtres des Indes très-rares,
& adhérentes l'une à l'autre, grifes, de forme
oblongue, à tête en pointe & reffemblante à un
petit bec à valves fupérieure & inférieure, chargées comme celles de la feuille, d'une côte &
d'un fillon, à plis réciproques d'une valve à l'au-

tre, femblables à ceux de la crête de coq, mais beaucoup plus nombreux & naiffants non de la tête, mais de la côte & du fillon ; variété que M. d'Argenville, dans l'ancienne édition de fa Conchiliologie, pag. 126, a jugé être non-feulement l'analogue marin du *raftellum* ou *rateau foffile*, mais l'unique qui ait été trouvé jufqu'alors.

Cette coquille eft gravée au catalogue du cabinet de M. Davila, tom. 1, planch. 19.

560 Une grande & belle huître des Indes, maronfale, de forme ronde, à grands plis réciproques d'une valve à l'autre, comme ceux de la crête de coq, dont elle ne differe qu'en ce qu'elle eft de forme plus bombée & que les valves en font compofées de divers feuillets placés l'un fur l'autre, qui dans le tranchant des plis, s'alongent en forme d'épines tuilées.

Planc. 45, lett. C.

561 Une autre qui ne differe de la précédente que par la tête plus alongée.

562 Une huitre des Indes, rare, grife, nuée de verd, de diverfes nuances, à valve fupérieure applatie, raboteufe par ondes vers la tête, feuilletée vers le bas, & inférieure fort profonde, fe terminant en pointe recourbée en deffous vers le fommet, & garnie de groffes côtes longitudinales tuilées & de couleur blanche en dedans, excepté vers les bords qui font violet-noir & pliffés, comme dans la crête de coq, mais moins fortement, à charniere formée de ftries nombreufes très-fines & d'un ligament s'étendant dans toute la largeur du fommet de l'une & de l'autre valve ; efpece nommée corne d'abondance.

563 Une huître des Indes, gris-de-lin, de forme demi-circulaire, à valve fupérieure plate, inférieure un peu courbée, à équerre vers fes bords, à côtes qui finiffent en plis réciproques comme dans la crête de coq, dont elles ont auffi la charniere ; efpece nommée corbeille.

Planc. 45, lett. D 1.

564 Une grande huître de la Virginie ; rare, verdâtre en dehors, blanche en dedans, à l'exception
de l'endroit où étoit attaché l'animal, qui eft violet-
obfcur, à charniere femblable à celle des précédentes, & de forme alongée très-étroite ; ce qui
peut lui faire donner le nom de *pirogue*.

565 Un oifeau de la feconde efpece décrite n° 545 ;
une des valves eft chargée d'une huître en crête
de coq, & l'autre de fix huîtres de même nature.

566 Trois huîtres, dont une panachée de violet &
deux crêtes de coq d'un beau rouge-pourpre.

Planc. 41,
C 6.

567 Une huître, dont les deux valves inégales très-
papyracées, font fortement concaves ; un groupe
d'huîtres en crêtes de coq dans une éponge, deux
groupes d'huîtres feuilletées & vermiculaires.

568 Une huître très-rare, du genre des cornets d'abondance, à trois valves l'une fur l'autre, celle du
milieu fervant de valve inférieure à la premiere,
& de fupérieure à la feconde.

Davila,
tom. I. pl. 19.
Y.

569 Un rocher couvert de cinq huîtres cornets d'abondance, dont quatre bivalves.

570 Une valve de cœur nommée bonnet de fou, à
laquelle adhèrent naturellement plufieurs huîtres
feuilletées, ornées de vermiculaires.

571 Une pipe de terre cuite rouge, à laquelle adhe-
rent naturellement cinq huîtres feuilletées de la maniere la plus pittorefque.

572 Une très-grande crête de coq des Indes, ayant
fept pouces de long fur fix & demi de large.

GENRE SECOND.

HUITRES FEUILLETÉES.

573 UNe huître des Indes, nommée *gâteau feuilleté*,
& très-grande pour fon efpece ; elle eft blanche,

de forme ronde , bombée , à feuilles circulaires
profondément découpées & recouvrant les deux
valves , dont la fupérieure eft ornée de trois bandes
longitudinales un peu courbes, couleur de rofe,
à charniere formée dans chaque valve d'une double
moulure , dont la plus grande eft garnie de petites
dents , qui s'engrainent réciproquement , ainfi que
les moulures, dans les cavités correfpondantes des
deux valves ; cette charniere eft la même dans
toutes les huîtres de ce genre.

Planc. 44,
lett. A 1.

574 Un groupe de la plus grande rareté, formé de
trois huîtres , à feuilles courtes très-ferrées , blanches dans le côté droit de la coquille & maron
foncé dans l'autre , la valve inférieure contournée
& rentrant en demi-cercle fur elle - même ; elles
adhérent naturellement à une plaque de fer rouillé.

Planc. 80
lett. D.

575 Un groupe de deux huîtres d'Amérique , l'une
jonquille , l'autre lilas, toutes deux vives en couleur, à plufieurs rangs circulaires de petites feuiles
tuilées plus longues dans les rangs inférieurs , nommées fimplement *huîtres feuilletées.*

Guatteri,
t. I. lett. G.
-- Seba, tabl.
215. no. 51.
Planch. 41,
C 1.

576 Un autre groupe de deux huîtres feuilletées , lilas,
fur un madrépore œillet ; un autre groupe d'huîtres feuilletées couleur de rofe , fur une branche
de corail blanc oculé.

577 Deux groupes d'huîtres feuilletées , fur des branches de corail blanc oculé , & trois autres , dont
deux rouges & un jonquille ; l'un des deux rouges
adhére à une valve de cœur.

GENRE TROISIEME.

HUITRES ÉPINEUSES.

578 Une huître épineufe des Indes , rare , & de la plus belle confervation , à valve fupérieure blanche ponctuée de lilas vers la tête, lilas dans le refte , à ftries longitudinales ferrées & hériffées d'épines plus ou moins longues, fines & recourbées, à valve inférieure mi-partie de groffes épines citron & de larges feuilles couleur de rofe , à tête prolongée , formant un plan triangulaire marqué dans fon milieu d'un trait longitudinal noirâtre , & dont le fommet fe recourbe en deffous, à deux petites oreilles fituées aux deux côtés de chaque valve , à charniere compofée de quatre dents , dont deux groffes & deux petites, s'engrainant dans les cavités réciproques des deux valves , & à bord interieur orangé-brun ; efpece nommée *Spondile* , ainfi que les fuivantes , qui quoique très-variées , lui font d'ailleurs femblables par la forme de la tête & de la charniere.

Planch. 43, D 2.

579 Une huître épineufe , différente de la précédente par fes ftries moins ferrées & par fes épines citron , groffes & applaties , fur un fond lilas.

580 Une huître épineufe des Indes , rare , dont la robe eft totalement orangée , ainfi que les bords intérieurs des valves, & les épines qui font plates , larges & un peu couchées.

Planch. 43, B 3.

581 *Idem.*

582 Une huître épineufe de même efpece , petite & bien confervée.

583 Une huître épineufe de même efpece , mais de couleur plus foncée & tirant fur le pourpre, dont les épines applaties s'étendent en feuilles de perfil.

584 Un groupe de deux belles huîtres des Indes , blanches, marbrées par traits en zigzags d'amaranthe-clair , & de rofe-vif en quelques endroits , à grandes épines blanches dans l'une , couleur de rofe dans l'autre , & inclinée vers le bas, à pro-longation du fommet de la valve inférieure blanche & s'étendant fort au loin ; efpece nommée par M. d'Argenville, le pied d'âne.

Planc. 44, lett. H.

585 Deux huîtres épineufes des Indes , dont une blan-che , à ftries longitudinales groffes & fines , celle-ci amaranthe & celle-là garnie d'épines , dont une grande partie , fur-tout vers le bas de la coquille, s'élargit en forme de feuilles accouplées & quel-quefois triplées l'une fur l'autre , & une blanche nuée & veinée par traits en zigzags gris-de-lin, armée de longues épines applaties dans les bords des deux valves & recouverte dans le haut de la valve inférieure par une valve d'autre coquille de la famille des cœurs.

586 Deux huîtres des Indes de la feconde efpece dé-crite au no. précédent.

587 Une des Indes à côtes longitudinales très-nombreufes , garnie d'épines tuilées blanches, fort ferrées , les intervalles des côtes ftriées longitu-dinalement, grenues & d'un beau pourpre.

588 Deux huîtres des Indes , épineufes , à tête pana-chée de violet fur un fond blanc , l'une prefque dépourvue d'épines, l'autre à épines blanches tuilées vers le bas de la coquille & rangées fur des côtes longitudinales, dont les intervalles font amaranthe.

589 Une grande & très-rare huître épineufe des Indes, dont les deux valves font bombées ; elle eft couleur de lie-de-vin foncé, à fix rangs longi-tudinaux & également diftans les uns des autres de groffes ftries chargées d'épines longues & larges, à ftries fines intermédiaires d'où naiffent auffi quelques petites épines , à tête recourbée en deffus en forme de tête de perroquet.

Planc. 43, lett. E.

590 Une autre huître épineuse de même grandeur, à
deux valves bombées, d'un blanc éclatant, à six
rangs longitudinaux & également diftans les uns
des autres de groffes & longues épines, à ftries
fines intermédiaires à tête couleur de feu & recourbée en deffus.

591 Une huître des Indes fond blanc, légérement
panachée de rouge, à côtes fines chargées d'un
grand nombre de ftries déliées comme des cheveux;
elle eft adhérente à un rocher de madrépore.

C. Planc. 43, 592 Une huître, des Indes, à valves chargées chacune
de fix rangs longitudinaux de larges feuilles applaties, blanches, à intervalles des côtes couleur de
rofe-vif.

593 Une belle huître des Indes, de forme bombée,
à tête orangé-vif; les deux valves font chargées
de côtes longitudinales, également diftantes les
unes des autres, garnies de feuilles applaties qui,
Planc. 43, ainfi que le fond des intervalles, eft d'une couleur
lett. B. de rofe-vif.

594 Une huître épineufe d'Amérique, très-rare &
très-belle, couleur de rofe marbré de blanc, à
grandes épines incarnat, s'élargiffant à leurs extrêmités, où elles forment autant de feuilles déchiquetées, à tête garnie comme celles des huîtres
Planc. 44, épineufes des Indes, de deux oreilles, & nommée
lett. I. *huître à feuille de perfil.*

595 Une grande & belle huître d'Amérique, à robe
nuée de couleur de rofe & de blanc, à valve
fupérieure prefque plate, armée dans fes ftries
de fix rangs d'épines longues & plates, entre
lefquelles s'en trouvent plufieurs autres, d'épines
courtes & aigues, à valve inférieure très-bombée,
ftriée auffi fuivant fa longueur, & chargée,
partie d'épines, partie de feuilles minces & très-
larges, entre lefquelles eft engagée une petite
branche de millepore.

596 Une autre huître épineufe de l'Amérique, à tête

orangée , à longues épines applaties & recourbées , de la plus parfaite confervation.

597 Une huître épineufe de l'Amérique , blanche , à tête incarnat.

598 Deux huîtres épineufes d'Amérique , nuées de rouge-vif , à tête tournée en fens contraire ; ce qui forme l'unique & la contre unique.

Planc. 44 , lett. B.

599 Un rocher , fur lequel font adhérentes deux huîtres épineufes d'Amérique , incarnat.

600 Un fragment de madrépore , auquel adhére une huître épineufe d'Amérique , blanche , à tête incarnat , une autre huître dont la valve fupérieure eft épineufe & nuée de couleur de rofe , la valve inférieure épineufe & feuilletée latéralement en demi-cercle.

601 Quatre petites huîtres épineufes d'Amérique , nuées d'incarnat & de blanc , du plus joli choix.

602 Une huître épineufe d'Amérique , blanche , à tête aurore , dans l'intérieur de laquelle adhére une valve de gâteau feuilleté jaune.

603 Une très-grande huître épineufe de Malte , à valve fupérieure pourpre , & inférieure blanche , à ftries longitudinales très-ferrées & hériffées d'épines ; les unes plus grandes s'élargiffent vers le haut ; les autres plus petites & rondes & à valve inférieure chargée de quelques feuilles qui naiffent entre les épines.

604 Deux huîtres épineufes de Malte auxquelles adhérent de gros vermiculaires blancs arrondis.

605 Une très-grande huître épineufe de Malte de plus d'un demi-pied de long ; la valve fupérieure violette eft recouverte de vermiculaires faillans.

Planc. 44 , lett. E.

606 Une huître de la Méditerranée , à valve inférieure bombée , feuilletée & épineufe , à valve fupérieure lilas couverte de feuilles applaties & s'élargiffant ; elle eft groupée fur un tubipore branchu , très-touffu.

607 Deux petites huîtres pareilles à la précédente, dont une groupée de même fur un tubipore.

608 Deux belles huîtres de la Méditerranée, une à valve inférieure, couverte de larges feuilles circulaires blanches & jonquilles, entremêlées de valves, de peignes & de tubipores; la valve fupérieure violette, à épines s'élargiffant, violettes à leur naiffance, & aurore à leur extrêmité; l'autre à valve inférieure blanche hériffée d'épines nombreufes dont quelqu'unes couleur de rofe, à valve fupérieure garnie d'un grand nombre de fines épines violettes.

609 Deux huîtres de la Méditerranée des efpeces décrites au nº. précédent, dont une adhérente à un alcyon & femée de vermiculaires faillans.

610 Deux autres, dont une à valve inférieure très-épaiffe, & très-pefante, à valve fupérieure d'un beau violet, femée de vermiculaires, l'autre à valve inférieure garnie de longues feuilles frifées & très-nombreufes.

611 Deux huîtres de la Méditerranée, dont une groupée fur un tubipore, auquel adhérent plufieurs huîtres feuilletées, l'autre fur un rocher percé en quelques endroits par des dails.

612 Trois huîtres de la Méditerranée des efpeces ci-deffus décrites, dont une a talon très-prolongé.

613 Une valve d'huître de la Méditerranée pareille aux précédentes, fur laquelle font groupées naturellement deux huîtres de la même efpece.

614 Un groupe de deux huîtres pareilles aux précédentes adhérentes naturellement enfemble.

615 Un groupe pareil.

616 Trois huîtres de la Méditerranée pareilles aux précédentes.

617 Deux autres.

618 Deux autres.

619 Deux huîtres de la Méditerranée, dont une à valve fupérieure violette, épineufe, à tête orangé-vif,

à valve inférieure fond blanc nué de violet &
d'orangé, garnie de quelques épines violettes &
de quelques feuilles orangées , entre lesquelles est
adhérente une petite huître épineuse blanche panachée de violet, l'autre à valve supérieure violette,
à tête orangée , à valve inférieure fond blanc nuée
d'orangé & de violet, garnie d'épines couchées
violettes , & une petite huître d'Amérique fond
blanc , à tête aurore , à valve supérieure garnie
de petites épines, à valve inférieure feuilletée.

620 Une huître de la Méditerranée , & une de l'Amérique pareille aux précédentes.

621 Deux *Idem*, dont celle d'Amérique à valve inférieure très-bombée & hérissée d'un grand nombre
de fines épines recourbées.

622 Deux huîtres de la Méditerranée, dont une adhérente à un madrépore, à valve supérieure blanche
nuée d'orangé, couverte d'un très-grand nombre
de petites épines , & de plus grandes applaties sur
le bord de la coquille ; la valve inférieure garnie
d'épines & de feuilles nuées d'orangé, l'autre à
valve violette & pareille à celles décrites dans les
nᵒˢ. précédents.

623 Trois huîtres épineuses d'Amérique blanches ,
nuées de rose & de violet, & groupées avec différens fragmens de coquilles & de madrépores.

GENRE QUATRIEME.

ANOMIES OU TÉRÉBRATUTES.

624 UNE anomie des Indes , très rare, verd noirâtre,
à stries longitudinales très - fines , & avance de la
valve inférieure sur la supérieure, en *bec de perroquet*, ce qui lui en a fait donner le nom, à trou

triangulaire formant le deſſous de ce bec, à char-
miere compoſée dans la valve inférieure de deux
petits crochets qu'embraſſent les ſinus correſpon-
dans de la valve ſupérieure, & à deux petits
appendices intérieurs ſfixés vers le haut de celle-ci ;
cette coquille eſt des plus grandes que l'on connoiſſe
dans cette eſpece.

625 Une grande anomie des Parages voiſins du détroit
de Magellan, blanche, à ſtries longitudinales, à
trou du ſommet rond & fort grand à large élévation
longitudinale en forme de carene, dans le milieu
de la valve inférieure, à charniere peu différente
des précédentes, mais montrant deux appendices
latéraux longs & étroits partant du ſommet de la
valve ſupérieure, s'étendant vers le milieu de la
même valve où ils ſont aſſujettis de nouveau par
deux petits ligamens, pour ſe recourber enſuite
vers la tête d'une façon très - ſinguliere ; cette
coquille porte un pouce ſept lignes de diametre.

626 Une petite anomie de Mahon, rare, jaune-blond,
tranſparente, à ſtries circulaires preſqu'impercep-
tibles, à valve inférieure fort concave & ſupérieure
plus plate, débordant l'inférieure dans un grand
triangle curviligne, en forme de lampe du côté
de la tête, à petite queue forée, & à deux eſpeces
de petites ailes ; cette coquille eſt du diametre
d'un gros poid, & imite aſſez la forme d'un *ſcarabée*,
ce qui lui en peut faire donner le nom.

627 Huit anomies, dont trois liſſes, trois autres larges
& légérement ſtriées, une magellanique & une de
forme allongée & légérement ſtriée.

Planc. 41,
lett. A 5.

Planc. 41,
lett. A 3.

Davila,
tom. 1.
Planc. 20,
lett. D.

Davila,
Ibidem.

SECONDE FAMILLE.

PEIGNES.

GENRE PREMIER.

PEIGNES A OREILLES ÉGALES.

628 Un peigne rare, quoique de nos mers, à valve
supérieure blanche & plate, chargée de seize côtes
longitudinales tachées de rouge de diverses nuances,
& d'autant de large & profondes cannelures blanches,
à valve inférieure convexe, blanche, agréable-
ment panachée de violet, chargée de côtes plus
larges que celles de la supérieure, & dont la
plupart contiennent quatre stries légérement tuilées
& de même direction. *Planch. 54, lett. L 1.*

629 Un peigne à valve supérieure marbrée de blanc,
de couleur de rose & de brun, & inférieure blanche
nuée de rose, à larges côtes & profondes cannelures sur les deux valves. *Planch. 54, lett. L 3.*

630 Deux peignes différens des especes décrites sous les
deux numéros précédens.

631 Deux peignes de l'espece décrite n°. 628 dont un
rare, en ce que les deux valves sont d'une blancheur éclatante.

632 Deux peignes de l'espece décrité n°. 629, agréablement panachés de rose, de jaune & de brun,
& de l'espece décrite sous le n°. 628.

633 Trois peignes de l'espece de ceux décrits n°. 629,
aussi panachés des plus vives couleurs.

634 Trois peignes de l'Amérique, à valve inférieure
très-convexe & supérieure un peu concave,
chargés les uns & les autres en dehors de stries

Planch. 55,
lett. B.

applaties peu marquées vers la tête, & en dedans de paires de ftries peu fenfibles, auffi vers le haut; efpece nommée *bénitier*, l'un defquels eft peu commun, en ce que la valve peu bombée eft entiérement blanche, la valve plate du fecond panachée de blanc, de lilas & de brun; la valve plate du troifieme, d'un beau violet foncé.

635 Un peigne des Indes, liffe en dehors, à ftries longitudinales intérieures peu ferrées, à valve fupérieure rofe feche, en dehors rayonnée de lignes longitudinales rouge brun; & en dedans blanche, bordée de lie-de-vin, à valve inférieure totalement blanche, à coque mince & de forme très-peu bombée, quoiqu'également dans chaque valve,

Planc. 55,
lett. E 1.

efpece nommée fole ou éventail, & deux bénitiers.

636 Un fuperbe peigne de la plus grande beauté, à deux valves prefqu'egalement bombées, à valves fupérieures garnies de ftries longitudinales très-ferrées; à zône circulaire blanche, nuée de jaune, dont les intervalles font du plus beau violet, à valve inférieure blanche nuée de citron; l'intérieur des deux valves, blanc argenté & chatoyant, efpece nommée la fole du nord.

Planc. 55,
lett. E 2.

Il eft difficile de rencontrer cette coquille bien colorée comme celle-ci, depuis la tête jufqu'au bord.

GENRE SECOND.

PEIGNES A OREILLES INÉGALES.

Planc. 55,
lett. D.

637 DEUX peignes d'Amérique, l'un rouge brun, l'autre orangé, à ftries longitudinales, à groffes côtes comprenant chacune plufieurs de ces ftries & chargées en outre de tubercules difpofés par zônes qui, dans la valve fupérieure, font quelquefois

en forme de tuiles arrondies, dentelées & relevées,
à stries transversales très - fines & très - serrées,
espece nommée coraline.

638 Un peigne des Indes, marbré en dehors par zônes
ondées de cramoisi-vif, de blanc & de jonquille,
à tête blanche semée de taches brunes, à côtes
longitudinales chargées, ainsi que les cannelures, de
stries tuilées ; l'intérieur d'une rose-vif, orangé sur
les bords, espece nommée le *manteau ducal.*

639 Un autre fond blanc, panaché de pourpre & de
couleur de rose, l'intérieur d'un beau blanc, à deux   Planc. 54,
zônes chatoyantes couleur de rose, placées vers   lett. O.
le bord de la coquille.

640 Un manteau ducal marbré en dehors de jonquille,
de rose & de cramoisi, intérieurement blanc bordé
d'orangé.

641 Un grand & très-beau manteau ducal, rare, fond
blanc, marbré en dehors de diverses belles nuances
de rouge, de jaune & de blanc, presqu'entiérement jonquille, pâle vers les bords, blanc bordé
d'orangé en dedans, & grand dans cette espece,
les tuiles qui garnissent ses côtes sont plus grandes
que celles des especes précédentes ; ce qui a fait   Planc. 54,
nommer cette espece le manteau ducal tuilé.   lett. K.

642 Un peigne des Indes, à valve supérieure blanche,
tachée par zônes d'orangé-foncé, & intérieure
blanche en entier, à grosses côtes longitudinales,
chargées, ainsi que les cannelures, de stries fines
en même sens, à oreilles peu inégales, & grand   Planc. 54,
dans son espece, nommé par quelques-uns manteau   lett. A.
ducal blanc & par d'autres *la bourse ou la gibeciere.*

643 Une autre gibeciere différente de la précédente,
en ce que la valve supérieure est coupée par le
milieu d'une large zône brune.

644 Deux peignes rares, papyracés, légérement épineux,
dont un panaché de violet, l'autre ponceau-vif, à   Planc. 54,
petits chevrons blancs peu nombreux.   lett. B 2.

645 Un peigne à valves également bombées, à côtes

H

<table>
<tr><td>Planc. 54,
lett. M 1.</td><td>longitudinales légérement ftriées couleur de rofe vif, nommé le peigne couleur de rofe.</td></tr>
</table>

646 Un peigne des Indes rare, ponceau nué d'aurore, tant en dedans qu'en dehors, à ftries longitudinales égales.

647 Un peigne du nord, à valves également bombées, chargé de groffes côtes longitudinales finement ftriées tranfverfalement & formées elles-mêmes de plufieurs côtes moins prononcées, la valve fupérieure à zônes tranfverfales nuées de pourpre, de ponceau & d'aurore, l'inférieure blanche nuée de ponceau, à intérieur couleur de chair.

Il eft rare de trouver cette coquille parfaitement bivalve comme celle-ci.

Planc. 54,
lett. B 1.

648 Un peigne rare, différent du précédent, en ce que la valve fupérieure eft d'un violet foncé, légérement nué de ponceau, & que les ftries en font moins élevées; & trois autres peignes prefque blancs & des mêmes efpeces.

649 Un peigne des Indes blanc, de forme oblongue, évafé d'un côte, à très-petites oreilles inégales, & à valves un peu béantes au-deffous hériffées fur leurs ftries de petites tuiles prefque droites, ce qui leur a fait donner le nom de rape; une autre de St. Domingue, à ftries longitudinales fines & ferrées, compofées d'efpeces de bâtons rompus qui fe fuivent obliquement & réguliérement d'une ftrie à l'autre & à une des oreilles rétrouffée d'un côté dans les deux valves; efpece nommée la lime.

Planc. 54,
lett. N.

650 Un grand & rare peigne, d'un volume prodigieux, de l'efpece nommée la lime, & qui n'en différe que parce qu'il eft fimplement ftrié longitudinalement & qu'il n'a point les épines, ni les bâtons rompus que l'on obfervoit dans les précédens; 4 pouces 3 lignes de long fur 3 pouces 4 lignes de large.

Planc. 55,
lett. A 9.

651 Quatre peignes de forme très-bombée, à cinq ftries longitudinales très-élevées, dont trois panachés

de blanc & de couleur de rofe, & un jonquille.

652 Un peigne ponceau, tant en dedans qu'en dehors, de l'efpece décrite n°. 646; une rape, deux peignes aurores, un d'Efpagne panaché de violet & de blanc, un à lignes longitudinales brunes fur un fond blanc, & le feptieme papyracé, tranfparent, & panaché de blanc fur un fond gris.

653 Quatre peignes, dont deux citrons, un ponceau & un panaché de rofe-vif & de blanc. Planch. 55; lett. A 3.

654 Un peigne à ftries fines, à grandes flammes brunes fur un fond blanc, un autre peigne ponceau; trois de nos mers, légérement épineux, jaunes nués de ponceau plus ou moins vif, & cinq d'Efpagné dont un jaune, un panaché de violet & trois pbnachés de gris de différentes nuances.

655 Seize peignes choifis de nos côtes légérement épineux, dont fept nués de ponceau & de violet de différentes teintes, deux fond blanc, à côtes couleur de chair, deux blancs, & cinq de différentes teintes de jaune & de ponceau.

656 Vingt-quatre peignes des mêmes variétés & couleurs que ceux du précédent n°.

657 Cinq peignes dont un épineux violet foncé, fur lequel font groupés deux glands de mer & deux vermiculaires; un moins foncé, & trois à côtes liffes dont un ponceau, un gris & un panaché de rofe & de blanc.

658 Six peignes dont un bombé noir & blanc, deux d'Efpagne panachés de gris & de blanc, deux à côtes liffes, l'un citron, l'autre rofe & blanc, & un peigne épineux d'une belle couleur de jonquille.

659 Six peignes dont un épineux panaché de blanc & de violet, les autres à côtes liffes dont un fouci, un jaune, un panaché de brun & de blanc, un d'aurore & de blanc, & un blanc recouvert de glands de mer de même couleur.

660 Sept autres des couleurs & variétés ci - deffus décrites, & une rape.

H 2

661 Huit peignes des variétés ci-deffus décrites, dont deux couverts de glands de mer.

662 Douze peignes tant d'Efpagne que de nos côtes, de couleur variée, dont un à lignes longitudinales rouge-vif fur un fond blanc.

663 Onze peignes pareils aux précédens & une rape.

664 Dix-neuf autres.

GENRE TROISIEME.

PEIGNES SANS OREILLES.

663 **U**N peingne des Indes, blanc marbré par taches de brun, de jaune, & de bleu, à côtes nombreufes ferrées l'une contre l'autre, arrondies & ficelées, à bords intérieurs applatis, de forme ronde & bombée, nommé pétoncle fans oreilles & grand dans fon efpece.

TROISIEME FAMILLE.

C A M E S.

GENRE PREMIER.

CAMES A BASES RONDES REGURIERES.

666 **D**Eux grandes cames de St. Domingue, dont une blanche nuée de couleur de chair, & reticulée en dehors, citron clair bordé de couleur de rofe en dedans, nommée le rezeau blanc, & une de même efpece mais polie, & devenue par là blanche, rayée dans le bas & par zônes de couleur de rofe.

Planc. 47,
lett. D 1.

667 Un rezeau d'Amérique à tête & intérieur citron-
pâle, & un autre poli de même couleur, ayant
deux grandes taches couleur de rofe à côté de
la tête.

668 Une came rezeau d'Amérique pareille à la précédente, & une jonquille polie, à deux taches rofes.

669 Un rezeau blanc dont l'intérieur eft légérement teint
de jaune, & un rezeau jaune poli.

670 Un grand rezeau poli, jonquille, à deux taches rofes.

671 Un rezeau blanc à deux zônes couleur de rofe
vers le bord, & un jonquille auffi couleur de rofe
fur le bord, tous deux polis.

672 Deux rezeaux polis dont un jonquille, à bords rofes,
l'autre blanc à trois zônes couleur de chair.

673 Un très-beau rezeau jonquille à fix zônes couleur
de rofe.

674 Un rezeau jonquille, à deux zônes de trois bandes
chacune de la plus vive couleur de rofe.

675 Un rezeau des Indes à valves épaiffes, à bord couleur de rofe, les ftries en font plus écartées ; ce
rezeau eft plus rare que les précédens.

676 Quatre cames à charniere comme celle des peignes   Planc. 53,
fans oreilles, dont deux flambées par zônes de lett. D 2.
cannelle foncée, nommées la furie, une à ftries
fines longitudinales, cannelles, nommée l'éventail
des memnonites polie, l'autre ayant confervé fon
drap marin qui imite le velours.

677 Trois furies, dont une à grandes taches brunes
fur un fond blanc, les deux autres à ftries marrons
longitudinales très - ferrées.

GENRE SECOND.

CAMES A BASES RONDES IRRÉGULIERES.

678 DEUX grandes cames des Indes, blanches, marbrées par grandes taches, & rayonnées de fauve-brun, de forme bombée, à stries longitudinales & transversales ; celles - ci plus saillantes, les autres plus fines, formant un rezeau celluleux, à charniere composée dans chaque valve de trois grosses dents, & à valves garnies de deux levres latérales se recouvrant l'une l'autre, espece nommée en Hollande le rayon de miel.

679 *Idem.*

680 Une autre de forme plus bombée, à lignes circulaires moins saillantes, mi-partie blanche & brune-foncée tirant sur le violet, l'intérieur blanc-jaunâtre marqué d'une large tache circulaire violette.

681 Une autre came des Indes rare, à stries circulaires & longitudinales , formant par leur rencontre un rezeau grenu très-saillant marqueté de brun sur un fond blanc.

Plancq. 51, lett. A.

682 Une rare & belle came des Indes , à valves épaisses, à bouche dentée & à levres renversées, formant dans leur rencontre un large sillon à stries longitudinales très-fines, à stries circulaires élevées & arrondies , formant avec la rencontre des premieres un rezeau dans le fond des cannelures , espece nommée la corbeille.

Planc. 51, lett. C 1.

683 Une came qui ne différe de celle décrite sous le n°. 678 , que parce qu'elle est polie & tachée de violet au dessous du nerf, tant à l'extérieur qu'à l'intérieur.

684 Une très-rare & belle came polie fond blanc, à

quelques lignes longitudinales violettes, à base
arrondie, garnie dans la face latérale la plus allongée
de deux tubercules en vive arrête ; elle porte
4 pouces de long.

685 Cinq cames papyracées, dont deux blanches, les
trois autres autres à zônes & rayons violet sur
un fond blanc.

686 Une came des Indes blanche, de forme peu renflée,
ornée d'un compartiment très-serré de petites tuiles,
à finuosités dans un des bords latéraux de chaque
valve, à charniere compofée de deux dents latérales, & d'une fous les fommets dans chaque
valve, efpece nommée la *guillochée*, & une came
fouci-vif polie, nommée *l'abricot*.

687 Deux *abricots*, dont un poli & un confervant fes
ftries circulaires peu prononcées.

688 Deux cames blanches, liffes, à finuofité vers le
bord de la coquille qui avoifine le nerf, deux
abricots dont un poli & un rezeau.

689 Une came applatie coupée en angle droit vers la
tête, à ftries circulaires, arrondies, blanches,
coupées obliquement par des lignes brunes, paralleles, difpofées en chevrons, à tête fauve.

GENRE TROISIEME.

CAMES A BASES OVALES RÉGULIERES.

690 UNE came des Indes rare, marbrée par grandes
zônes de fauve, de couleur de chair, & d'aurore,
à rayons longitudinaux de nuances plus foncées
que le fond de brun & de maron, interrompues
en quelques endroits de blanc, à ftries larges &
applaties, nommée *cedo nulli*.

Planc. 16,
lett. F 2.

Planch. 46, lett. F 1.

691 Une came du Bréfil liffe , couleur de chair , ornée de taches fauve brun quarrées , nommée came truitée.

Planch. 47, lett. B.

692 Deux cames truitées brunes , & une *cedo nulli* appareillées.

GENRE QUATRIEME.

CAMES A BASES OVALES IRRÉGULIERES.

693 UNE came des Indes à ftries tranfverfales , fines & applaties, ornées d'un deffein de traits en zigzags violet - noir , qui fe croifent diverfement l'un l'autre , & forment plufieurs lozanges fur un fond blanc , à charniere compofée de trois dents dans l'une des valves & de deux dans l'autre ; efpece que l'on nomme en France écriture Arabique ou Chinoife , & en Hollande, la natte de jonc.

Planc. 47, lett. A 1.

694 Une came des Indes, qui ne différe de la précédente que par un fond couleur de noifette, fans marbrure ni zigzag.

695 Une came blanche, à tête couleur de rofe-vif , & rayons de même couleur peu prononcés , à robe en rezeau fin , granuleux imitant le chagrin , à un large pli dans un des côtés de chaque valve , & à charniere formée de trois petites dents, dont une latérale, efpece nommée la chagrinée ou le chagrin , & par Rhumphius, la langue de chat.

Planc. 49, lett. O.

696 Une langue de chat & deux cames très - minces , fines , à ftries circulaires, panachées de violet fur un fond blanc.

697 Onze moyennes & petites cames d'efpeces variées, dont une liffe intérieurement d'un beau citron.

QUATRIEME FAMILLE.

CŒURS.

GENRE PREMIER.

CŒURS PROPREMENT DITS.

698 UN cœur des Indes blanc & papyracé, à valves pliées chacune en demi - cœur applati , renflées vers le milieu & montrant par leur réunion un cœur de forme très-élégante , garni de petites pointes dans tout son contour , à stries longitudinales , granuleuses , courbées sur chaque face , à sommet se croisant un peu , à charniere composée dans l'une & l'autre valve de trois petites dents , espece nommée *cœur de Vénus.* Planc. 51, lett. E 2.

699 Un autre cœur de la même espece , que le précédent , très-singulier , en ce que chacune de ses valves paroît être double.

700 Un cœur de Vénus ayant un de ses côtés concave, à une petite élévation près & sous les sommets ; il est d'une belle couleur de rose , & porte le nom de *cœur Vénus en bateau couleur de rose.*

701 Un cœur de Vénus peu commun , ponctué dans sa face convexe de couleur de rose , & bordé dans l'autre de petits traits de même couleur , à deux échancrures vers le bas & à côtes destituées de piquans.

702 Un cœur du sénégal grand , mince , & de forme presque sphérique , blanc tant au dedans qu'au dehors , excepté sept à huit larges cannelures qui sont cannelles-foncé , à côtes formées chacune de

trois ftries, dont celle du milieu eft mince, élevée en vive arrête & creufe intérieurement en forme de tuyau, à bords dentelés laiffant entr'eux un jour affez grand quand la coquille eft fermée, & à charniere compofée dans l'une & l'autre valve de deux dents fous les fommets, & d'une très-grande latérale ; cette coquille nommée *l'exotique* eft très-rare à trouver bivalve & d'un auffi grand volume ; elle porte 4 pouces de long.

703 Un plus petit cœur exotique & d'une belle confervation.

704 Un autre dont les valves font appareillées.

705 *Idem.*

706 Un très-grand cœur de la baie de campêche, peu commun, blanc-fâle, taché de rouge-pâle en dehors & de pourpre en dedans, à ftries longitudinales bien prononcées, chargées en quelques endroits d'anneaux minces, à charniere formée dans l'une des valves de trois dents s'engrainant dans trois cavités de l'autre valve, & à face latérale repréfentant des cœurs inégaux ; le plus grand des deux eft teint de rougeâtre & le mieux formé ; on le diftingue encore par deux petites levres liffes & blanches, joignant la tête du côté oppofé au nerf.

707 Un autre moins grand.

708 Un cœur de la Jamaïque blanc teint de fauve, & taché en quelques endroits de pourpre-clair en dehors, & de rouge-pâle en dedans, à ftries longitudinales chargées dans toute leur étendue & à diftance égales de petites tuiles, à charnieres comme les précédents, & nommé le cœur de bœuf tuilé.

709 Un cœur de la Jamaïque blanc à groffes ftries chargées d'anneaux cerifes, finiffant par de profondes dentelures, à côtés inégaux, dont le plus allongé repréfente le mieux un cœur, efpece nommée la fraife.

710 *Idem.*

711 Une fraife à ftries plus fines chargée d'anneaux jonquilles très-ferrés, excepté vers les fommets qui font blancs & dépourvus d'anneaux, nommée fraife blanche.

712 Un petit cœur blanc des Indes, à ftries ficelées & cannelures piquetées, à valves compofées de trois faces, dont une applatie; on le nomme *cœur triangulaire* ou *cœur en foufflet*.

713 *Idem.*

714 Un cœur d'Amérique blanc-fauve, à ftries longitudinales bien prononcées, de forme plus courte & plus bombée, mais d'ailleurs affez reffemblante à celle des précédens, nommé en France *cœur de pigeon*, & en Amérique *cœur de l'homme*; un autre cœur des Indes peu commun, oblong de la tête aux bords, blanc, à groffes ftries longitudinales tuberculeufes brunes tachées de blanc, à une avance latérale près des fommets, efpece nommée cœur allongé & tuilé.
Planc. 51 lett. I.

715 Un grand cœur de la Méditerranée, fauve à la tête, maron-foncé dans le refte, à larges fafcies circulaires peu prononcées, à fommet, contre l'ordinaire des coquilles de ce genre, écarté, recourbé en fens contraire l'un de l'autre, & bleu en cet endroit, à charniere formée dans les deux valves de trois larges dents, dont une latérale; efpece nommée *bonnet de fou*, & une furie.
Planc. 53; lett. G.

716 Deux autres, dont un blanc dépouillé & poli.

717 Deux grands cœurs de la même mer, favoir un fauve nué de blanc & de bleu-pâle, de forme très-bombée, à groffes tries longitudinales, heriffées de pointes plus ou moins longues, à charniere compofée de cinq dents dans l'une des valves & de quatre dans l'autre, & nommé cœur de bœuf épineux; & l'autre fauve-roux, à ftries moins groffes plus ferrées & plus chagées de pointes que le précédent, efpece nommée fimplement cœur épineux.
Planc. 52 lett. A.
Planc. 52; lett. A 2.

718 Un cœur épineux d'un beau volume.

Planc. 52, lett. A 3.   719   Quatre cœurs de la Méditerranée ; favoir , un blanc à groffes ftries , & larges cannelures longitudinales , à ftries tranfverfales onduleufes très-fines en forme de rides , les groffes ftries font chargées, fur-tout vers le bas, de quelques tuiles ou mamelons, deux autres cœurs qui n'en différent qu'en ce qu'ils font rayés par zônes inégales de blanc, de fauve & de rouge-brun & fans tuiles , & un dont les côtes ont un fillon hériffé de petits tubercules épineux.

Planc. 51, lett. I 2.   720   Un cœur épineux & un bonnet de fou.

721   Une fraife blanche, un cœur de pigeon , & deux cœurs d'Amérique, blancs, à ftries longitudinales, hériffées de très - longues épines, creufées en tuyaux, à cannelures chargées de petits grains, ainfi que la face qui repréfente le mieux un cœur, au milieu de laquelle eft un léger fillon , à charniere comme celles des huîtres feuilletées, & nommées *marons épineux*.

Planc. 52, lett. E.

722   Deux autres marons épineux , dont un jaune intérieurement, quelques unes de fes épines font teintes de rofe.

723   Un maron épineux fur le côté duquel adhére une valve de la même coquille, cet accident eft fort fingulier , en ce que les épines par lefquelles fe fait l'adhéfion fe prolongent , quoique répliées fur la valve à laquelle elles adhérent.

    Un autre maron épineux blanc nué de rofe adhérent à une vielle ridée d'Amérique.

Planc. 52, lett. H.   724   Un cœur de forme oblongue , fond blanc, nué fur le bord de trois zônes violettes ; il eft d'un beau volume.

Planc. 52, lett. G.   725   Un autre de même efpece, mais dont les cannelures font hériffées de petites pointes, à bords orangés, & taché dans l'intérieur de même couleur, **Planc. 52, lett. A 4.** & un cœur à groffes côtes arrondies, longitudinales, maron, à trois zônes d'un brun foncé.

Planc. 53 , lett. B 1.   726   Trois cœurs de forme allongée, à côtes longitudinales très-peu faillantes.

727 Neuf autres, dont trois des efpeces décrites au
n°. 724, & les cinq autres de même forme, à
coque liffe papyracée, dont un nué de couleur
de rofe & de blanc.

728 Un cœur très-fingulier, en ce que fes deux valves
font recouvertes de frais de coquilles en petits
tubules violets.

GENRE SECOND.

A R C H E S.

729 Un cœur des Indes, très-rare, cannelle dans
le corps, blanc vers les bords, & teint de violet
en dedans, à carenne fort oblongue, à valves
applaties vers l'une de fes faces latérales, qui
repréfente un cœur des mieux formés, à ftries
fines longitudinales, accouplées, traverfées d'autres
encore plus fines, & plus ferrées, & à larges
avances ou appendices intérieurs en forme d'o-
reilles; cette coquille provient de la vente de M.
l'abbé de Fleuri, qui la nommoit *coqueluchon de
moine ;* elle porte près de quatre pouces fur trois;
cette coquille eft gravée planche 18, premier
volume du catalogue du cabinet de M. Davila.

730 Un cœur peu commun, blanc, à groffes ftries
longitudinales chargées par zônes de petits tubercules, à carenne oblongue, & grand dans fon
efpece, nommé par M. Dargeuville la corbeille
tuberculée.

731 Une corbeille de l'efpece décrite au numéro précédent, & un autre cœur blanc-fâle, à ftries
longitudinales, à carene en lozange.

732 Deux cœurs dont l'un, à chevrons alternatifs,
fauves-roux & blancs, à ftries longitudinales un

Planc. 51,
lett. C 1.

Ancienne
édition.
Planc. 23,
lett. C.

Planc. 51,
lett. D 4.

peu raboteuſe, à valves béantes vers le bas, à carene large, à coque épaiſſe & péſante, à bords intérieurs profondement découpés & à dents de la charniere lamelleuſes plus grandes que dans toutes les coquilles de ce genre ; & un cœur d'Amérique blanc, à ſtries longitudinales chargées, ainſi que les cannelures, d'autres très-fines tranſverſales & à carene peu large & fort allongée.

733 Une arche de Noé, une autre chargée de glands de mer, une toute blanche, à carene plus étroite, & un cœur de la ſeconde eſpece décrite au nᵒ. précédent.

GENRE TROISIEME.

CAMES TRONQUÉES ET CONQUES DE VÉNUS.

Planch. 47, lett. F 1.

734 DEUX cames coupées, dépouillées de leur épiderme & polies, devenues par là d'un beau violet par la tête, & blanche par les bords.

735 Une conque de Vénus d'Amérique, lilas, nuée de blanc, à ſtries circulaires ſaillantes en vive arrète, terminée, dans tout le contour de ta face qui repréſente le cœur, par un rang de longues pointes, & un demi rang intérieur de pointes plus petites, au centre deſquelles, qui eſt un peu renflé, ſe trouve une tache ovale violet plus foncé, nommée *concha Veneris* à pointes.

Planch. 47, lett. E 3.

736 Une autre conque de Vénus épineuſe.

737 Une conque de Vénus épineuſe, & une autre ſans épines, blanche, à ſtries circulaires moins ſaillantes, mais ayant la même tache dans le milieu, eſpece nommée *la créole*.

Planc. 47, lett. E 2.

738 Deux autres, l'une épineuſe, l'autre ſans épines.
738 Deux *concha Veneris* épineuſe ; & deux ſans épines.

740 Trois *concha Veneris* dépouillées & polies.

741 Une conque de Vénus, à valves épaiffes, liffes, à bords blancs, maron dans le refte de la coquille, & dont le centre eft brun - foncé, nommée la *gourgandine*.

742 Une *gourgandine* différente de la précédente, en ce que les deux cœurs que fes valves forment étant réunis, le plus grand, maron nué de bleu, eft bordé des deux côtés d'une bande longitudinale blanche, & que le petit eft d'un blanc éclatant; le refte de la robe eft maron nué de blanc.

  Cette coquille eft très-belle & d'un grand volume.

743 Une gourgandine couleur de chair, à renflement lateral fauve.

744 Quatre autres conques de Vénus, favoir deux gourgandines couleur de chair, l'une à renflement fauve, l'autre à renflement bleu, & deux dont les côtés font plus enfoncés, & dont la robe eft marquée de zônes & de rayons marons fur un fond blanc.

745 Une conque de Vénus d'Amérique, marbrée de blanc, de fauve & de maron, à ftries circulaires, groffes & arrondies en bourrelet, excepté vers l'enfoncemant latéral, où elles font minces & faillantes en forme de petites feuilles, efpece nommée *vieille ridée*, & une autre blanche rayonnée de traits marons-clair & cannelles, à ftries fines longitudinales, & à ftries circulaires eu vive arrête. Planc. 47, lett. E 5.

746 Une conque de Vénus, orientale, très-rare, gris-verdàtre dans le corps, de forme un peu applatie, à coque très-épaiffe, à ftries circulaires en forme de feuilles tranchantes, nombreufes vers le bas, fort diftantes vers le haut, & à enfoncement latéral très-profond, fauve-roux. Planch. 47 lett. E 6.

  Cette coquille nommée *magna vetula*, ou lévantine de la grande efpece porte 3 pouces 2 lignes, fur 2 pouces 8 lignes, grandeur très-confidérable dans cette efpece. Planch. 46, lett. E 7.

747 Un cœur à ftries circulaires fort ferrées, arrondies
en bourrelet, & finiffant, vers le côté du nerf
de la coquille, par des tubercules arrondis, le
fond de fa robe eft blanc, fafcié de chevrons bruns.

748 Une vielle ridée blanche, à rayons longitudinaux
panachés de violet ; une petite lévantine différente
de celle ci-deffus décrite, en ce que les feuillets
font plus ferrés, une de la feconde efpece décrite
n°. 745, & une autre de forme plus alongée,
à ftries circulaires arrondies, à robe de couleur
fauve, & enfoncemens latéraux bruns.

749 Huit vielles ridées des efpeces ci-deffus décrites.

750 Un cœur des Indes, blanc, à côtes & groffes
ftries longitudinales , les premieres tachées par
intervalle, de pourpre & chargées de tuiles peu
faillantes, à bords très - profondément dentelés,
à face repréfentant le cœur, concave vers le
fommet, & à charniere compofée dans l'une des
valves d'une très - groffe dent, & de deux filets
longitudinaux fe logeant dans la cavité, & les
rainures de l'autre valve, de l'efpece nommée
chou ou feuille de chou , & grand dans cette efpece.

751 Un chou différent du précédent, en ce qu'il n'eft
panaché que vers la tête, & que le refte eft blanc.

752 Un petit chou de la plus vive couleur & d'une
confervation parfaite.

753 Un grand cœur des Indes blanc , peu commun,
à ftries longitudinales & tranfverfales, fines mais
raboteufes, formant un rezeau affez groffier, à
fix groffes côtes chargées à diftances égales de
tuiles minces prefque droites, de plus en plus
grandes à mefure qu'elles s'approchent des bords,
à face repréfentant le cœur, applatie & ouverte
dans le milieu, à charniere formée dans l'une des
valves, de trois dents, & de deux dans l'autre,
efpece nommée faitiere ou tuilée, & de la plus
parfaite confervation.

754 Une tuilée de forme plus étroite, plus oblongue &
plus

Planc. 47, lett. E 3.

Planc. 51, lett. F.

Planc. 51,

plus bombée que les précédentes , à tuiles nombreuses partie peu élevées , & parrie couchées les
unes fur les autres , & à face repréfentant le cœur ,
laiffant une grande ouverture ovale dans le milieu,
dont les bords font dentelés en dedans vers le haut,
& retrouffés en forme de levres vers le bas.

755 Une autre tuilée , blanche, teinte de couleur de
rofe & d'aurore , bordée en dedans de cette derniere
couleur , à neuf côtes qui ne font chargées que
de tuiles naiffantes , couchées les unes fur les autres,
de forme large & bombée , & à grande ouverture   *Planc. 51,*
latérale , femblable à celle de la précédente.   *lett. B 4.*

756 Une tuilée de l'efpece de la précédente , mais teinte
de jonquille.

757 *Idem.*

CINQUIEME FAMILLE.

TELLINES.

GENRE PREMIER.

TELLINES EXACTEMENT FERMÉES , OU BÉANTES
SEULEMENT A L'UNE DES EXTRÉMITÉS.

758 UNE telline des Indes peu commune, blanche
nuée de fauve , recouverte de fuites de chevrons
gris-de-lin peu prononcés , à quatre rayons de
taches rouge-brun, à ftries tranfverfales fines &
applaties , & à charniere formée de trois dents dans   *Planc. 49,*
l'une des valves , & de deux dans l'autre nommée   *lett. I 3.*
aile de papillon , & grande dans fon efpece.

759 Une grande telline du plus beau volume, fond fauve,   *Planc. 49.*
à rayons interrompus violets-clair.   *I L.*

Planc. 49, **760** Trois petites tellines, dont une fauve striée circu-
lett. I 2, lairement, & deux autres fond blanc-sâle à chevrons bruns se croisant en différens sens.

761 Une telline de la Chine, rare, à zônes alternatives,
inégales, blanches & couleur de rose en dehors,
couleur de rose très-vif en dedans où l'on remarque
un surcroît d'épaisseur dans le milieu, & à charniere formée dans l'une & l'autre valve de deux
dents ; cette coquille, ainsi que toutes celles de ce
genre qui suivront, ont vers le côté le plus étroit,
un pli ou sinuosité dans les deux valves qui les rend
béantes en cet endroit.

762 Une telline des Indes, fond blanc teint de jonquille, à rayons couleur de rose, interrompus par
quelques zônes de nuances plus foibles, à stries fines
transversales, & nommée telline radiée ; une telline
Planc. 49, d'Amérique blanche teinte en partie de couleur
lett. F 2. de chair, à tête cérise.

Planc. 49, **763** Deux tellines radiées & une couleur de rose, toutes
lett. F 1. trois décrites au n°. précédent.

764 Deux grandes & belles tellines d'Amérique, lisses
& d'un grand éclat, l'une rayonnée & nuée par
zônes, de blanc, de citron-clair, de couleur de
Planc. 49, rose & de lilas, l'autre blanche, à deux zônes
lett. A. citron-clair ; toutes deux à bords un peu sinueux
& à charniere, comme les précédentes.

765 Trois tellines de l'espece précédente, dont une à
deux zônes jaunes sur un fond blanc, une polie
à tête rose & une à rayons rose & blanc.

766 Sept tellines dont deux radiées, une lisse à rayons
roses & blanc, une à rayons violets & blancs &
à tête violette, deux à stries longitudinales très-
fines fasciées de brun, & une à stries circulaires
lisses & arrondies, à quatre rayons bruns sur un
fond fauve.

767 Deux tellines striées longitudinalement, à tête
Planc. 49, ponceau & rose, à stries blanches sur un fond
lett. P. tirant sur le rose ; l'intérieur est couleur de rose &

ponceau avec deux grandes taches violettes dans
l'une , & une dans l'autre.

768 Une telline de l'espece décrite au n°. précédnt e ,
mais dont les stries ont été enlevées , la surface
est polie , à rayons violets sur un fond ponceau.

769 Une telline de la même espece , polie , d'un beau
violet nuée de blanc.

770 Deux tellines des especes précédentes , à stries
blanches & zônes violettes , dont l'intérieur est
violet nué de ponceau.

771 Une telline polie , ponceau , à taches violettes ,
une non polie , jonquille , & une aussi non polie ,
violette , à zônes & rayons blancs , toutes trois
des especes ci-dessus décrites.

772 Une telline striée fond blanc , à tête jonquille ,
l'intérieur est jonquille , à deux taches violettes
latérales ; & une telline blanche , polie , à tête
jonquille.

GENRE SECOND.

TELLINES BÉANTES AUX DEUX EXTRÉMITÉS.

773 UNE grande & belle telline des Indes , rare ,
d'un beau violet , à deux rayons & quelques
nuances de violet moins foncé , & à charniere
formée dans les deux valves d'une lame plate
transversale , terminée par une petite dent dans
l'une , & par une cavité correspondante dans l'autre.

774 Une telline de Indes , peu commune , sur - tout
de cette grandeur , papyracée , à robe violette ,
ornée de quatre rayons blancs , tant en dedans
qu'en dehors , & à charniere formée dans les deux
valves d'une côte longitudinale intérieure , terminée

Planc. 49.
lett. C.

par deux petites dents dans l'une, & par deux
cavités correſpondantes dans l'autre, eſpece nommée *le ſoleil levant.*

775 Deux tellines de la Méditerranée, grandes pour
leur eſpece, roſe ſeche, à deux rayons blancs
dans le milieu de la robe, à ſtries fines obliques,
un peu onduleuſes, & à charniere de l'eſpece
décrite au numéro 773.

Planc. 49,
lett. D 1.

776 Une telline de l'eſpece précédente toute blanche,
& deux autres à ſtries longitudinales légérement
épineuſes, à bords dentelés, marquetés de roſe ſur
un fond blanc.

777 Une telline rare, de la forme de celle décrite
au n°. 775, & qui en différe, en ce que les ſtries
obliques ſont preſque horizontales, à rayons &
tête ponceau ſur un fond blanc.

GENRE TROISIEME.

MANCHES DE COUTEAU.

778 UN manche de couteau des Indes rare, fauve
& lilas, tacheté de pourpre-foncé, mince, tranſparent, & de forme un peu courbe, nommé gouſſe
de feves.

Planc. 55,
lett. C.

779 Deux manches de couteau des Indes rares, dont
un panaché de roſe ſur un fond blanc, l'autre gris-
de-lin foncé, & violet intérieurement.

Planc. 55,
lett. A 1.

Planch. 55,
B 1, A 3.

780 Douze manches de couteau, dont quatre un peu
courbes, & huit droits.

SIXIEME FAMILLE.

MOULES.

GENRE PREMIER.

MOULES PROPREMENT DITES.

781 UNE moule des parages voifins du détroit de Magellan, dépouillée de fa pellicule & non polie, blanche vers le haut, violette, & pourpre dans le refte, à ftries longitudinales un peu ondées, croifées de diftance en diftance par d'autres tranf-verfales jettées par ondes, nacrée, & d'un bel orient, offrant aux yeux, tant en dedans qu'en dehors, toutes les couleurs de l'arc-en-ciel, à char-niere formée d'une dent oblongue fous le fommet de l'une des valves, & d'une cavité de même forme dans l'autré, nommée *Magellanique.* Planc. 50 lett. R 2.

782 Une moule de Magellan en poire-à-poudre, dont la monture eft en cuivre doré.

783 Une moule de Magellan garnie de fes ftries longi-tudinales, ondées bleu foncé de violet, & une des ifles Malouines à ftries longitudinales pourpre-foncé. Planc. 50, lett. R 1.

784 Une moule des Indes d'un bleu foncé tirant fur le noir, & chatoyant comme le fatin, cinq pouces de long. Planc. 50. lett. O 1.

785 *Idem.*

786 Une grande & belle moule de la même efpece que la précédente, montée en argent pour fervir de poire-à-poudre.

787 Une grande & fuperbe moule de Magellan, de

6 pouces & demi de longueur, fur 3 pouces 3 lignes de large, dépouillée, polie, & dont la robe eft d'un beau pourpre veiné de blanc, du plus grand éclat.

788 Une moule de Magellan moins grande, auffi très-belle.

789 Une autre du plus beau violet.

790 Une autre auffi dépouillée, du plus beau violet, à tête blanche, & une bleue nuée de violet, à bord jaune.

791 Deux moules pareilles aux précédentes.

792 Une moule de la terre des Papoux, fauve, nuée par ondes de blanc & de violet, de forme très-bombée, un peu finueufe dans fon bord inférieur, boffue vers les fommets, d'où naiffent deux avances arrondies en portion de cercles.

Planc. 50, lett. E 1.

Cette coquille a cinq pouces & demi de long fur trois pouces de large.

793 Une autre moule des Papoux de même forme & couleur que la précédente, de cinq pouces de long; une de fes valves eft garnie de deux glands de mer.

794 Quatre moules de la terre des Papoux, dont deux à rayons formés de lignes longitudinales pourpres fur un fond blanc, & à tête violette ; on les nomme *tulipes*.

Planc. 50, lett. E 2.

795 Une moule d'Alger reffemblant aux magellaniques pour la forme & la couleur, mais de forme plus étroite & plus alongée ; celle-ci eft d'un très-bel orient & porte cinq pouces de long.

796 Une moule de la méditerranée, fond paille, à chevrons bruns & nués en quelques endroits d'un beau verd, & une d'Alger dépouillée, & polie, d'un bel orient.

Planc. 50, lett. F 2.

797 Une belle moule à épiderme verd & à chevrons bruns en zigzags, nommée la moule verte de Mar-feille.

798 Une moule verte de Marseille , d'une belle couleur.

799 Une moule verte de Marseille, & deux dépouillées
de leur épiderme & devenues par-là jaunes, fasciées
de chevrons bruns.

800 Une moule verte de Marseille, d'une belle couleur, & une dépouillée & devenue jaune.

801 Une moule verte de Marseille presque jaune , ayant
une légere tache verte sur chaque valves.

802 Une moule verte de Marseille & deux d'Alger,
dépouillées & polies.

803 Une moule verte de Marseille & deux d'Alger,
toutes trois dépouillées & polies.

804 Une moule d'Alger & deux de Marseille , aussi
dépouillées.

805 *Idem.*

806 Trois jolies moules de Marseille, dont deux dépouillées de leur épiderme & l'autre d'une belle
couleur verte.

807 Une moule à rayons violets sur un fond blanc ;
deux petites moules de l'espece nommée *gueule de
souris* ; deux petites valves de moules polies d'un
beau bleu de saphir ; une moule d'Alger de forme
très-bombée , & une moule à stries divergentes
longitudinales , dont les deux valves sont liées entr'elles par un vermiculaire strié.

808 Deux moules de Kinea , dont une violette, l'autre à zônes circulaires lilas , bleue & violette,
dépouillées de leur épiderme & polies.

809 Deux moules de Kinea, dont une à zônes bleues,
couleur de chair & violette , dépouillée & polie,
l'autre revêtue de son épiderme, à zônes vertes
du plus bel orient, violet dans l'intérieur.

810 Deux moules d'Afrique dépouillées & polies, dont
une jonquille, l'autre à tête violette & chatoyante
& à bords jonquilles.

811 Trois moules jaunes d'Afrique de nuances variées,

812 Cinq autres, dont quatre dépouillées de leur épiderme ; une d'elles à tête violette jouant les couleurs de l'iris.

GENRE SECOND.

MOULES CYLINDRIQUES.

813 UNe moule peu commune, à coque très-mince nacrée en dedans, de forme presque cylindrique, un peu applatie vers l'un des bouts, à robe partie fauve & partie chargée d'un dessein en réseau très-fin de couleur plus foncée, qui se ramifie vers le bas, ce qui a fait donner à cette espece le nom de moule arborisée ; on n'y apperçoit nulle traces de charniere.

Davila, tom. I, planche 19, lettre Z.

814 Sept pholades bivalves, savoir :

Une rare d'Afrique revêtue d'un périofte brun, à stries fines longitudinales partant du sommet en forme de rayons ; deux grandes d'Amérique, dont une revêtue de son épiderme verdâtre, à stries onduleuses très-fines, l'autre à épiderme brun,

Planc. 50, lett. G.

toutes deux nacrées en dedans, & quatre de la méditérranée, dont deux marons, une fauve & une blanche dépouillée de son épiderme.

815 Un rocher de pierre calcaire, tout rempli de moules violettes, de lépas & de vermiculaires ; ces corps sont liés entr'eux par la substance même du rocher, quoiqu'ils n'aient point reçu d'altération dans la couleur.

GENRE TROISIEME.

MOULES TRIANGULAIRES.

816 Une pinne marine rare des Indes , de neuf pouces de long & à coque mince , rouge & transparente , de forme assez large , à côtes longitudinales partant du sommet, laissant entr'elles de larges , mais peu profondes cannelures, chargées , ainsi que les côtes, de feuilles minces & couchées, dont quelques-unes s'élevent en forme de tuiles , nacrée en dedans vers le haut & à charniere formée , ainsi que toutes celles de ce genre , d'un simple ligament sans aucun vestige de dents.

817 Deux pinnes marines , dont une des Indes , fauve, chargée dans une partie de sa robe , de stries qui partent du sommet, en forme de rayons hérissés de tuiles plus ou moins longues , pliés en cornets ou tuyaux cylindriques vers le bas des deux valves qui font coupées à équerre ; une de la méditerranée , couleur de rose-pâle , presqu'entiérement recouverte de feuillets ondés & plissés , formant des tuiles nombreuses plus ou moins cylindriques.

818 Un jambon rare , lisse , légérement strié couleur de corne.

819 Un jambon très-rare , de forme absolument cylindrique , dont la partie large est coupée quarrément , à rayons longitudinaux verdâtres sur un fond fauve, à côtes transversales arquées.

820 Un jambon papyracé rougeâtre , rare par sa forme bizarrement contournée , à grosses stries longitudinales peu nombreuses.

821 Un jambon couleur de rose , à coque peu épaisse , transparente , presqu'entiérement recouverte de feuillets ondés & plissés , formans des tuiles nom-

breufes plus ou moins cylindriques, garni de fon byffus.

822 *Idem.*

823 Trois jambons, dont un liffe, papyracé, & deux chargés de tuiles nombreufes très-ferrées.

824 Deux jambons, dont un papyracé fauve dont les valves font confidérablement arquées, & un autre à côtes longitudinales & zônes tranfverfales courbées, & garnies de petites tuiles.

825 Un très-grand jambon hériffé par-tout de petites tuiles; il porte 19 pouces de long.

826 Un autre de 16 pouces de long.

827 Un autre de 22 pouces.

828 Quatre petits jambons, dont un liffe des Indes, brun en dehors & nacré en dedans; deux papyracés de forme contournée; un papyracé à fortes ftries longitudinales hériffées de tuiles faillantes; & un grouppe de moules ftriées liées entr'elles par leur byffus.

829 Une paire de gands d'homme faite de biffus d'un tiffu très-fin, & un floccon de byffus détaché de fa coquille.

830 Une paire de gands de femme de même byffus.

831 Une paire de bas pour homme, auffi de byffus, d'un tiffu très-fin & très-bien confervés.

COQUILLES DE MER.

CLASSE TROISIEME.

MULTIVALVES.

PREMIERE FAMILLE.

OSCABRIONS.

832 DEUX ofcabrions, dont un verd à fix taches blanches, à rebords cartilagineux; l'autre gris fafcié de noir , garni fur l'arrête d'une bande longitudinale noire. Planch. 56, lett. A 3.

SECONDE FAMILLE.

PHOLADES.

833 DEUX pholades de nos mers, blanc - fale , de forme alongée , à robe en réfeau granuleux dans les deux tiers de fa longueur, à valves finueufes & évafées vers l'une des extrêmités; une autre de même couleur , mais de forme plus large , plus courte & plus bombée ; elle n'eft réticulée que dans fa partie antérieure, le refte de fa rote n'a que des firies tranfverfales en façon de rides , & trois grandes d'Amérique , blanches, de forme alongée , à groffes ftries longitudinales tuilées , partant des fommets , à longs appendices intérieurs Planc. 60, C 1.

un peu concaves , à larges replis des valves fur les fommets , & à bords dentelés.

Plus , un galet percé par les Pholades qu'il contient.

TROISIEME FAMILLE.

TUYAUX DE MER MULTIVALVES.

834   TRois petits tuyaux trivalves d'Amérique , adhérents à un cœur de l'efpece nommée maron épineux , compofés chacun extérieurement d'un tuyau grisàtre fermé & bombé par un bout , chargé en cet endroit de tubercules , mais mince , foré , relevé & un peu applati par l'autre , & intérieurement de deux petites valves , affez femblables pour la forme aux battants des pholades de la famille précédente ; la reffemblance de ces tuyaux avec une cornue ou retorte , leur en peut faire donner le nom : un tuyau quintivalve blanc , long , un peu finueux , fermé par le bout le plus large , d'une efpece d'opercule hémifphérique qui eft comme engagé dans le tuyau , ouvert par le bout le plus étroit , dont l'orifice eft partagé par une cloifon longitudinale de peu d'étendue , en deux petits demi-cylindres inégaux , & dans l'intérieur duquel on reconnoît en l'agitant , que font contenues les petites valves qui lui font propres ; c'eft le vrai taret rongeur du bois.

Les trois derniers tuyaux de cet article font gravés planche 21e du premier tome du catalogue de M. Davila.

QUATRIEME FAMILLE.

GLANDS DE MER.

835 UN très - beau groupe de seize glands de mer
violets, de diverses nuances, chacun d'environ
un pouce & demi de diametre, à pétales épaisses
chargées de stries longitudinales, & à pétales minces
striées transversalement ; espece nommée glands de
mer *turbans*.

836 Quatre groupes des mêmes glands.

837 Quatre autres.

838 Trois groupes de glands de mer turbans, & un
de glands de mer rayés.

839 Un gland de mer turban groupé sur une crête
de coq rouge bivalve.

840 Un buccin jaune strié garni de plusieurs glands
de mer blancs, nués de violet, à pétales en côte
aigue, nommés glands de mer à côtes de melon.

841 Un groupe de cinq glands de mer, disposés les
uns à côté des autres comme les doigts d'un gand,
nué de violet & de blanc, de trois pouces de longueur sur huit lignes de largeur ; espece nommée
le gland de mer *tulipe*.

842 Une huitre épineuse de Malte, recouverte d'un
grand nombre de glands de mer.

843 Un groupe de glands de mer striés, adhérents à
des vermiculaires.

844 Un beau groupe de glands de mer avec différents accidents de corallines, de rétépores, &c.
11 pouces de long sur 6 de large & 10 d'épaisseur.

845 *Idem.*

846 Un groupe très-rare de trois glands de mer violets,

Planc. 59 ,
lett. A 2.

dont les petales épaiſſes ſont chargées d'épines ; eſpece nommée *gland épineux* ; ils adhérent à une
conque anatifere.

847 Une coquille des mers du nord, formée extérieurement comme les glands de mer, mais différente
en ce que les douze petales en ſont un peu recourbées vers le haut, ſix deſquelles ſont chargées chacune de quatre côtes ſtriées tranſverſale-
ment, & en ce que la baſe eſt concave, percée
dans le milieu d'un trou rond & diviſée en pluſieurs cellules étroites & profondes ; eſpece que
l'on trouve adhérente à la peau des baleines, &
qu'on nomme par cette raiſon *pou de baleine.*

CINQUIEME FAMILLE.

CONQUES ANATIFERES OU POUSSEPIÉS.

848 Un très - beau groupe de pouſſepiés de nos
mers, formant un bouquet de huit pouces tant
de hauteur que de largeur, & de la plus parfaite
conſervation, ſur lequel ſe trouvent quelques
moules entremêlés avec les pouſſepiés.

849 Un roſeau très - léger, du genre des bambous,
dont les articulations ſont garnies de petites conques
anatiferes.

SIXIEME FAMILLE.

OURSINS.

GENRE PREMIER.

TURBANS.

850 UN grand turban de la méditerranée, de forme
sphéroïdale, à sommet très-élevé, à bouche ronde,
située, ainsi dans que tous ceux de ce genre, au
milieu de sa base, qui est un peu convexe, à grands
& petits colures, chargés d'apophyses nombreuses
en forme de grains de millet, qui ont fait donner à cette espece le nom de *turban miliaire.*

Planc. 57,
lett. C.

851 Deux oursins miliaires, l'un violet l'autre gris.

852 Un grand oursin miliaire, nommé oursin à panneaux, & deux autres oursins miliaires, dont un
à bouche décagone de cinq grands & cinq petits
côtés alternatifs, les dents & les osselets formant
ce que l'on appelle la lanterne d'Aristote.

853 Un oursin miliaire garni de ses pointes violettes
& très-bien conservées.

Planc. 56,
lett. C.

854 Trois oursins miliaires, dont deux avec leurs piquants violets.

Planc. 56,
lett. I.

855 Deux ousins miliaires, dont un gris dépouillé de
ses pointes, & l'autre garni de ses pointes fauves
& violettes.

856 Trois oursins miliaires, dont deux dépouillés de
leurs pointes & l'autre conservant ses pointes verdâtres.

857 Trois oursins miliaires, dont deux gris & un violet.

858 Trois oursins miliaires, dont un de forme très-
applatie.

859 Deux oursins turbans de l'isle de France, à grains

de petite vérole, peu communs ; favoir, un violet-
foncé , recouvert en entier de grands piquants
applatis en forme de fpatules ou de pignons
de pomme de pin , fe recouvrant mutuellement & ne laiffant voir en deffus , que de
petits pentagones, dont l'arrangement imite celui
des carreaux d'une chambre , à bafe hériffée auffi
de petits piquants fpatule lie - de - vin , à dents
bien confervées ; fa reffemblance à un *artichaut*
l'a fait appeller de ce nom ; d'autres le nomment
le chardon , & un de même efpece, dépouillé de
fes pointes , violet-clair , dont la forme eft alors
elliptique , à bafe plate, à bouche large & finueufe
& à grand nombre d'apophyfes.

860 Cinq ourfins, dont un miliaire, à cinq colures blanches , & dix vertes ; un verd à grains blancs ; un
à tache quarrée grife fur un fond blanc ; un verdâtre & un turban à mamelons fphériques.

861 Un ourfin à mamelons , de forme fphéroïdale applatie , garni de longs piquants granuleux ; un
autre dédouillé de fes pointes , & deux ourfins
miliaires.

862 Cinq ourfins, dont un à mamelons, un miliaire
garni de fes pointes & trois autres miliaires dé-
garnis de leurs pointes , dont un applati.

863 Un ourfin à mamelons, & quatre ourfins miliaires ,
de leurs pointes.

864 Un ourfin à mamelons ; deux autres blancs à mamelons, de forme elliptique , & trois miliaires ,
dont un garni de fes offelets.

865 Un grand ourfin à mamelons , quatre autres de
forme elliptique, & quatre petits miliaires.

866 Un très-gros ourfin turban à mamelons, blanc ,
de forme elliptique provenant du grand ourfin
à baguettes, & un de forme arrondie , provenant
de l'ourfin à longues baguettes menues & granuleufes.

867 Un grand turban à mamelons , & digité , hériffé
dans

Planc. 56,
lett. H.

Planc. 57,
lett. F 2.

dans le corps de piquants d'une variété rare en
ce qu'ils font très-longs, d'une feule couleur verdâtre & ornés d'une côte longitudinale en vive
arrête, qui les fait paroître comme triangulaires;
les piquants de la bafe font en forme de fpatule
beaucoup plus courts & violets, nués de fauve;
cet curfin porte 14 pouces de diametre, en me-
furant de l'extrêmité des piquants d'un côté à celle
des piquants de l'autre.

868 Un autre qui ne differe du précédent qu'en ce qu'il
eft de forme plus arrondie, & que les baguettes
font mi-partie verdâtres & fauves-clair dans toute
leur longueur; il porte treize pouces en mefu-
rant comme à larticle précédent.

Il eft renfermé fous une cage de verre octogone.

869 Un autre ourfin qui differe du précédent en ce
que les pointes font plus moufles; il porte fept
pouces; fes pointes font montées fur des pointes
de fer qui entrent dans le corps de l'ourfin.

870 Un ourfin à longues baguettes ftriées, menues,
& garnies à leurs infertions de petites pointes
cylindriques, convergentes, fous une cage de verre
dont le fond eft garni d'une glace.

GENRE DEUXIEME ET TROISIEME.

COEURS MARINS ET ŒUFS MARINS.

871 UN cœur marin à dos élevé, ayant quatre
pétales fillonnées profondément, chacune formée
de quatre lignes paralleles de petits trous, à une
bande longitudinale fans trou, tenant lieu de la
cinquieme pétale; il eft d'un blanc cendré. Cet
ourfin eft très-rare & très-bien confervé.

Planc. 58,
lett. A 3.

Gualtieri,
planch. 108,
lett. G.

K

872 Cinq cœurs marins , favoir : trois de nos mers ,
de forme large & médiocrement convexe, ornés
en deffus d'une fleur à cinq pétales en forme d'étoile,
quatre defquelles font bordées d'une double rangée de petits trous femés dans le refte d'apophyfes
inégales & peu faillantes, à échancrure peu profonde dans le haut , qui fe prolonge jufqu'à la
bouche ; celle-ci eft près de la bouche, ainfi que
dans tous les ourfins de ce genre ; un à fillon large
& affez profond, qui paffe du dos jufqu'à la bouche, accompagné fur le dos feulement de quatre
autres plus petits pofés obliquement, percés chacun de quatre rangées de trous & à robe femée
d'apophyfes très - fines ; efpece nommée pas de
poulain, & un petit œuf marin blanc à cinq pétales marquées feulement par des lignes.

GENRE QUATRIEME.

PAVOIS OU BOUCLIERS.

872 Deux ourfins , l'un blanc , l'autre brun , de
forme un peu convexe en deffus, à bafe concave
vers le centre , à cinq pans arrondis, ornés dans
leur partie convexe d'une rofe à cinq larges pétales bombées, bordées chacune d'une double rangée de petits trous , & dans leur partie concave
d'une étoile à cinq rayons caves & étroits, à robe
femée dans toute fon étendue de petits cercles
creux, dans lefquels font les apophyfes ; efpece
que fa reffemblance avec un bouclier a fait appeller de ce nom.

Planc. 58,
lett. F.

874 *Idem.*

875 Un très-beau pavois d'Amérique , portant près de
neuf pouces de long fur fept & demi de large,

de forme plate, à petales plus oblongues, & moins
bombées que dans les premiers boucliers de l'article 873½, à panneaux quarrés-longs larges, & bien
prononcés ; espece nommée le grand pavois applati,
& ayant, ainsi que tous les oursins de ce genre,
la bouche au centre & l'anus au bord de la base.

876 Un autre de même volume.

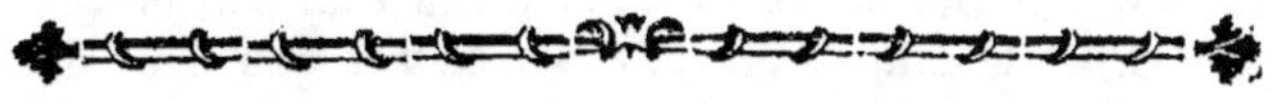

GENRE CINQUIEME.

GATEAUX OU BEIGNETS.

877 DEux oursins plats de l'isle Bourbon, ornés
tant en dessus qu'en dessous d'une fleur à cinq pétales, dont l'inférieure a ceci de particulier que
les feuilles se sous-divisent & se ramifient en
plusieurs autres ; ils sont percés de part en part
de six larges fentes, dont cinq placées près des
bords à l'extrémité de chaque pétale, & la sixieme
entre les deux pétales de la partie inférieure qui
est la plus large ; cette espece nommée pain d'épice,
a la bouche au centre & l'anus près de la troisieme partie de l'axe.

878 Deux pains d'épices, savoir : un de la Véra-Crux
peu commun, à six fentes, dont une au-dessous
de l'anus & quatre latérales ; un autre de la
Barbade, à six fentes, qui ne differe des deux
de l'article précédent qu'en ce que les fentes en Planc. 58,
font plus longues & moins larges. lett. C 3.

879 Trois oursins plats de forme orbiculaire, ornés
dans leur partie supérieure d'une fleur à cinq pétales, mais dépourvus de fente ; espece nommée
le beignet.

GENRE SIXIEME.

ROTULES.

880 UN ourſin très-rare, à ſommet un peu élevé ; orné de cinq pétales aſſez ſemblables à la fleur du jaſmin, & à douze rayons dans la moitié de ſa circonférence ; eſpece nommée l'ourſin ſolaire.

Planch. 58, lett. C 4.

COQUILLES FLUVIATILES.

CLASSE PREMIERE.

UNIVALVES D'EAU - DOUCE.

881 VINGT-QUATRE petites boîtes de buis tournées, contenant pluſieurs coquilles fluviatiles des trois premieres familles, ſavoir : cinq petits lépas du lac de Geneve, blancs, liſſes, à tête pointue & recourbée, & à bouche ovale ; un du même lac, différent du précédent en ce que la robe eſt réticulée, que la tête s'en éleve & ſe recourbe davantage, & qu'on remarque dans le bord oppoſé au recourbement du ſommet, une petite fente ou entaille qui s'éleve juſqu'au quart de la coquille ; un autre petit de forme ovoïde olive & tranſparent, orné de trois lignes longitudinales bleues partant du ſommet comme autant de rayons ; deux verd-foncé, à ſtries circulaires inégales, à baſe preſque ronde, & à tête élevée ſans être ſenſiblement recourbée ; quatre de la riviere des Lata-

Planc. 61, lett. A 3, A 4.

niers dans l'ifle de France, dont deux à fommets un peu recourbés, & deux à appendices en demi-cornet; quatre limaçons à bouche ronde, olivâ-tres, à zônes maron, de forme bombée & élevée, dont un du lac de Geneve, un de la Loire & deux de Seine; une petite boîte d'opercules maron-clair, papyracés, provenants de la même efpece de limaçons; trois limaçons d'Amérique du même genre; cinq des Indes de l'efpece du précédent, violets, nués de blanc, à bouche formant un peu moins le triangle. Trois plan - orbes fauves des étangs d'Aranjuez; trois plan-orbes d'Amérique, dont un blanc de forme très-renflée & deux gris; deux plan-orbes de la riviere des Gobelins, l'un blanc & l'autre maron; trois de la Seine; un petit du lac de Geneve de forme très-applatie, & à fpirale chargée dans fon milieu d'une côte mince en vive arrête, & fept petites boîtes contenant chacune des nérites de différentes rivieres de l'Europe. *Planc. 61, lett. D 9.* *Planc. 61, lett. B 1, B 2.* *Planc. 61, lett. D 4.*

882 Un buccin rare, blanc, nué de fauve, remar-quable par un doux applatiffement du côté de la bouche, à levres finueufes & retrouffées formant une efpece d'oreille, & umbiliqué. *Planc. 65, lett. H 3.*

883 *Idem.*

884 Une nérite des Indes, rare, verd-foncé, couverte d'un épiderme noir, à huit épines forées placées le long du milieu de la fpirale, de plus en plus gtandes à mefure qu'elles approchent du bord, les dernieres de ces épines font plus longues que la coquille même, nommée la nérite épineufe. *Planc. 65, lett. D 7.*

885 Une nérite épineufe à dix épines moins longues.

886 Deux nérites épineufes en pendans.

887 Deux autres, dont une grife ftriée.

888 Cinq nérites ventrues, à tête élevée comme celle de la nérite appellée mamelon, à robe fafciée de noir & de gris de différents deffeins, dont trois d'un beau volume & du plus beau choix. *Planc. 65, lett. D 1, D 2.*

889 Dix-huit coquilles fluviatiles, favoir : deux buccins

blancs nués de gris-de-lin, marbrés par flammes longitudinales de maron ; une petite tonne à bandes blanches & couleur de rose séparées par des lignes noires ; un des Indes, à bouche presque ronde, à clavicule peu élevée, gris-de-lin, tacheté par zônes de rouge-brun ; un autre rare, blanc, rayé par zônes de fauve, à neuf orbes, dont les cinq derniers forment une clavicule aiguë, & les quatre autres renflés, finissant par une bouche ovale à doubles levres retroussées en dehors, à stries fines longitudinales & umbiliquées ; deux buccins fort ventrus, à bouche très-évasée, ayant la forme d'une tonne ; deux petits peu communs, à cinq orbes renflés terminés par une bouche saillante & toute ronde. Six thiares, savoir : deux noires, une petite maron-clair, une roussâtre grande & ventrue à coque épaisse ; une de forme plus alongée noire, à tubercules moins saillants, & une fauve transparente, rare en ce que les épines qui couronnent les orbes en sont moins nombreuses & plus réguliérement disposées, & trois vis blanches papyracées, à stries longitudinales très-fines, à tête applatie, nommée vis tronquée.

CLASSE SECONDE.

BIVALVES D'EAU-DOUCE.

890   Une très-belle came du Mississipi de la plus belle couleur, orientée.

891   Une très-belle came fluviatile, violette, recouverte d'un épiderme noir, à stries circulaires très-prononcées, à tête ayant deux fortes dépressions ovales, applaties, blanches & tuberculeuses dans leur milieu, le nerf de la coquille arrondi, très-saillant, & placé hors des deux valves.

Planc. 62, lett. G.

892 Vingt-trois moules & tellines fluviatiles, favoir :
deux grandes tellines d'étang, à coque très-mince,
liffe, traverfée de quelques rides, à fommet placé
vers l'extrêmité la plus large, & à charniere formée d'un filet longitudinal & d'une rainure cor-
refpondante peu fenfible, toutes deux nacrées &
revêtues de leur épiderme verdâtre ; une moule
d'étang blanche, nacrée & dépouillée de fon épiderme ; une autre moins grande mais plus bombée , à coque plus épaiffe confervant en partie
fon epiderme noirâtre ; fa charniere eft encore
moins fenfible qu'aux précédentes : une grande
moule du Miffiffipi, de forme plus alongée ; une
de la riviere de Connel en Ecoffe ; deux des rivieres d'Irlande, blanches, revêtues de leur épiderme verdâtre , & aux valves defquelles adhérent de très-petites perles ; une de la Vologne en
Lorraine, de forme un peu large & renflée, revêtue de fon épiderme noirâtre, & une petite boîte
contenant fix perles provenant des moules de
cette efpece ; deux de la riviere des Gobelins, revêtues de leur épiderme verd-clair ; deux de la
Loire, dépouilées, d'une très-belle nacre ; une du
Tage de forme moins alongée, & deux de la Seine,
oblongues, toutes trois dépouillées ; deux du Da-
nube, jaune-verdâtre, rayonnées ; deux petites dépouillées & d'une nacre couleur de chair ; une
du Canada, nacrée intérieurement, à épiderme
verdâtre ; une très-ridée grife, à charniere formée
d'un large épatement excédent le bord de la coquille, & deux valves de moule du Miffiffipi dépouillées & d'un beau violet.

COQUILLES TERRESTRES.

893   UN limaçon rare de la Chine, gris-de-lin, à bouche & pas des orbes bordés d'une petite zône blanche, & ceint dans le milieu du corps d'une autre zône de même couleur, qu'une ligne blanche bordée de rouge traverse en forme de croix.   *la nc.63, lett. I 2.*

894   Un limaçon de la Chine, de la plus grande rareté, verd nué de violet, à pas des orbes couronnés de rayons blancs, dont plufieurs fe prolongent fur le corps en zigzags jaunes, & à deux petites bandes longitudinales de même couleur vers l'extrêmité du premier orbe.

895   Un limaçon rare, jonquille, à bouche & pas des orbes bordés de rouge & de blanc, & de plus orné d'une petite bande longitudinale blanche vers le milieu du premier orbe.

896   Un autre limaçon pareil au précédent, excepté que la bande longitudinale eft plus près de la bouche.

897   Un limaçon rare, fauve, à bouche & pas des orbes bordés de brun, & orné dans le milieu du corps d'une petite zône blanche bordée de brun.

898   Deux limaçons blancs, à bouche prefqu'ovale, à robe blanche, à umbilic large & profond, nommé œil de bœuf, & un limaçon rare, à bouche ovale, à zônes alternatives maron & blanches, à tête élevée.   *Planc. 63, lett. I.*

899   Un grand limaçon rare, à bouche ovale, à zônes alternatives marron & blanches, nuées de bleu, à fix orbes peu élevés, dont le premier eft très-bombé, à large & profond umbilic.   *Planch. 63, lett. I 1.*

900   Un *idem*, dont les bandes font tabac d'Efpagne.

901   Un *idem*, à levres bordées d'orangé.

902   Un limaçon rare, à fpirales roulées l'une fur l'autre,

comme dans les plan-orbes , à un côté plus concave & umbiliqué, nommé cornet de Saint-Hubert ,
rayé par zônes de blanc & de brun ; un limaçon
blanc , à large umbilic , à pas des orbes arrondis ,
à clavicule élevée & fauve , à bouche ronde retrouffée en bourrelet.

Planc. 63 ,
lett. P 3.

903 Un limaçon rare , blanc , à petite bouche demi-
ronde , s'ouvrant du côté où eft placée la fpirale ,
à levre extérieure retrouffée armée de quatre dents ,
& de deux feulement dans l'intérieure , de formes
convexe des deux côtés & à fpirale marquée d'un
fimple fillon orangé très-étroit , nommé la vraie
lampe antique.

Planc. 63 ,
lett. F 10.

904 Une autre lampe antique. Cette coquille eft de
la plus grande rareté , ainfi que la précédente.

905 Un limaçon rare , umbiliqué , de forme large , un
peu applatie , à robe fauve-clair ornée par zônes
de chevrons cannelles & rouges-brun , & à bouche
en demi-ovale , dont les levres font légérement
retrouffées.

Planc. 63 ,
lett. G 3.

906 Un autre limaçon rare , fauve-roux , de forme applatie , à fix orbes un peu renflés , dont le plus
bas eft marqué dans fon milieu d'un pli en vive
arrête , à bafe dont le centre eft umbiliqué , &
à bouche dont les deux levres retrouffées & finueufes
imitent affez les anfractuofités de l'oreille , & finiffent par une efpece de gouttiere qui fe jette dans
l'umbilic ; efpece nommée le labyrinthe.

Planc. 63 ,
lett. F 2.

907 *Idem.* Ces deux coquilles font de la plus exceffive
rareté.

908 Un limaçon rare , de l'efpece des lampes antiques ,
à bouche très-contournée en forme d'oreille , à
levre intérieure garnie d'une groffe dent , & extérieure de quatre petites.

Planc. 63 ,
lett. F 6.

909 Deux limaçons du Mexique de l'efpece des lampes
antiques qui rampent fur le cedre , à bouche
demi-ovale , à zônes alternatives blanches & brunes , à fix orbes un peu élevés , dont le plus bas

Planc. 63,
lett. F 12.

forme dans son milieu un pli en vive arrête &
à levres en bourrelet recouvrant en partie l'umbilic.

910 Un limaçon très-rare à bouche demi - ovale , à
zônes maron sur un fond blanc , à six orbes un
peu renflés , à levres saillantes en dehors & recouvrant l'umbilic , à bouche placée de droite à
gauche formant ansi l'unique.

911 Deux limaçons , l'un blanc , l'autre fauve-brun ,
remarquables par un enfoncement transversal au
Planc. 64,
lett. C 5. milieu du premier orbe laissant un pli intérieur ,
& à bouche garnie d'une grosse dent.

912 Deux gros limaçons d'Amérique , à bouche demi-
ovale , savoir : un blanc de forme bombée , à levre
Planc. 64,
lett. C 2, C 3. extérieure retroussée , nommé l'oignon blanc , &
un autre blanc fascié de fauve.

913 Six lampes antiques , à six orbes applatis , dont
le premier à le milieu plié en vive arrête , dont
une blanche rare , à tête plus applatie , à umbilic
large & profond , à côtes tranchantes plus près
de la clavicule , & à bouche retroussée garnie
de deux dents.

914 Quatre lampes antiques , rares & bien choisies ,
dont une à bouche couleur de rose , à umbilic de
même couleur , à robe garnie d'une large bande
brune , sur un fond fauve , le premier orbe formant un pli très - bombé près de la levre ; une
autre fasciée de gris sur un fond brun , à zônes
jaunâtres , à levres retroussées & formant un ovale
parfait ; une à zônes brunes sur un fond blanc ,
à bouche sinueuse garnie de trois dents , umbiliquée , & dont le premier orbe a trois enfonce-
ments près de la levre ; une autre fauve-roux ,
à levre extérieure garnie seulement de deux dents.

915 Quatre petites lampes antiques à oreilles des especes ci-dessus décrites.

916 Un limaçon de la Chine à bouche demi-ovale , à
cinq orbes un peu renflés & légérement umbili-

qués, à robe violette, ornée dans le milieu du corps d'une zône blanche se prolongeant jusqu'à la clavicule.

917 Un autre limaçon de la Chine de l'espece des précédents, à zônes brunes sur un fond blanc, & d'un grand volume.

818 Un autre à bandes brunes & blanches sur un fond blanc nué de violet, & deux petits limaçons très-bombés couleur de rose, à levre blanche.

919 Un très-grand limaçon à bande brune sur un fond gris-blanc, à umbilic large & profond, à bouche retroussée couleur de chair, de l'espece décrite au n°. 899.

920 Un grand limaçon umbiliqué à bouche demi-ronde, à premier orbe très-renflé, fascié de bandes brunes sur un fond blanc nué de bleu, nommé le cordon-bleu.

921 Cinq coquilles terrestres, dont trois cordons-bleus.

922 Un limaçon à clavicule élevée, à large umbilic, à bouche ronde retroussée en bourrelet fort épais, à zône brune sur un fond blanc, & deux autres à clavicule applatie, à bouche retroussée en bourrelet, ayant la forme d'une oreille.

923 Un limaçon gris à clavicule élevée, à bouche ronde, à large umbilic, à chaque orbe garni de trois cordons saillants en vive arrête ; un autre limaçon à tête applatie, à orbes renflés, fasciés de brun sur un fond blanc par zônes, à bouche brune & polie.

924 Deux limaçons pareils aux précédents.

925 Trois limaçons à zône brune sur un fond blanc, à bouche noire, demi-ovale & alongée.

926 Huit petits limaçons terrestres diversement fasciés & colorés, dont un couleur de rose, un à bouche triangulaire ; un fauve transparent à bouche très-évasée, bordée de blanc.

927 Vingt-quatre petites boîtes contenant des lima-

çons de jardins , prés , bruyeres & forêts de l'Europe & de l'Amérique , de diverses especes , couleurs , formes & grandeurs , jufqu'à la derniere
petiteffe ; on y trouve les efpeces nommées la livrée , la luifante , &c.

928 Un limaçon-fabot , à bouche demi - ovale , orné
fur tous les orbes de zônes alternatives , blanches ,
jonquilles & rouges - brun , à levres relevées en
tranchant.

929 Vingt-quatre buccins , favoir : un rare , à bouche
ronde & petite , ornée de zônes maron fur un fond
jaune-pâle , à fix orbes renflés féparés par des
pas profonds , de forme effilée , approchante de
celle des vis , & à clavicule émouffée ; un autre
peu commun , à bouche ronde affez large , lie-
de-vin-foncé , à robe très-finement réticulée &
umbiliquée ; douze petits , couleur de chair-vif ,
& du refte femblables au précédent ; neuf autres
de même efpece , des environs de Geneve , blancs-
grisâtres , dont cinq avec leurs opercules , & une
petite unique ou bouche à gauche , blanche , ornée
de deux zônes cannelles fur le premier orbe , &
de flammes longitudinales de même couleur fur
les fuivants.

930 Une oreille de Midas de forme très-alongée , à
coque mince , couleur de noifette-foncée , à bouche
tranchante échancrée par en haut.

931 Une petite oreille de Midas très - rare , brune ,
liffe , polie naturellement , à ftries fines longitudinales , interrompues fur tous les orbes de plis
auffi longitudinaux blancs , formant vers le bas
du premier orbe des tubercules peu faillants , à
bouche échancrée bordée de blanc.

932 Un buccin de couleur jonquille , dont les orbes
renflés vont de droite à ganche , ce qui l'a fait
nommer l'unique.

933 Deux limaçons buccins de la nouvelle Zélande ,
panachés de zigzags lilas fur un fond rouge nué

de bleu, à nacre de l'intérieur tirant fur le verd;
efpece nommée la *cantharide*; tous deux font dépouillés & font devenus par-là d'une belle nacre
verte.

934 Un buccin des montagnes d'Amboine, marron
bariolé de blanc, à dix orbes fe recouvrant l'un
l'autre, & reffemblant pour la forme à une groffe
chryfalide un peu comprimée, à bouche demi-
ovale très-étroite, armée de fept dents & umbi- Planc. 65,
liquée; efpece nommée gueule de loup; & un lett. D 1.
petit buccin papyracé, flambé par zônes longi- Planc. 65,
tudinales brunes fur un fond blanc. lett. M 4.

935 Un buccin auffi papyracé, à lignes longitudinales Planc. 65,
brunes fur un fond gris, à bandelettes circulaires lett. G 1, 2,
formées de lignes brunes interrompues de points 3, &c.
blancs; un buccin ruban cerclé dans toute fa robe de
bandes inégales en longueur, noires, orangées,
bleues, brunes & jonquilles fur un fond blanc,
trois autres à tête couleur de rofe, également cer-
clés de zônes inégales brunes, jonquilles & verdâtres fur un fond blanc.

936 Deux buccins dont un unique, & par cette Planc. 65,
raifon de la plus grande rareté. lett. G 1, G 4.

937 Un buccin revêtu de fon épiderme, à rayes longitudinales onduleufes, alternativement blanches
& rouge-brun; efpece nommée le zebre, ou l'âne
rayé; celle-ci eft d'un beau volume, & porte cinq *Ibidem*, lett.
pouces de long. M 3.

938 Deux buccins nommés fauffes oreilles de Midas,
fauve-clair, à bouche couleur de rofe, & un buccin
à orbes renflés, flambé de blanc & de rouge-brun, *Ibidem*. lett.
nommé la *perdrix rouge*. I 1.

939 Un zebre de même couleur & volume que celui
décrit n₀ 936.

940 Une perdrix rouge à tête couleur de rofe.

941 Une petite perdrix rouge à tête couleur de rofe, Planc. 65,
très-vive en couleur. lett. M 5.

942 *Idem*.

943 Un buccin de la forme des précédents, ftrié longitudinalement, fauve, nué de bleu, à bouche
couleur de rofe nuée de violet.

944 Un buccin de l'efpece précédente, mais dépoiullé
de fon épiderme, poli, & devenu par-là d'une couleur de rofe vif.

945 *Idem.*

946 Un grand buccin perdrix.

947 Une coquille faite en boîte à huit pans, fond blanc,
gravée de relief, d'un travail exquis, repréfentant fur le couvercle Mars & Vénus dans un char,
fur le devant duquel eft affis un petit amour; le
char eft traîné par deux cygnes & conduit par
Pan. Les deux plus larges des bâtes repréfentent,
l'une une Vénus couchée tenant un oifeau, l'autre
une Diane tenant un arc; le deffous & les quatre
autres bâtes repréfentent des fruits & des fleurs.
Des deux dernieres bâtes, l'une repréfente Mercure affis, tenant le caducée, & l'autre Jupiter
& Léda.

948 Deux coquilles tuilées en plaques contournées &
fculptées, repréfentant des payfages, dont l'un
eft orné de trois figures; une petite camée fur
coquille repréfentant un *Hercule*, & trois autres
camées auffi fur coquilles, repréfentant des buftes.

ZOOPHITES.

PREMIERE FAMILLE.

ÉTOILES DE MER.

GENRE PREMIER.

ÉTOILES A RAYONS FENDUS.

N°. 1 UNe étoile à cinq rayons de sept pouces & demi de long chacun ; le tranchant du pourtour de toute l'étoile est hérissé de longues pointes couchées dans son plan, à distances égales les unes des autres, ce qui l'a fait nommer *Pectinée.*   Link, tabl. 5, 6, n°. 6.

2 Deux étoiles pectinées de la plus belle conserva- tion.

3 Une étoile pectinée & une autre, des Indes, de moyenne grandeur, couvertes en dedans de pus- tules granuleuses, nommée étoile à grains de petite- vérole, & deux autres, dans le milieu desquelles on distingue une seconde étoile, nommée étoile étoilée.   Link, tabl. 8, no. 10. *Ibidem*, tab. 8, n°. 11.

4 Trois étoiles, l'une rare, à six rayons, à fentes très-larges, à surface épineuse ; une à cinq rayons renflés vers leur centre, & une aussi à cinq rayons garnis chacun de tubercules épineux.   Link, tabl. 9, n°. 16.

5 Trois étoiles à tubercules coniques, savoir : une à quatre rayons ; une à cinq, dont un plus court que les autres ; une autre à cinq, dont deux fort longs placés sur la même ligne, & trois forts courts, dont deux d'un côté & un de l'autre.

6 Une grande étoile des Indes, à cinq rayons py- ramidaux, de forme renflée & très - élevée en

deſſus, un peu concave en deſſous, ornée d'un réſeau à mailles triangulaires, ſur chaque jointure deſquelles s'éleve un denticule conique, & bordé dans ſon pourtour de gros mamelons armés chacun d'un denticule ſemblable ; on nomme cette eſpece le gros pâté réticulé.

Link, tabl. 2, 3, nº. 3.

7 Un autre pâté réticulé d'Amérique, différent de l'eſpece précédente en ce qu'il eſt moins convexe en deſſus, plat en deſſous, & que les denticules du réſeau y ſont plus nombreux & diſpoſés d'une maniere moins réguliere.

Link, tabl. 12, nº. 21.

8 Un pâté réticulé peu commun, mais un peu dégradé, à ſommet pentagone, dont chaque angle eſt terminé par un gros tubercule, ce qui a fait donner à cette eſpece le nom de fort pentagone, & deux autres pâtés réticulés.

9 Deux pâtés réticulés, dont un à cinq rayons, l'autre à ſix, & un autre non-épineux, à bords garnis de gros tubercules quarrés.

Link, tabl. 23, nº 37.

10 Quatre étoiles coriacées digitées miliaires, dont une à quatre rayons, une à cinq, une à ſix & une à douze.

Link, tabl. 17, nº 28.

11 Cinq autres, dont une à quatre rayons, une à cinq, une à ſix, une à ſept & une à douze.

12 Trois étoiles à ſix rayons, dont une à gros rayons arrondis, toutes hériſſées de petites pointes cylindriques, nommée étoile velue ; une épineuſe & une blauche.

13 Une étoile de mer très-rare, à dix-ſept rayons couverts de longues aiguilles noires.

14 Quatre étoiles épineuſes, dont une jonquille & aurore, à treize rayons; une à huit, dont quatre longs placés du méme côté; quatre plus courts, placés de l'autre ; un à ſept, dont trois longs placés d'un côté & quatre plus courts de l'autre, & une à cinq rayons.

15 Quatre étoiles épineuſes, dont une blanche à ſix rayons; une à ſept, dont trois plus petits placés

d'un

d'un même côté ; une à onze, dont fix très-petits placés du même côté, & une à douze.

'16 Cinq étoiles, dont une à cinq branches ; la plus longue fe bifurque vers fon extrêmité ; une à fix rayons, dont quatre petits du même côté ; une autre à fix rayons, dont deux petits ; une autre blanche à fix rayons égaux , & une à treize rayons.

17 Cinq étoiles, dont une à cinq rayons, un defquels fe bifurque à fon extrêmité ; une autre miliaire à cinq rayons ; une à fix ; une épineufe à fept, & une coriacée à treize rayons.

18 Trois étoiles épineufes, dont deux à fix rayons ; une à cinq & une à neuf coriacée miliaire.

Link, tabl. *15, 16, no. 26.*

19 Sept étoiles, dont une à quatre rayons, trois à cinq rayons ; deux étoiles étoilécs à cinq rayons & une étoile épineufe auffi à cinq rayons.

20 Huit étoiles, dont une granuleufe , à fente très-peu fenfible , à cinq rayons ; deux autres miliaires à cinq rayons, dont un très-court ; une coriacée à fix rayons ; une épineufe à cinq ; deux épineufes à fix rayons diverfement contournés , & une à fept.

21 Deux grandes étoiles à longs rayons, garnis de petits cylindres applatis à leurs extrémités , à fente de rayons très-peu fenfible ; deux étoiles miliaires à fix rayons & un à cinq rayons , dont un fe partage en deux.

22 Dix étoiles, dont une étoilée à cinq rayons ; deux coriacées à cinq rayons ; quatre miliaires à cinq rayons ; deux épineufes à fix rayons & une à fept.

23 Douze petites étoiles, dont une applatie, à rayons courts , de l'efpece appellée patte d'oie ; deux étoiles étoilées à cinq rayons, dont une blanche, & neuf coriacées à cinq rayons.

Link, tabl. *3 , no 20.*

24 Une étoile étoilée rare, ayant au centre un tubercule arrondi faillant ; une étoile coriacée à fix rayons ; deux à cinq ; deux en patte d'oie de

l'efpece décrite au n °. précédent , à fix rayons ;
deux à quatre rayons difpofés de maniere que la
place du cinquieme eft fimplement indiquée &
refte vuide ; une à quatre rayons en croix , &
vingt-une de la même efpece à cinq rayons.

25 Un rare & beau tournefol à trente-fix rayons en
forme de doigts ferrés les uns contre les autres ,
jufqu'à 15 lignes environ de diftance de la circonférence , à corps rond & élevé , hériffé de
petites houppes cylindriques & blanchâtres qui fe
partagent en trois rangs longitudinaux fur chacun
des rayons ; ce morceau curieux eft fous un globe
de verre.

GENRE SECOND.

ÉTOILES A RAYONS ENTIERS.

26 TROIS grandes étoiles vermiformes à cinq
rayons , à queue de lézard , ainfi nommées à caufe
de la reffemblance de leurs rayons à la queue
de cet animal ; ces rayons arrondis en deffus , plats
en deffous , font compofés de vertebres articulées
enfemble, comme par nœuds , & fortent d'un corps
lenticulaire applati , très-remarquable en ce qu'il
eft chargé d'efpece de petites écailles , dont celles
qui fe trouvent placées deux à deux , à la naiffance de chaque rayon , imitent parfaitement les
ailes d'une mouche qui auroit la tête tournée vers
le centre de l'étoile.

27 Quatre étoiles vermiformes , à queue de lézard ;
une autre petite , à corps plus arrondi & jaunâtre ; une de l'Ifle de France , noirâtre , à corps
rond granuleux , d'où partent des rayons écailleux
comme ceux des précédentes , mais différents en

ce qu'ils font chargés de quatre rangées longitudinales de pointes longues plus ou moins fines ; efpece nommée fcolopendroïde granuleufe, & une autre fcolopendroïde rare, à rayons chargés de piquants blancs, fins, tranfparents & granuleux, forés dans toute leur longueur.

28 Un rayon d'étoile arborefcente, connue fous le nom de palmier marin, portant environ dix-fept pouces de haut & renfermé dans une cafe de verre ; ce morceau unique dans fon efpece, eft extrêmement précieux par le jour qu'il a répandu fur l'origine des aftéries, des encrinites & des entroques ; il a paffé du cabinet de M. de Boisjourdain, dans celui de M. Davila qui l'avoit reçu de la Martinique, où il avoit été porté par un officier qui venoit des Indes, & qui ignoroit dans quelle mer cet animal avoit été péché ; & lors de la vente du cabinet de M. Davila, il eft paffé dans celui-ci.

Quoiqu'il en foit, on peut dire qu'il fait époque dans l'Hiftoire Naturelle, depuis le favant & curieux mémoire que M. Guettard a donné à fon fujet. Comme on ne peut rien ajouter à l'exacte defcription qu'en a donné cet habile naturalifte, nous y renvoyons le lecteur.

29 Une très-belle tête de médufe de la nouvelle Efpagne ; l'origine de chacun des cinq gros rayons eft chargée en deffus de cinq groffes côtes longitudinales épineufes ; l'extrêmité des cinq rayons ou troncs eft percée latéralement de deux trous à l'endroit où fe fait la premiere divifion en deux groffes branches qui fe fubdivifent bientôt elles-mêmes en deux autres, & en un grand nombre de ramifications, nommée aftrophite ou médufe à côtes.

Link. tab. 18, 19 n°. 29, 30, 31.

30 Une tête de médufe très-rare, à corps très-renflé, garni de dix côtes tuberculeufes, à rayons & ramifications par zônes de brun fur un fond fauve,

nommée méduse à écusson ; elle est de la plus belle conservation & du plus beau volume.

31 Une belle tête de méduse jaune-pâle, le corps garni, à la naissance de chaque branche, d'une côte longitudinale garnie de longues épines ; les rameaux très-touffus ont sur leur côté, un rang de petites épines ; elle est dans une cage de verre.

32 Une tête de méduse à côtes.

33 Une tête de méduse à écusson.

34 Une tête de méduse grise, à tubercules du corps sans épines, & fines ramifications.

35 Deux têtes de méduse à écussons.

36 Une autre tête de méduse à branches très-nombreuses & très-déliées.

37 Deux autres.

38 Deux autres.

39 Deux autres petites, dont une grise & une jaune.

SECONDE FAMILLE.

MOLLUSQUES.

40 Deux plumes marines ou verges ailées.

41 Une seche ou colmar.

42 Un poumon marin adhérent à des huîtres feuilletées.

43 Une grande seche.

44 Une seche ou polype du nautile, & une oreille de mer avec son poisson.

45 Une anémone de mer, espece d'holoturie.

46 Une squille, un amas de vermiculaires, & une holoturie nommée verge marine.

47 Une holoturie nommée verge marine, un lépas, un buccin, & autres coquilles avec leur poisson.

48 Un bocal contenant pholades, lépas, moule, limaçon & autres coquilles avec leurs poisson.

49 Deux conques anatiféres & leur poiſſon.

Tous les animaux décrits ſous les n°s. 41 & ſuivans, juſques & compris le 49, ſont renfermés dans des flacons, & conſervés dans des liqueurs ſpiritueuſes.

CRUSTACÉES.

GENRE PREMIER.

CRUSTACÉES A CORPS ALLONGÉ.

50. UNE grande langouſte des Indes parfaitement conſervée.

51 Une grande ſquille large ou cancre-ours; & une autre ſquille à pattes découpées en vive arrête.

52 Un autre cancre-ours; une petite chevrette blanche conſervée dans une liqueur ſpiritueuſe, & deux autres entre deux verres.

53 Un très - grand homard agréablement panaché de bleu ſur un fond jonquille; deux pieds & demi de long non compris les antennes.

54 Un autre homard un peu moins grand que le précédent.

GENRE SECOND.

CRUSTACÉES A CORPS LARGE ET ÉVASÉ.

55 UN très-beau crabe de couleur rouge, très-bien conſervé, à pinces noires.

56 Un autre auſſi parfaitement conſervé, à pinces noires, à jambes velues.

57 Huit crabes, dont deux hériffés de petits poils,
& à pinces couleur de rofe, nommés le crabe
velu, un filloné & autres.

58 Un crabe de la Chine, à firies granuleufes, rare,
& trois autres; tous dans des coffrets garnis de
leurs verres.

GENRE TROISIEME.

CRUSTACÉES A CORPS ARRONDIS.

59 Un cancre des moluques de beau volume, onze
pouces de large.

60 Un petit crabe des moluques, rare pour fa petiteffe, très-bien confervé de deux pouces & demi
de large, trois cancres fquinades parfaitement confervés dans des coffrets à deux verres, & remarquables par les tubercules & les pattes qui font
hériffés, & deux fquilles dans le même coffret.

61 Deux cancres fquinades très-bien confervés, dont
un du plus grand volume.

62 Un crabe des moluques, cinq fquinades peu confervés, & un crabe épineux.

POISSONS.

63 Un chien de mer de 5 pieds de long.

64 Un poiffon armé ou porc-épic de mer.

65 Un porc-épic de mer, dont le corps eft rond comme
un ballon.

66 Un autre de forme ovoïde.

67 *Idem.*

68 Un chien de mer à peau très-fine & très-bien
conſervé, de 3 pieds de long.

69 Un grand poiſſon volant.

70 Une zigéne ou poiſſon marteau.

71 Une rouſſette.

72 Un porc marin.

73 Une défenſe de narwal de près de ſept pieds
de haut.

74 Un membre de baleine de près de 6 pieds de
longueur.

75 Une vertebre de baleine & deux autres os très-
grands, trouvés auprès de Châlons-ſur-Saone.

76 Quatre nageoires de baleine.

77 Une défenſe du poiſſon-ſcie de grand volume ; elle
porte 4 pieds de long ſur 13 pouces de large.

78 Une autre défenſe de poiſſon-ſcie, moins grande.

79 *Idem.*

80 *Idem.*

81 Une tête & ſa défenſe du poiſſon nommé l'eſpadon.

82 Une défenſe d'eſpadon.

83 *Idem.*

84 *Idem.*

85 Une forte mâchoire de requin armée de ſes dents.

86 Un petit eſturgeon de 16 pouces de long, parfaitement conſervé.

87 Un oſſelet de poiſſon très-ſingulier, imitant le
bec d'un oiſeau, une petite défenſe de narwal,
rare pour ſa petiteſſe, 7 pouces de long.

88 Quatre petites défenſes de poiſſon, dont une ſcie
& trois eſpadons.

89 Cinq petits poiſſons, dont trois coffres & un
poiſſon armé.

90 Onze petits poiſſons, dont celui nommé la lyre,
un poiſſon volant, deux coffres, trois petits chevaux marins & autres, plus ſix ovaires de rayes.

91 Sept mâchoires de différens poiſſons & autres
oſſemens.

92 Un poiſſon nommé l'aiguille.

NOTA. Tous les poiſſons depuis le n°. 92 juſques & compris le n°. 98 , ſont renfermés dans des flacons , & conſervés dans une liqueur ſpiritueuſe.

93 Deux poiſſons nommés grenouille.

94 Un poiſſon lyre.

95 Un petit requin.

96 *Idem*.

97 Un petit cheval marin & un crabe velu.

98 Trois flacons ſcellés hermétiquement à la lampe de l'émailleur , contenant trois petits poiſſons volants , & trois petits crabes, dont deux rares.

99 Un oſſement très-rare & très-délicat , qui paroît provenir de la tête de quelque poiſſon , & qui repréſente parfaitement une cotte d'armes.

A M P H I B I E S.

100 Une belle vipere tenant dans ſa gueule un taupe-grillon.

Cet objet ainſi que les ſuivans , juſques & compris le n°. 106 , ſont dans une liqueur ſpiritueuſe.

101 Un ſerpent très-rare ayant une poche près de la tête , ſur laquelle on apperçoit une double lunette , nommé le ſerpent à lunettes.

102 Un ſerpent fouet.

103 Un ſerpent à zônes noires & griſes.

104 Un ſerpent marbré de noir & de gris , & une mante nommée cheval des bois.

105 Un ſerpent marbré de noir & de blanc , ayant des lozanges noires ſur le dos.

106 Huit ſerpents variés de différentes couleurs , dont un bleu de l'eſpece des ſerpens fouet, & un ver aquatique de la groſſeur d'un crin , trouvé dans la ſource du Giers ſur le haut de Pila.

107 Un lézard volant, parfaitement confervé; fes ailes couvertes, ainfi que le corps, de petites écailles marbrées de taches brunes noires & blanches, font dans la pofition où il les met pour voler; il a fous le col une poche cartilagineufe de médiocre grandeur; on le nomme auffi dragon ailé, & une queue de ferpent fonnette.

108 Une vertebre de ferpent flexible fur fes cartilages, ayant près de 4 pieds.

109 Un petit crocodile de 2 pieds & demi de long.

110 un autre de 3 pieds.

111 Deux falamandres noires tachées de jaune.

112 Un cameleon à tête applatie, & fe terminant par deux crêtes faillantes & tuberculeufes, efpece rare.

113 Un lézard nommé fcine.

114 Un gros cameleon.

115 Un lézard verd tacheté de blanc.

116 Un lézard gris tacheté de noir.

117 Un autre verdâtre piqueté de blanc.

118 Sept lézards, dont deux falamandres, un petit crocodile & un cameleon, tous trois dans des bocaux, & confervés dans une liqueur fpiritueufe.

119 Une carapace de tortue carret; c'eft celle dont on tire l'écaille, 20 pouces de long.

120 Une tortue caouanne bien confervée, & fes deux écailles.

121 *Ibidem.*

122 Un petit lézard, & 14 carapaces de tortue.

I N S E C T E S.

123 VINGT-UN coffrets à deux verres contenans trente-fix efpeces de fcarabées, dont la mouche taureau de Cayenne, le mimas de Cayenne, le foulon, l'écailleux violet, le moine, &c.

124 Douze coffrets vitrés contenant vingt-une efpeces de capricornes, dont celui à bandes orangées de Cayenne, le piéton, le charpentier, le cordonnier, le mufqué, &c.

125 Six coffrets contenans le dermefte foffoyeur, le bouclier tortue, le dermefte d'Allemagne, le cerambix à bandes noires, la lepture variable & la lepture bélier.

126 Quatre coffrets de richards, dont deux bleus, verds & dorés, & le géant.

127 Sept coffrets contenans 24 efpeces de crhyfomèles, des plus belles couleurs, dont deux de Cayenne.

128 Dix coffrets contenant vingt-fept efpeces de charenfons.

129 Sept coffrets contenans des coccinelles.

130 Trois coffrets de bupreftes, un de cantharides, & un de ténébrio.

131 Deux coffrets de bupreftes de géoffroy, deux de taupins.

132 Dix coffrets contenant des diftiques, des hydrophiles, des ftaphyllins, des necydalins & des bruches.

133 Quatorze coffrets contenant fauterelles, mantes, taupes-grillons, fauterelles à fabre, grillon, dont une grande fauterelle d'Afrique.

134 Quatre coffrets, dont le grand capricorne noir; le capricorne rouge à bandes noires, le méloë de la chicorée-fauvage, deux cicindelles à cocardes.

135 Treize coffrets contenant dix-neuf variétés de punaife, dont celle mafquée, la fiamoife, &c.

136 Dix coffrets de cigales, dont la grande, la petite du Languedoc, le grand & le petit diable.

137 Quatre infectes aquatiques, dont la corize, la punaife à aviron & deux fcorpions aquatiques.

138 Le porte-lanterne de furinam, décrit par M.lle Merian.

139 Treize coffrets de Demoifelles.

140 Sept coffrets de fourmillons de raphidia-mantifpa.

141 Six coffrets d'abeilles.

142 Douze coffrets de mouches ichneumons , guêpes & guêpes dorées.

143 Cinq coffrets contenant mouches à fcies, uroceres, & la mouche à groffes cuiffes , décrite par M. Allioni.

144 Quinze coffrets de mouches ordinaires à deux ailes.

145 Dix coffrets contenant des tipules , des aziles, des taons.

146 Sept coffrets contenant des araignées, la fcolopendre & le fcorpion du Languedoc.

147 Douze coffrets contenant douze efpece de papillons de jour , tels que l'apollon, le fenouil , le tabac d'Efpagne , le grand nacré , le morio , la proferpine , le flambé , la bacchante , &c.

148 Dix autres de jour , dont le vulcain, le mars, l'io , le fidia du Languedoc , la grande tortue , le fémélé , le nacré.

149 Dix-huit autres de jour , dont la petite tortue, Robert-le-Diable , le citron , la grande tortue , la variété du fouci , &c.

150 Huit autres de jour , dont le chou , le demi-deuil , le janira, le petit du chou.

151 Quatorze coffrets contenant autant d'efpece de fphinx , dont la tête de mort , le thitimale , le demi argus , le troëne , l'euphorbe , la turquoife , la filipendule , &c.

152 Treize coffrets, contenant des phalenes à antennes en plumes , dont le grand & le moyen paon , la feuille-feche , le bucéphale , le zigzag , l'yvrogne , la minime à bandes.

153 Quatorze coffrets contenant des phalenes à antennes en plumes, dont le bois veiné , la queue fourchue , l'écaille rofe , &c.

154 Treize coffrets contenant des phalenes à antennes en fil, dont le batis , le chryfitis , le carmin , &c.

155 Vingt-cinq coffrets de phalenes à antennes filiformes, dont le circonflexe , la fuligineufe , le flot , le gamma , &c.

156 Treize coffrets contenant des phalenes à antennes
en filets & ailes étendues, dont le grofeiller, la
foufrée, l'agate jafpée, &c.

157 Quinze coffrets contenant des phalenes du genre
précédent, dont l'anguleufe, la faulx, le dolabraria,
la petite grifaille, &c.

158 Vingt-fix coffrets contenans des phalenes du
genre précédent, dont la panthere, la cordeliere,
les barreaux, &c.

159 Vingt coffrets de teignes ptérophores, dont la
reaumur, l'arléquinette, la grande chappe à
bandes, la petite chappe, &c.

160 Dix-huit coffrets de papillons de jour & phalenes,
dont l'Apollon, Robert-le-Diable, le fouci & fes
variétés, la belle dame, la phalene du bouleau,
le grand paon, & le phinx du caille-lait.

161 Quatorze coffrets de fcarabés, fauterelles &
autres, dont le mimas, le criquet à ailes rouges,
& celui à ailes bleues, le foulon, un fcorpion
aquatique, &c.

162 Un page à taches vertes dorées fur les ailes
fupérieures, pourpres dorées fur celles inférieures.

163 Le papillon bleu de la riviere des amazones.

164 Un papillon d'Amérique à écharpe bleu fur un
fond rembruni ; deux phalenes, dont une à croif-
fans vitrés, l'autre à trous circulaires vitrés.

165 Sept papillons de jour, dont le tigré & l'écharpe
de la Guadeloupe, le quinteraye de St. Domingue,
le pàris d'Afie, le polydamas d'Amérique, &c.

166 Quatre cadres fous verres à bordures dorées,
contenans des papillions & phalenes des Indes,
dont deux pages.

167 Vingt-huit cylindres fermés hermétiquement à la
lampe de l'émailleur, remplis de liqueur fpiritueufe, contenant des chenilles, dont quelques-
unes avec la cryfalide & le papillon, tel que la
chenille du tithimale, celle du fenouil, la chenille
du gazé, la chenille de la minime, celle de la
petite tortue, &c.

168 Douze autres cylindres contenant le ver folitaire
de l'homme, celui du chien, un avec un ver fili-
forme pareil à celui du n°. 106, des œufs de
ferpens, &c.

169 Douze autres contenant tous les changemens du
ver qui donne le fcarabée hermite, des araignées,
lézards, &c.

170 Dix-fept autres, dont la fcolopendre terreftre,
la tarentule, des mouches, des vers & autres
infeêtes.

171 Un flacon contenant un infeête rare d'un volume
prodigieux, nommé Jules de St. Domingue; il a
8 pouces & demi de long, fur 1 pouce & demi
de diametre.

172 Quatre flacons contenant des vers palmiftes,
deux millepieds, & une grande fauterelle des bois.

173 Trois flacons contenant des limaces avec accidens.

174 Six flacons contenant une très-groffe chryfalide
d'un fphinx exotique, finguliere par une trompe
recourbée, la chenille du cotonnier & la mouche
végétante, où la dépouille d'une cigale.

175 Deux guêpiers de Cayenne, dont un ouvert pour
laiffer voir l'intérieur, & un nid de mouches de
fuftance cotoneufe.

QUADRUPEDES.

176 UN bocal contenant un lapin, dont la queue
forme une patte à fept griffes, & un chat à
deux têtes.

177 Un œuf de cayman avec le fœtus, fous une cloche
de verre.

178 Un petit tatou dans l'efprit-de-vin.

179 *Idem*, bien conférvé.

180 *Idem*, très-petit, auffi très-bien confervé.

181 Une dent molaire d'éléphant, & deux exoſtoſes
ſinguliers.

182 Une corne de rhinoceros recourbée en arriere,
de couleur brune.

183 Une autrè plus courte.

184 Une autre corne de rhinoceros, rare en ce qu'elle
eſt double, l'antérieure haute de 14 pouces, &
latéralement comprimée à meſure qu'elle s'éleve;
la ſeconde n'a que 8 pouces de hauteur, ſa forme
eſt conique, auſſi comprimée par les côtés, ce
qui lui donne la figure d'un coin; ces deux cornes
preſque contigues par la baſe adhérent enſemble
à une portion de la peau.

185 Deux autres cornes de rhinoceros détachées.

186 Une paire de cornes de gazelle.

187 Trois défenſes en ivoire, dont deux d'éléphant,
& une de vache marine.

188 Un ſquelette de la tête du ſanglier des moluques,
nommé baby-roëſa ou baby-rouſſe.

189 Un chevrotain des Indes, dont les jambes ſont de
la groſſeur d'une plume à écrire, deux makis,
un ſinge verd, & un hériſſon, tout empaillés.

190 Un pangolin ou diable de Java, de trois pieds de
longueur.

L' H O M M E.

191 Une main de momie & pluſieurs bandelettes
du linge qui ſervoit à les envelopper, renfermées
dans des boîtes de verre.

BEZOARDS.

192 UNE suite intéressante de bezoards , tant
humains que de diférens animaux , dont des pierres
murales , des bezoards orientaux des égagropyles
au nombre de plus de cent vingt.

OISEAUX.

193 DEUX œufs d'autruche garni en canne.
194 Trois œufs d'autru che.
195 Un grand flamant.
196 Une cage de verre, contenant cinq canards ,
dont le canard sauvage , le canard à bec recourbé ,
le canard nommé la dorne , &c.
197 Une autre cage contenant cinq canards à longue
queue , mâle & femelle , un nommé chipaut , &c.
198 Une cage contenant trois oiseaux , savoir : la
piette mâle , le bec en cizeau , & le petit morillon.
199 Une cage de quatre oiseaux , savoir : deux mouëttes
cendrées , la moëtte rayeuse le grebe.
200 Une cage de trois oiseaux , dont une petite moëtte
grise ; un pingouin , &c.
201 Une cage de quatre oiseaux , dont le soucher
femelle , la poule-d'eau , deux foulques morelies.
202 Une cage de six oiseaux , savoir : le greve de
rivierre , le crabier d'Amérique , le vaneau , &c.
203 Une cage contenant cinq oiseaux , savoir : le
râle-d'eau , le harle huppé mâle , le chevalier
tacheté , le cormoran , &c.
204 Une cage de quatre oiseaux , savoir : la sarcelle

mâle, le petit harle huppé femelle, la sarcelle femelle, la sarcelle à tête rouge.

205 Une cage contenant dix oiseaux, savoir deux râles d'eau, l'hirondelle de mer, deux guignettes, deux petites becassines, l'alouette de mer, le petit râle-d'eau ou marouëtte, &c.

206 Une cage contenant sept oiseaux, dont le petit butor, un courli d'Europe, deux courlis rouge du Bréfil, le pluvier d'oré, l'avocette, le grand pluvier ou courli de terre.

207 Une cage de neuf oiseaux, savoir : la barge, deux bécassines, deux grandes barges grifes, une bécasse, la canne petiere, &c.

208 Une cage de cinq oiseaux, savoir : une corneille, une pie, le geai blanc huppé, le geai & un corbeau à dos gris.

209 Une cage de neuf oiseaux, savoir : le merle femelle, le merle à colier, le loriot femelle, le loriot mâle, l'étourneau femelle, l'étourneau mâle, le merle mâle, &c.

210 Une cage de douze oiseaux, savoir : la pie de Cayenne, le cotinga jeune, le piverd, le guepier de Madagafcar, la pie à tête rouge de Virginie, la petite pie de St. Domingue, le granpie varié femelle, le granpie noir varié, &c.

211 Une grande cage contenant sept oiseaux, savoir : le toucan verd de Cayenne, le toucan verd du Bréfil, le gros coffigne, le toucan à colier jaune de Cayenne, le toucan, le toucan à gorge blanche de Cayenne, &c.

212 Une cage de quatorze oiseaux, savoir : la petite linotte de vigne mâle, le hauffe-queue, la petite linotte de vigne femelle, la fauvette tachetée, la fauvette de haie ou pafe-bufe, le ferin mulet, le ferin des Canaries, un oifeau factice, le chardonneret, la grande linotte des vignes femelle, deux pinfons de montagne mâles, & deux femelles.

213 Une cage de feize oiseaux, savoir : le roitelet
huppé,

huppé, la fauvette grife, le roitelet, le roffignol mâle, la fringilla des prés, la gorge bleue, le traquet mâle, la fauvette babillarde, le martinet, la fauvette à tête noire femelle, &c.

214 Une cage de cinq oifeaux, colibris taugaras de Cayenne de St. Domingue & autres.

215 Une cage de quatre oifeaux, dont le martin-pécheur, le cardinal & autres.

216 Cinq oifeaux fous cage, dont le manaquin à tête blanche, une groffe moëtte à piqueture blanche, le manaquin à tête d'or & autres.

217 Une cage contenant quatre colibris, de couleurs variées.

218 Une cage de verre, contenant cinq oifeaux, dont le grimpereau bleu, à ailes jaunes, deux grimpereaux bleus, dans leur jeune âge, le grimpereau de muraille, &c.

219 Une cage de quatre oifeaux, favoir : le jacamar à longue queue, le jacamar, le barbu de Cayenne, le troupiale à vetre rouge.

220 Une cage de quatre oifeaux, dont le moineau de Madagafcar, deux gros becs, le cardinal du Cap-de-Bonne-Efpérance.

221 Une cage de cinq oifeaux, favoir : deux gros becs de Virginie, ou cardinal huppé, le cardinal pour-pré, le gros bec du Cap-de-Bonne-Efpérance.

222 Une cage de cinq oifeaux, favoir : le roffignol blanc, le cul blanc femelle, le cul blanc, ou vitré ou motau, &c.

223 Une cage de trois oifeaux, favoir : un proyer, une alouette des champs & une alouette.

224 Une cage de quatre oifeaux, roitelet, alouette & autres.

225 Une cage de quatre oifeaux, favoir : la veuve d'Affrique, le gros bec cendré de la Chine, deux bouvreuils, &c.

226 Une cage de cinq oifeaux, favoir : un moineau

l'ortolan , le moineau de montagne , le moineau femelle , le serin.

227 Une cage contenant quatre oiseaux , savoir : le verdier de la Louisiane , dit le pape , le bruant , le bruant des haies , le bruant des prés.

228 Une cage de trois oiseaux , savoir le . jaseur de la Caroline , deux martins pêcheurs.

229 Une cage de six oiseaux , savoir : le colibri à gorge d'or , le colibri femelle , l'oiseau mouche à gorge verte , l'oiseau mouche à gorge d'or rouge & tête pourprée.

230 Une cage contenant cinq oiseaux , le pitpit verd , le pitpit verd-prune , le pitpit verd du Brésil , le figuier de Cayenne.

231 Une cage de quatre oiseaux , savoir : un hobreau , l'épervier tacheté , l'émérillon , l'épervier.

232 Une cage de quatre pigeons variés.

233 Une cage de cinq oiseaux , dont la tourterelle , le pigeon bizet mâle , le pigeon domestique.

234 Une cage contenant cinq perroquets , dont le haras rouge , le katakoeha.

235 Deux faisans & un perroquet dans une cage de verre.

236 Une cage contenant cinq perroquets de couleurs différentes.

237 Une cage contenant six oiseaux , dont le coq de roche , des perdrix , caille , &c.

238 Une cage contenant le faisan doré de la Chine , le faisan argenté du même pays , & l'oiseau de paradis.

239 Une autre cage de quatre oiseaux , dont un faisan d'argent.

240 Dix-huit oiseaux , héron , poule , coq , duc , aigle , &c.

241 Quatre bocaux contenant des oiseaux , dont un à quatre pattes , un à deux têtes.

VÉGÉTAUX.

Nº. 1 Un flacon contenant un citron à trois lobes conſervé dans une liqueur ſpiritueuſe.

2 Une groſſe orange conſervée dans une liqueur ſpiritueuſe, & contenue dans une bouteille dont l'orifice n'a qu'un demi pouce de diametre.

3 Un fruit d'Acajon & ſa noix, conſervé dans une liqueur ſpiritueuſe, & renfermé dans une bouteille dont l'orifice eſt beaucoup plus étroit que le fruit qu'elle contient.

4 Un bocal contenant le lycoperdon ou la veſſe-de-loup, & deux racines de mandragores imitant une tête dont le chevelu forme la barbe ; elles ſont renfermées dans des boîtes de criſtal.

5 Un petit herbier de trente-huit plantes proprement ſechées & placées entre des feuilles de papier gris.

6 Un autre herbier de 185 plantes très-bien conſervées & ajuſtées avec beaucoup de ſoin ſur des cartons bordés de bleu, la plûpart à filets d'or, & recouvertes par des feuilles de papier collées ſur un côté du carton ; toutes étiquetées ſuivant les ſyſtêmes de Tournefort & de Linnæus, à l'exception de huit.

7 Un herbier très - conſidérable, rangé ſuivant le ſyſtême de Linnæus, en vingt-ſix cartons *in-folio*, contenant près de 5000 plantes, placées chacune entre deux feuillets de papier blanc. On peut aſſurer que cette ſuite eſt une des plus belles que l'on puiſſe raſſembler en plantes indigénes.

8 Un morceau de bois très-ſinguliier, en ce que les vers qui l'ont rongé, & qui s'étoient logés entre l'écorce & le bois, y ont formé des dendrites en forme de feuilles de fougere.

M 2

Une bo uteille de gomme élaſtique , dont la ſurface eſt hériſſée de tubercules , & imite l'ananas ; un bonnet formé d'écorce d'arbre & une taſſe de calebaſſe.

10 Un grand cocos des iſles Maldives ; il eſt formé comme de deux lobes ovoïdes , qui ſe réuniſſent par le milieu , de maniere à repréſenter *nates & pudenda mulieris* ; deux grands cocos , & cent-trente-une variétés de graines , ſiliques , amandes , noyaux , &c. cette ſuite eſt intéreſſante.

11 Une très-belle racine fibreuſe & tortueuſe connue ſous le nom de mandragore , & repréſentant un lion.

12 Une autre auſſi très belle repréſentant un coq.

13 Huit mandragores repréſentant des Chinois dans différentes attitudes.

14 Six autres mandragores , dont cinq repréſentent des Chinois , & une un quadrupède.

15 Cinquante bocaux contenant diverſes productions des trois regnes.

16 Huit boîtes proprement faites en bois de poirier , & fermant à couliſſes par des chaſſis vitrés ; dix-huit pouces de long , ſur quatorze de large , & trois & demi de haut.

17 Six belles tiges de *fucus* à ramifications très-déliées , & nombreuſes ſous verres , avec des bordures de bois noirci.

18 Un morceau très-rare par l'accident ſingulier que l'on y remarque ; c'eſt une branche de vigne dans laquelle s'eſt enclavée une petite boucle de fer , lors de ſa végétation.

REGNE MINÉRAL.

TERRES.

Nº 1 VINGT-CINQ variétés de tripoli, marnes ;

SAVOIR :

1 Tripoli de Menna en Auvergne.
2 Tripoli de Bretagne.
3 Tripoli de Gresbois près de Dijon.
4 Tripoli arborifé de Saxe.
5 Tripoli de Lucerne.
6 Tripoli de Saxe.
7 Autre variété de Tripoli de Saxe.
8 Terre de Montréal de la nature du tripoli.
9 Marne pure de France.
10 Marne pure de Saxe.
11 Marne verte de Schemnitz.
12 Vraie terre dont on fait la porcelaine de Dresde ; elle eft couleur de chair, & donne un verre très-blanc.
13 Terre à porcelaine de Saxe, marbrée de rouge & de blanc.
14 Autre variété blanche.
15 Terre à porcelaine blanche de Hornberg.
16 Terre à porcelaine blanche du Wirtemberg ; dont on fait à Calw de très-beaux vafes.
17 Terre de creufets de la porcelaine d'Italie.
18 Terre micacée de Madagafcar, propre à faire des creuzets & des moules.
19 Terre à pipe blanche de France.
20 Autre variété.
21 Marne crétacée, cendrée d'Habsbourg.

M 3

22 Marne qui fe décompofe à l'air de Stygfors
en Dalecarlie.

23 Marne pétrifiable figurée de Wonhfiedes dans
le Margravia de Barenth.

24 Marne de couleur grife de Skjarbacka en
Dalecarlie.

35 Quatorze tablettes fort compactes, & de couleurs variées, connues fous le nom de terre
miraculeufe de Saxe, & regardées par quelques naturaliftes comme une forte de marbre
imparfait, dont la coction n'eft pas achevée.

N°. 2 Quatre-vingt-une variétés d'ochres & de terres
métalliques,

S A V O I R :

1 Ochre martiale tufeufe, jaune-rougeâtre de
Dunkersback en Dalecarlie.

2 Ochre martiale jaune-foncé de Saxe.

3 Ochre jaune-vif d'Alface.

4 Ochre jaune-pâle de Suiffe.

5 Ochre argilleufe jaune de Scanie.

6 Terre ochracée jaune de Wonhfiedes.

7 Ochre jaune très clair des mines de fer du
Margraviat de Barenth.

8 Ochre jaune-vif de Rammelsberg.

9 Ochre jaune tirant fur le verdâtre, du canton
de Fribourg.

10 Ochre encore plus verte de Saxe.

11 Neuf variétés d'ochre de Saxe.

12 Ochre jaune très-foncé de Caffendorff.

13 Ochre des glaifes feuilletées, qui compofent
le fommet de la montagne de Sombernon en
Bourgogne.

14 Terre jaune minéral de l'ifle d'Elbe.

15 Ochre très-rouge ou fafran de mars de Goflard.

16 Terre rouge des peintres, des environs d'Erland.

17 Marne ochracée rouge ou fanguine, à crayons
de Kalmoré, paroiffe d'Orfa en Dalecarlie,

18 Ochre rouge de Turbenfloz en Saxe.

19 Autre variété.

20 Terre ochracée de Hurnberg.

21 Terre rouge de la plus haute montagne du canton d'Apponzel.

22 Autre variété.

23 Ochre brune de Saxe.

24 Autre variété, nommée terre d'ombre.

25 Terre de Cologne.

26 Terre d'ombre de Glukſmaſſen en Saxe.

27 Terre d'ombre de Tarbenhof en Saxe.

28 Autre variété du même endroit.

29 Autre mêlée de mine de fer.

30 Terre d'ombre de Chriſt-Beſcherung en Saxe.

31 Terre d'ombre de Saint Jehan en Saxe.

32 Autre variété du même endroit.

33 Autre variété de Grunen-Beſtallung en Saxe.

34 Autre variété de Saint Michel en Saxe.

35 Autre variété de Schwartzen-Lehu en Saxe.

36 Terre d'ombre de Saxe de couleur moins foncée.

37 Autre variété.

38 Terre d'ombre de Saxe, de couleur plus foncée.

39 Terre d'ombre commune de Saxe.

40 Terre d'ombre de Braunsberg.

41 Terre ochracée brune de Saxe, ou rouge-brun de Ste. Barbe.

42 Autre variété de rouge-brun de Ste. Barbe.

43 Sept variétés de rouge-brun de Saxe.

44 Terre ochracée brune de Schwartzen-Lehn.

45 Autre variété.

46 Terre ochracée incarnate de Carls-Tond-Grube.

47 Terre ochracée brune, très-pure de Saxe.

48 Autre variété de couleur plus vive.

49 Terre d'ombre noire des mines de plomb, du comté de Derby en Angleterre.

50 Terre de couleur plombée, des Schiſtes Noirs de Saxe.

51 Autre variété de Ste. Catherine en Saxe.

52 Magnefie de Saxe qui contient de l'aimant.
53 Verd de montagne ou ochre verte de Saxe.
54 Terre verte cuivreufe de Ropica , dans le diftrict de Vérone.
55 Terre verte de Vérone.
56 Ochre bleuâtre de Sibérie , dans une terre cendrée.
57 Chryfocolle de Saxe, en forme d'Amygdalites.
58 Chryfocolle du pays des Grifons.
59 Terre bleue de Bavierre.
60 Autre variété de couleur plus claire.
61 Terre grife fablonneufe de Hohen-Eiffen.
62 Terre minérale , pyriteufe , inflammable & luifante , de la carriere de Magdebourg.
63 Terre noire arfenicale de Lorraine.
64 Terre follée glaifeufe , des environs be Befançon.
65 Trois variétés de terre ochracée des Indes.

Nº. 3   Vingt - fix variétés de fables ,

S A V O I R :

1 Gros fable criftallin du ruiffeau le Torriano en Italie ; on s'en fert pour faire le criftal blanc.
2 Sable quartzeux blanc , du ruiffeau de Val-d'Arno , duquel on fait le verre blanc.
3 Sable d'Antibes qui fert auffi pour le verre.
4 Sable commun cendré de Magdebourg.
5 Sept variétés de fable fin , de France.
6 Deux variétés de gravier, l'un de Soiffons; l'autre des environs de Dax.
7 Sablon ftérile de Korsbacken en Dalecarlie.
8 Sable ferrugineux noir , brillant de l'ifle d'Elbe.
9 Sable ferrugineux du bord de la mer, près de Naples.
10 Sable ferrugineux de St. Malo.
11 Sable ferrugineux de la côte de Coromandel.
12 Sable ferrugineux , mêlé de mica des Indes Orientales.

13 Autre variété.

14 Sable bleu qui contient du cuivre.

15 Sable calcaire blanc de l'ifle de l'Afcenfion, dans lequel les tortues viennent dépofer leurs œufs.

16 Sables de coquilles de Rimini, rempli de coquillages de toute efpece, fur-tout de très-petites cornes d'Ammon, & d'Orthoceres qui méritent d'être examinées au microfcope.

Voyez au fujet le traité de J. Plancus de Conchis, *minus notis*.

17 Sable de coquilles foffiles du Puits de Tornau.

18 Sable de coquilles foffiles de St. Jean-de-Vena en Tofcane.

19 Sable de coquilles de Soiffons.

Nº. 4 Une boîte contenant un affortiment de vingt-huit fortes d'ocres, terres d'ombre & autres terres colorées de Saxe.

5 *Idem.*

P I E R R E S.

6 Soixante dix – fept plaques de marbres de deux pouces & demi de large, formant une fuite très-variée des marbre d'Italie; les échantillons font du plus beau choix pour la vivacité des couleurs & du poli.

7 Quatre vingt-dix plaques quarrées de marbre de même diametre, formant une jolie fuite des marbres d'Italie.

8 Trente morceaux & plaques de différens marbres d'Italie, dont trois verd-antique, & un marbre verd-antique de Suze.

9 Une plaque de bleu Turquin de fix pouces de long fur quatre de large, fur laquelle font rapportées en mozaïque huit plaques quarrées & dix triangulaires de marbre micacé, encadrées chacune de filets de marbre noir, & de marbre blanc.

10 Une plaque de marbre en lofange fur laquelle font incruftées neuf plaques de breche de différentes couleurs , le tout encadré de filets de marbre noir.

11 Un lofange formé de neuf plaques de marbre micacé, incruftées & encadrées de même.

12 Une plaque de marbre jaune de cinq pouces & demi de long , incruftée en lofange de marbre micacé verd , encadrée de marbre jaune & de marbre brocatelle.

13 Une plaque de marbre jaune, incruftée de petits, quarrés de mofaique noire & blanche calcaire, plus un paquet de petit morceaux de verre , fervant à la mofaïque des anciens.

14 Seize morceaux ou plaques de marbres figurés.

S A V O I R :

1 Marbre conchite de Barenth.
2 Marbre conchite d'Angleterre.
3 Marbre conchite , Caftracani Oriental.
4 Marbre conchite d'Efpagne.
5 Marbre conchite.
6 Marbre turbinite d'Efpagne.
7 Marbre ammonite d'Allorf.
8 Marbre Ammonite de Barenth.
9 Marbre orbite ou pifolite de Brunfwick.
10 Autre variété de marbre orbite.
11 Marbre aftroïte cométite de Suiffe.
12 Autre variété de Cométite.
13 Troifieme variété de Cométite.
14 Marbre aftroïte à petites étoiles anguleufes.
15 Marbre aftroïte à petites étoiles.
16 Autre variété.

15 Six morceaux de marbre figuré,

S A V O I R :

1 Mabre conchite , Caftracani Oriental.
2 Marbre conchite d'Efpagne.

3 Marbre conchite.
4 Marbre attroite cométite de Suiffe.
5 Autre variété de cométite.
6 Marbre orbite ou pilolite de Brunswick.

16 Trois plaques de marbre figuré, dont un ammonite d'Altorf, & deux cométites d'Efpagne.

17 Sept plaques de marbre figuré, dont trois ammonites d'altorf, un cométite d'efpagne, & trois
conchites de Barenth.

18 Neuf plaques de marbre, dont trois ammonites
d'Altorf, une de Barenth, & quatre cométites, &
une grande plaque de marbre ammonite jaune.

19 Une plaque de marbre d'Angleterre, curieufe en
ce qu'elle eft remplie de madrépores, dont le tiffu
eft bien diftinct du comté de Durham.

S P A T H S   C A L C A I R E S.

20 Sept morceaux de fpath rhomboïdal & cubique,
blanc, jaunâtre, noir, dont un criftal d'Iflande,
un d'Aunis.

21 Huit morceaux de fpath,

S   A   V   O   I   R :

Un rhomboïdal ferrugineux noir & blanc, un
en maffe blanche écailleufe, deux de fpath rhomboidal blanc, deux de jaune, deux de fpath ftrié
jaunârre.

22 Un très-beau groupe de fpath calcaire en longs
prifmes hexagônes, difpofés en faifceaux divergents, ayant près de fix pouces de hauteur ; fur
un pouce & demi de diametre, forés dans toute
leur longueur, recouverts de criftaux en prifmes
hexaedres tronqués, dont les deux bouts font liffes,
& dont les côtés font égaux.

23 Un très-beau groupe de fpath calcaire en prifmes
hexaedres tronqués, adhérens par leur bafe à

une mine d'argent grife de Mariemberg en Saxe ;
ce beau groupe porte neuf pouces de long , fur
fept de large , & eft parfaitement confervée.

24 Un autre de même efpece & du même endroit ,
mais très rare en ce que le plan de chaque hexagône
en offre plufieurs autres concentriques inclinés
diverfement les uns fur les autres , la plupart de
prefque un pouce & demi de diametre ; ce morceau
porte huit pouces fur fix.

25 Un beau groupe de criftaux de fpath en prifmes
hexagones très - courts , dont les côtés font ou
égaux , ou alternativement grands & petits , ces
prifmes font terminés par une pyramide triangulaire obtufe , dont les plans font pentagônes ,
adhérens à de la mine de plomb de Planché-les-
Mines , fept pouces fur cinq.

26 Un très-beau groupe de fpath en prifmes hexagônes très - courts , mais dont les criftaux font
ammoncelés les uns fur les autres , & forment
une infinité de petites pyramides triangulaires , la
bafe eft de fer fpathique , femée de mine de
plomb de Lorraine , fept pouces fur fix & demi.

27 Un groupe de fpath calcaire en prifmes hexagônes , terminés par une pyramide triangulaire
obtufe , dont les plans font pentagones , fept
pouces fur cinq.

28 Un groupe de grands criftaux de fpath fufible ,
cubiques , tirant fur l'incarnat , recouverts de
très-petits criftaux de fpath calcaire , de l'efpece
décrite au numéro 25 , d'un blanc de neige éclatant , groupés & pelotonnés de maniere à laiffer
çà & là des intervales , où les cubes du
fpath fufible paroiffent comme autant de miroirs ;
mais dont les glaces feroient incruftées en partie
d'une neige très-fine ; ce morceau qui eft d'une
beauté finguliere , à près d'un pied de longueur ,
fur huit pouces dans fa plus grande largeur ; il
vient de Planché-les-Mines en Franche-Comté.

29 Un autre groupe de feize pouces de longueur ,

fur onze de largeur, dont la fuperficie repréfente comme des petits monticules de forme
pyramidale, recouverts en partie d'une multitude
de criftaux de fpath, de l'efpece des précédens,
mais d'un plus gros diametre, & de couleur faphi-
rine, & en partie d'un fpath fufible en petites
lamelles, grifes, & luifantes, fe recouvrant les
unes les autres en façon d'écailles.

Ce groupe curieux vient de Ste. Marie-aux-
Mines & eft fur une matrice de quarts.

30 Un autre un peu moins grand, & du même
endroit, compofé du même fpath faphirin, mais
dont les criftaux font d'un plus grand diametre,
& de couleur plus foncée que ceux du précédent,
avec d'autres d'un diametre beaucoup plus grand,
qui ont confervé leur couleur blanche, la bafe
de ce morceau eft un quartz druzen blanc, dont
les pyramides paroiffent en quelques endroits de
la furface de ce beau morceau, qui eft auffi femé
de fpath perlé.

31 Un très-beau groupe de fpath perlé mamelonné,
recouvert en partie d'une multitude de criftaux
lenticulaires de l'efpece décrites au n°. 25, mais
dont les prifmes font à peine fenfibles; la couleur
de ces criftaux tire fur le gris de lin; ce beau
groupe porte dix-fept pouces fur treize.

32 Un groupe de fpath lenticulaire d'Alface, dont
les criftaux ont peu d'épaiffeur, & font comme
empilés les uns fur les autres.

33 Un groupe de larges criftaux lenticulaires triedres,
dont les pans font quadrilateres; ils incruftent des
deux côtés un fillon de mine d'argent grife.

34 Un groupe de criftaux de fpath lenticulaires en
petites écailles très-minces de Ste. Marie.

35 Spath lenticulaire en écailles très-minces, dont
les lames font pofées de champ, & incruftées en
partie d'un quartz-drufen blanc éclatant.

36 Un très-beau groupe de fpath calcaire violet,

criftallifé en pyramides triangulaires, incruftées de petits criftaux quartzeux très-brillans, de pyrites colorées & de galene; dix pouces fur neuf.

37 Un très-beau groupe en pyramides hexagones aigues, ou dents de cochon, très-fines & très-bien confervées, recouvrant les tubérofités d'un fpath calcaire, grenu en maffe; neuf pouces fur fept.

38 Un groupe de fpath dent de cochon, à pyramides applaties.

39 Un très-beau groupe de fpath en criftaux polygones; la bafe contient du fer fpatique, & de la mine de plomb; la furface eft interrompue par de grandes cavités cubiques qu'occupoient des cubes de galene qui fe font décompofés.

40 Un beau morceau de fpath couleur d'ambre rhomboïdal, ftrié & difpofé en faifceaux, & un de fpath rhomboïdal blanc feuilleté.

41 Un groupe de fpath, dents de cochon noirâtre & chatoyant, dont l'intérieur paroît vermoulu.

42 Un groupe de fpath hexaedre, à pyramide triedre, paffé à l'état de fer fpatique, & dont l'intérieur paroît auffi comme vermolu.

43 Quatre morceaux de fpath, dont un de l'efpece décrite n°. 25, un à pyramides triangulaires appofées bafe à bafe, un en forme de ftalactiole, & un à fix pans de Normandie.

44 Cinq morceaux, dont un de fpath opâque, blanc, écailleux, entre deux bandes de pierre calcaire grife, un en prifmes convergens terminés par des pyramides triangulaires, un rhomboïdal opaque, avec mine de plomb, & deux à ftries divergentes raffemblées en faifceaux.

45 Un grand morceau de fpath calcaire en maffe compofée de prifmes paralleles terminés par des pyramides; mais dont la criftallifation eft confufe.

46 Deux morceaux de fpath calcaire en maffe, dont un lamelleux, & l'autre à prifmes paralleles, plus

une portion de corne d'ammon de Charleville , dont les chambres font remplies de criftaux fpathiques.

47 Un morceau de fpath en maffe, dont la furface eft parfemée de cavités hexagones , adhérens les uns aux autres , ce qui range ce morceau au nombre des aftroïtes pétrifiées en fpath.

48 Un groupe très-curieux de fpath calcaire en gros cubes , dont les angles font taillés en bifeau ; il paroît lardé de criftaux de quartz à deux pointes de couleur violette, qui pénétrent dans l'intérieur.

49 *Idem.*

50 Un plateau de fchifte bleuâtre veiné de blanc , recouvert d'un côté de fpath calcaire tranfparent jaunâtre, en prifmes à fix pans alternes , dont trois larges & trois étroits terminés par une pyramide fort aigue triedre ; la furface de ces criftaux eft jonchée en quelques endroits de groupes de criftaux de fpath fufible blanc, en lames hexagones pofées de champ , & de l'autre côté de criftaux de même fpath, blancs , différens des précédens en ce que les pyramides font plus obtufes, de Cologne , cinq pouces fur cinq.

51 Une pierre calcaire grife , nommée pierre-porc ou pierre puante de Dalecarlie ; on y a joint une pierre quartzéuze qui étant échauffée, donne l'odeur de la violette.

S P A T H S   F U S I B L E S.

52 Un groupe de fpath cubique , couleur d'amethifte , avec quartz , mifpikel, quelques criftaux d'étain & ghur , d'Ehrenfriedersdorff en Saxe.

53 Un autre groupe de criftaux de fpath cubique violet, avec kneiff de Saxe.

54 Un autre de criftaux de fpath cubique , couleur de topafe, avec criftaux de quartz de Hongrie.

55 Un groupe de criftaux de fpath cubique , couleur d'améthifte de Saxe.

56 Un autre de criſtaux de ſpath cubique, couleur
d'améthiſte & d'aigue marine, avec kneiſſ de Saxe.

57 Un groupe rare de fauſſes topaſes, & de fauſſes
chryſolites cubiques, ſur un morceau conſidérable
de mine de plomb reſſulaire riche en argent.

58 Un ſuperbe groupe de quartz druzen blanc très-
éclatant, formant différents gros mamelons, ſur
lequel ſont adhérens un grand nombre de cubes
réguliers tranſparens, d'un beau violet de ſpath
fuſible, ſemés çà & là ſur ſa ſurface, quelqu'uns
de ces cubes ſont eux-mêmes parſemés en partie
de petits criſtaux de roche à deux pointes, la
baſe de ce beau morceau eſt formée par de gros
cubes de ſpath fuſible violet, formés par l'agrégation d'une multitude d'autres cubes plus petits;
ces cubes ont juſqu'à deux pouces de diametre,
ce morceau de premiere diſtinction porte neuf
pouces de haut, ſur un pied de large & ſept pouces
d'épaiſſeur.

59 Un joli morceau de ſpath cubique fuſible, couleur
d'aigue marine, d'une belle eau, ſur une baſe de
quartz druzen, ſemée de galene & de pyrites de
Geromagng en Alſace.

60 *Idem.*

61 Un morceau pareil à celui du n°. précédent, &
un autre de criſtaux de ſpath fuſible verd ou
fauſſe éméraude, & de ſpath cubique violet ou
fauſſe améthiſte ſemé de pyrites, & de ſpath perlé.

62 Un groupe de ſpath cubique jaune ou fauſſes
topaſes.

63 Un morceau de ſpath cubique, fauſſe aigue-marine
dans une matrice de quartz & de galene avec
pyrites, & recouverte en quelques endroits de
criſtaux de roche à deux pointes, nuancé des
plus vives couleurs de l'arc-en-ciel; on diſtingue
parmi ces derniers, quelques cubes des ſpath vitreux
blanc tranſparent, également coloré de géromagny.

64 Un groupe de même nature que le précédent,
mais

mais dans lequel le ſpath fuſible, eſt criſtalliſé moins
réguliérement.

65 Un gros blocs de ſpath fuſible, fauſſes émeraudes
en maſſe, qui paroît compoſé de criſtaux hexagones.

66 *Idem.*

67 Une plaque polie de cinq pouces de longueur,
ſur ſix de largeur & un d'épaiſſeur, formé par
zones de fauſſes amétyiſtes, & de fauſſes émeraudes.

68 Trois groupes de ſpath perlé blanc, ou ſpath
vitreux criſtalliſé en petites écailles rhomboïdales,
poſées en recouvrement les unes ſur les autres,
irréguliérement ſemées ſur leur matrice où elles
forment par leur agrégation des cubes obliqu'angles
imparfaits, & un morceau pareil à celui décrit
ſous le nº. 65 —.

69 Un beau groupe de quartz-druzen blanc, diſpoſé
en grandes lampes, arrondies poſées de champ,
& recouvertes de ſpath perlé à gros criſtaux de
Ste. Marie-aux-Mines, neuf pouces de haut, ſur
ſept de large.

70 Un beau groupe de ſpath vitreux, en tables ou en
crête de coq, diſpoſé en gros mamelons ſur du fer
ſpatique criſtalliſé, ſemé de pyrites, & dont la
baſe eſt un quartz du Hartz, ſept pouces ſur ſix.

71 *Idem*, dont la ſurface eſt ſemée de pyrites de
St. André au Hartz.

72 Une grande & magnifique plaque de ſpath calcaire,
jaune & tranſparant, de neuf pouces & demi,
ſur dix pouces un quart.

TUFS ET STACTITES.

73 Trois concrétions tubuleuſes, formées par les
dépots calcaires que forment les eaux des fontaines
dans les tuyaux où l'on les fait paſſer, dont une
grande mamelonnée intérieurement, & du plus bel
albâtre.

74 Un morceau de ſtalactites & ſtalagmites, dont

une plate écailleufe , & une qui a pris la forme
& l'organifation d'une planche , fur laquelle elle
paroît avoir été dépofée, une portion de bezoard
minéral , une de forme cylindrique par couches ,
dont le noyau eft un fpath criftallifé tranfparent
& autres.

75 Un morceau d'oolites, un autre de dragées de
Tiroli.

76 Un morceau de girandoles d'eau incruftées , du
village d'Iffi , près Paris ; on peut voir dans les
Mémoires de l'Académie Royale des Sciences, la
defcription que M. Guettard a donné de cette
incruftation , année 1754 , pag. 139.

77 Une branche de bardane ou glouttéron , chargée
ainfi que fes fruits d'une incruftation rouge-brun
de Carlsbad en Boheme.

78 Un nid d'oifeau , revêtu d'une incruftation pierreufe , par les eaux d'une fontaine de Saxe ; il
a parfaitement confervé fa figure , & celle des
parties qui le compofent.

79 Une rare & magnifique ftalactite de fpath en
filets , des mines de Styrie , formant un groupe
de dix pouces de longueur , fur fept pouces &
demi de hauteur , & un peu plus de largeur ; ●
fes ramifications font fines , nombreufes , élevées,
entrelacées les unes dans les autres , comme cer-
tains vermiculaires , & d'un blanc argentin très-
éclatant.

*Cette efpece eft connue fous le nom de flos - ferri
ou fleur de fer.*

80 Un autre groupe de feize pouces de long fur
un pied de large , de flos-ferri à branches plus
longues , plus groffes que le précédent, de Ste.
Marie-aux-Mines.

81 Un autre groupe de flos-ferri , à fines ramifications
entrelacées les unes dans les autres , mais dont
la furface a été colorée en gris par des vapeurs
métalliques des mines du canigou , près l'abbaye

de Ste. Marthe, dans les Pyrennées, seize pouces sur neuf.

82 Un autre groupe du même pays, à rameaux plus gros & moins colorés.

83 Quinze plaques d'albâtre d'Espagne, polies des deux côtés, de trois pouces de long sur autant de large ; il y en a de blancs, de rouges, de veinés, de fleuris & même de figurés ; ces albâtres ne cèdent en rien aux albâtres antiques pour la beauté & la richesse des couleurs ; il est même probable que c'est d'Espagne que les anciens tiroient leur albâtre le plus beau ; trois pouces de long sur autant de large.

84 Vingt-quatre plaques d'albâtre d'Espagne, de la plus grande beauté, polies & taillées dans le pays.

85 Une grande & belle plaque d'albâtre d'Espagne de la plus grande beauté, disposée pour faire une pierre à papier, quatre pouces un quart de long, sur trois pouces de large.

86 Onze plaques d'albâtre d'Espagne, de couleurs variées, de deux pouces & demi en carré.

87 Sept plaques d'albâtre, dont cinq ovales.

88 Cinq grandes plaques d'albâtre très-belles.

89 Six plaques d'albâtre, & alabastrite du premier choix.

90 Dix-sept plaques d'albâtre.

91 Une plaque de marbre porte-or, sur laquelle est adaptée un morceau de marbre blanc de Carare, garni en quelques endroits de cristaux de roche blanc, à deux pointes de la plus belle eau : on en a formé un petit rocher, sur lequel un chien est accroupi.

92 Cinq pierres calcaires, dont une pierre puante, un morceau de tripoli oculé, &c.

PIERRES GYPSENSES.

93 Un grand & superbe morceau de selenite, en lames d'un blanc argentin, transparentes, & posées

en divers sens l'une sur l'autre , de manire à laisser entr'elles de grands intervalles.

*Ce superbe morceau est de la plus brillante con-
servation.*

94 Un très – beau groupe de spath séléniteux gris,
cristallisé en pyramides tétraedres , terminées en
biseaux; les extêmités sont blanchâtres; dix pouces
de long sur sept de large.

95 Quatre morceaux de gypse, dont un strié chatoyant,
trouvé prés de Lyon , singulier par des morçeaux
de quartz qui le traversent , deux autres de gypse
rhomboïdal transparent , & une pierre phospho-
rique de Bologne.

96 Trois morceaux de gypse strié soyeux , dont un
très-beau de la Chine.

97 Six morceaux de gypse , dont un blanc des environs de Basle , d'une transparence aussi nette que
celle du cristal de roche.

98 Neuf variétés de gypse , dont une en végétation ,
& deux en larges feuillets transparens de Sicile.

PIERRES ARGILLEUSES.

99 Un très-gros morceaux d'asbeste à fibres fines ,
blanches , parralléles & cassantes , connues sous le
nom de faux alun de plume ; il vient de Saxe.

100 Un morceau de liege fossile, trois d'amiantes vertes,
à fibres courtes , entre deux lames de schiste ,
un paquet d'amiante blanche très - souple de la
Chine ; neuf morceaux d'asbeste mur-blanc , un
morceau d'amiante sur une roche grisâtre , une
corde & une petite bourse faite d'amiante.

101 Un morceau d'amiante soyeuse , & flexible sur
une pierre argilleuse grise ; on y a joint un morceau de japse , couleur de brique , un morceau de
mine de plomb grise en masse , un morceau de
jaspe rouge ferrugineux , & un d'argent rouge ,
dans un quartz blanc avec arsenic noir.

MICA ET TALCS.

102 Dix-neuf variétés de granite micacé, de feuilles de mica & de talc de différentes couleurs.

PIERRE OLLAIRE OU SMECTITE.

103 Pierre ollaire, tendre, rougeâtre imitant le favon, deux autres variétés, l'une grisâtre, l'autre noire, deux roches de corne de Wallerius ou pétrofilex, l'un verd, l'autre rougeâtre, des mines de Saalberq en Weftmanie, & un manche de couteau-de-chaffe d'asbefte verd.

104 Un grand mortier & fon pilon de pierre de corne, ou pierre ollaire tendre, du pays de Grifons, efpeces de ferpentine; fept pouces de large.

105 Un autre mortier & fon pilon de ferpentine.

106 *Idem.*

107 *Idem.*

108 *Idem.*

ARDOISES.

109 Cinq ardoifes, dont quatre avec empre ntes de capillaires, & un morceau de fchifte, dont la furface eft déchiquetée.

PIERRES CILICEUSES

110 Dix-neuf variétés de grès, favoir : quatre de grès arborifé de France, grès feuilleté formant plufieurs couches concentriques autour d'un noyau en forme d'amande de même nature que le refte ; fix grès à bandes de différentes couleurs, deux grès jaunes & deux autres rouges de différentes nuances, une boule de grès faifant effervefcence avec les acides, un grès criftallifé de Fontainebleau, deux grès coquillers,

tous ces échantillons forment une suite intéreffante des grès de France.

111 Une tabatiere à huit pans & fon couvercle de
grès grisâtre, panaché de pourpre foncé.

CAILLOUX OPAQUES ET DEMI-TRANSPARENTS.

112 Cent quarante-cinq cailloux opaques & demi-
tranfparens de différentes provinces, tant étran-
geres que de France, prefque tous étiquetés fur
les morceaux.

113 Trois cailloux d'Egypte bruts, huit autres polis,
& une pierre ditte *lapis fancti ftephani ex terrâ
fanctâ*, ainfi nommée, parce qu'elle paroît tachée
de fang.

114 Deux plaques de cailloux d'Egypte, arborifées &
polies.

115 Quatre plaques de cailloux de Hong rie veinés
de jaune & de rouge, taillées & polies, mais
confervant fur leurs bords la croute extérieure
non polie, deux autres cailloux panachés de rouge
& de blanc, taillés & polis, dont la furface extérieure eft toute tapiffée de petits criftaux de
quartz rougeâtre.

AGATES OCCIDENTALES.

116 Cinq blocs d'agate à rubans de couleurs variées,
dont quatre polis fur un côté, un defquels rare,
de couleur violette.

117 Un bloc d'agate bleuâtre, à rubans taillé & poli,
& fept manches de couteau d'agâte polie, de
différentes couleurs.

118 Une très-belle cuvette d'agate rubannée de blanc,
de couleur de rofe & de brun, & en partie
criftallifée.

119 Quatre petites coupes d'agate, une à filets concentriques rougeâtres, fur un fond gris, & dont

la bafe eft formée d'une large tache pourpre criftalline, une pointilliée de rofe, fur un fond blanc criftallin, une à trois lignes concentriques violettes, fur un fond blanc & une rougeâtre.

120 Six petites coupes d'agâte de couleurs variées.

121 Une fuite très-intéreffante de cent foixante petites plaques quarrées d'agate, & jafpe d'environ un pouce, formant autant de variétés pour les couleurs & les deffeins.

122 Six jolies plaques d'agate par pendants, quatre defquelles imitent des papillons ; les deux autres font à filets, avec de petites houppes de rayons qui partent de différents autres.

123 Six belles plaques d'agate par pendants, deux defquelles font mouffeufes, & les autres veinées ou rubanées de rouge & de blanc ; ces veines paroiffent être formées dans quelques-unes par un affemblage d'atomes ou de petits points plus ou moins ferrés les uns contre les autres.

124 Deux belles plaques en pendants d'agate rubanée, fauves fur un fond blanc, traverfées d'une veine cryftallifée.

125 Deux belles plaques d'agate, en pendants, à rubans d'un blanc mat fur un fond rougeâtre tranfparent.

126 Une fuperbe plaque quarrée, arrondie fur les angles, taillée en goutte de fuif, de trois pouces de diametre, à zônes concentriques violettes, fur un fond rougeâtre.

127 Deux belles plaques d'agate à rubans couleur de rofe & blanc, fur un fond tranfparent.

128 Une très-belle plaque d'agate rougeâtre, à zônes & rubans bordés d'un filet aurore ; le centre eft occupé par des flammes aurore divergentes, qui imitent très-bien, par leur difpofition, l'irruption d'un volcan.

129 *Idem.*

130 Huit agates de couleurs variées, dont deux à rubans concentriques, rofes & blancs.

N 4

131 Deux plaques d'agate à filets concentriques d'un blanc mat fur un fond criftallifé tranfparent, & une fond blanc opaque, ornée dans le milieu d'une tache brune formée par zônes concentriques.

132 Douze autres agates très-variées pour les couleurs & les deffeins, dont plufieurs en partie cryftallifées.

133 Une agate fond blanc opaque, toute remplie de petits cercles tranfparens, qui la rendent comme vermoulue, & une belle plaque d'agate rouge-foncé, à tache criftallifée tranfparente, cerclée d'un ruban blanc.

134 Quatre plaques d'agate, dont deux rouges taillées à facettes; deux autres à cinq pans, herbées, garnies d'une zône tortueufe, formées par des houppes couleur de rofe concentriques.

135 Une tabatiere à cuvette ronde, & fon couvercle d'agate en partie criftallifée & œillée.

136 Une tabatiere à pans, fon couvercle & deux cuvettes de très-belle agate

137 Sept plaques d'agate d'efpeces & couleurs variées.

138 Quatorze plaques d'agate auffi très-variées.

139 Sept morceaux d'agate de différentes formes, & trente-cinq boules & olives de différents jafpes & agates.

140 Une tabatiere d'agate grife rubanée, compofée de fept plaques, dont deux grandes.

141 Une tabatiere à deux tabacs, d'agate grife, rubanée en dix plaques.

142 Onze plaques d'agate grife, rubanées & œillées, formant une tabatiere à deux tabacs.

143 Deux plaques d'agate à filets, avec de petites houpes formées de rayons qui partent de différents centres.

144 Une grande & belle coupe d'agate grife tranfparente, à rubans, de forme ovale de fix pouces de long fur trois & demi de large & deux de hauteur.

145 Une plaque très-rare d'agate verd - jaunâtre ou pseudo-prafe de Bohême, ayant plus de cinq pouces de longueur fur quatre de largeur.

AGATES ORIENTALES.

146 DEux plaques d'agate d'orient, à larges zônes formées de filets blancs opaques.

147 Deux belles plaques d'agate d'orient, à rubans nués de rofe & de brun.

148 Six plaques d'agate d'orient à filets blancs.

149 Dix-huit plaques d'agate de forme & couleurs variées.

150 Deux plaques d'agate d'orient, à filets noirs con‐centriques.

151 Trois *idem*, dont une taillée en facettes.

152 Trois plaques d'agate d'orient, dont une mouf‐feufe.

153 Cinq plaques d'agate d'orient, dont une à taches couleur de cinabre.

154 Deux grandes plaques d'agate d'orient, à zônes & filets concentriques.

155 Trois plaques d'agate d'orient, dont une à huit pans & les deux autres ovales.

156 Deux plaques d'agate d'orient à huit pans.

157 Deux plaques d'agate d'orient, dont une quarrée, à bords contournés, & une autre à huit pans de trois pouces un quart dans fon grand diametre.

158 Une grande & belle plaque à huit pans, d'agate d'orient légérement arborifée; trois pouces quatre lignes.

159 Une plaque quarrée d'agate d'orient, légérement arborifée, de près de quatre pouces de long ; elle eft creufée en forme de cuvette.

160 Une taffe & fa foucoupe d'agate orientale ; la fou‐coupe de trois pouces & demi de diametre fur

huit lignes de hauteur ; la taffe de deux pouces
& demi de diametre fur feize lignes de hauteur.

161 Une petite taffe d'agate d'orient, de deux pouces
de large fur un pouce & demi de haut.

162 Une agate de la forme & de la groffeur d'un œuf de
pigeon; il eft rempli d'eau qui forme une goutte
très-mobile, de près de huit lignes de diametre.

163 Onze petits morceaux d'agate de différentes formes, dont un de fardoine-onix, monté en argent;
deux à filets blancs & rubans couleur de rofe fur
un fond cryftallin ; deux d'agate jaune chatoyante,
taillées en cœur.

CORNALINES.

164 Une taffe & fa foucoupe de cornaline orientale ; la foucoupe de deux pouces deux lignes de
diametre, fur cinq lignes d'épaiffeur ; la taffe d'un
pouce cinq lignes de diametre, fur un pouce trois
lignes de hauteur.

165 Une grande plaque de cornaline à zônes concentriques couleur de cinabre.

166 Trois plaques de cornaline de l'efpece précédente.

167 Trois plaques de cornaline fond blanchâtre, femées
de jolies arborifations rouges.

168 Six plaques de cornaline de couleurs variées.

169 Cinq cornalines, dont une œillée, deux à rubans.

170 Cinq plaques de cornaline de couleurs variées,
dont une rayée.

171 Six plaques de cornaline.

172 Huit *idem.*

173 Dix morceaux de cornaline, dont fix taillés en
anneaux d'une feule piece ; une en manche de couteau de toilette, & une en petite cuvette.

174 Vingt petits morceaux de cornaline de différente
forme.

SARDOINES ET ONIX.

175 SIx fardoines orientales brutes, dont une onix
& une plaque de fardoine fciée & non polie.

176 Une très-rare fardoine brute orientale, des plus
curieufes en ce que fes mamelons affe
ctent une
forme pyramidale, comme certaines ftalactites ; elle
eft polie à fa bafe.

177 Un autre morceau de fardoine brute, auffi très-
rare; elle eft femée par petits mamelons fur une
roche ferrugineufe.

178 Une fardoine onix d'Arabie, de la plus grande rareté pour fon volume & fa belle couleur ; elle
porte trois pouces de long fur un pouce quatre
lignes ; elle eft à quatre couches très-diftinctes,
la premiere brun-foncé, la feconde gris de lin,
la troifieme blanc mat, la quatrieme jaunâtre.

Nous ne croyons pas que l'on connoiffe une
plus grande & plus belle pierre en ce genre.

179 Une loupe de fardoine onix, à larges zônes poligones, concentriques, brunes & blanches, un peu
chevée en deffous & légérement arborifée ; elle
porte vingt-une lignes dans fon grand diametre.

180 Deux belles plaques de forme ovale alongée de
fardoine couleur d'ambre, à rubans blancs ; trois
pouces deux lignes : elles font orientales, ainfi
que toutes les fuivantes.

181 Deux belles plaques de fardoine rubanée, l'une à
huit pans, l'autre ovale de trois pouces deux lignes.

182 Deux plaques de fardoine rubanée, l'une ovale,
l'autre à huit pans.

183 Deux très-belles plaques de fardoine de la plùs
belle eau, à filets paralleles couleur d'ambre &
blancs fur un fond criftallin. Nous ne connoiffons

rien de plus rare & de plus parfait que ces deux plaques.

184 Une plaque ovale de fardoine de la même beauté que la précédente.

185 Deux fuperbes plaques de fardoine rubanée , dont une à bandes criftallines.

186 Deux plaques contournées à zônes fouci.

187 Une très-belle plaque de fardoine jaune , à zônes poligones couleur de rofe & blanche.

188 Deux plaques de fardoine jaune rubanée de blanc.

189 Deux plaques de fardoine rubanée très-belles , à zônes poligones concentriques blanches.

190 Une très-belle plaque de fardoine rubanée.

191 Une très-belle plaque de fardoine couleur d'ambre , rubanée de fouci & de blanc de la plus belle couleur.

192 Une très-belle plaque à huit pans de fardoine panachée de fauve & de brun-foncé.

193 Une grande plaque ovale de fardoine panachée de grandes taches de brun-foncé , & légérement arborifée : trois pouces & demi.

194 Une très - belle plaque de fardoine panachée de brun ; on diftingue dans le milieu une tache ifolée , repréfentant une tête d'oifeau & le col , parfaitement deffinés.

195 Vne grande plaque à huit pans , taillée à facettes de fardoine panachée de grandes taches de brun-foncé.

196 Une autre fardoine ovale auffi panachée de brun ; on y remarque une tache noire ronde au mileu d'une autre tache de même forme.

197 Une belle plaque de fardoine blanche panachée de brun-foncé.

198 *Idem* , légérement arborifée.

199 *Idem*.

200 Une plaque de fardoine à taches brunes formées par des arborifations très-fines & très-fenfibles en regardant à travers le jour ; elle eft œillée en quelques endroits.

201 Une plaque de fardoine ovale , dont les fibres
font divergentes & partent toutes d'une tache brune
cerclée de rouge , qui occupe le centre de l'agate.

202 Quatre plaques de fardoine des variétés ci-deſſus
décrites.

203 Cinq plaques *idem.*

AGATES ARBORISÉES ORIENTALES.

204 Une très-belle plaque quarrée, creuſée en cuvette ,
à bords contournés d'agate orientale , garnie d'arboriſations légérement colorées : deux pouces.

205 Une plaque ovale de la même grandeur , d'agate
orientale arboriſée , ſur laquelle on diſtingue principalement trois arbres, dont le tronc foncé s'éclaircit en ſe ramiſiant.

206 Une grande plaque d'agate arboriſée de trois pouces.

207 Une plaque ronde d'agate arboriſée à large feuilles.

208 Une plaque ovale d'agate arboriſée de trois pouces
de long.

209 Une autre de deux pouces & demi.

210 Une autre de deux pouces huit lignes.

211 Uun autre de deux pouces & demi.

212 Une plaque à huit pans, d'agate orientale arboriſée, dont les arboriſations ſont diſtribuées par
mouches : trois pouces.

213 Une plaque d'agate orientale, à mouchetures formées par des arboriſations du travail le plus délicat.

214 Une autre plaque ovale, à mouchetures formées
par des arboriſations.

215 *Idem.*

216 *Idem*, à huit pans.

217 *Idem*, ovale.

218 *Idem*, ovale.

219 Deux plaques ovales de même qualité.

220 Deux plaques ovales.

221 Une grande plaque à huit pans, *idem.*

222 Une plaque *idem*, à huit pans trois pouces & demi.

123 Une plaque ovale toute femée de ramifications interrompues, jettées en tous fens.

224 Trois plaques d'agates arborifées, des efpeces ci-
deffus décrites.

225 Trois *idem*.

226 Une agate arborifée par mouchetures, à lignes
concentriques brunes & jaunes, qui la rendent
œillée ; elle eft montée en argent ; une agate orientale de forme longue, taillée en goutte de fuif,
dont l'arborifation eft en longs filets capillaires,
branchus, imitant le *gramen*.

227 Une agate arborifée ronde, dont l'arborifation eft
en feuilles larges.

228 Deux agates arborifées, dont une ronde du deffein le plus délicat ; une autre quarrée, dont les
arborifations font noires.

229 Une grande plaque d'agate orientale, à zônes fauves
concentriques, ornée dans le milieu d'une zône
verdâtre, au centre de laquelle eft une tache
ovale alongée, purpurine, ornée d'une arborifation fauve : trois pouces & demi.

230 Treize petites agates arborifées, rouges & noires,
des efpeces ci-deffus décrites.

231 Un petit cône arrondi, d'une belle fardoine couleur de café, ftriée intérieurement en filets divergents.

232 Quarante - quatre petits boutons d'agate, chatoyants & autres.

233 Un gros bloc mamelonné de roche quartzeufe grife,
recouverte d'une couche de fardoine de fix lignes
d'épaiffeur, laquelle eft elle-même encroûtée d'une
fubftance quartzeufe opaque, couleur de vermillon : fept pouces de haut fur dix de large.

CALCÉDOINES.

234 Un morceau de calcédoine de fix pouces de long

fur quatre & demi de large & trois d'épaiffeur ;
ce morceau paroît être une portion de corne d'Ammon.

235 Un madrepore pétrifié, du genre des tubipores,
dont les cavités font remplies de calcédoine mamelonnée.

236 Un bloc de calcédoine en ftalactite, à gros mamelons.

137 Un magnifique bloc de calcedoine de Feroë, de
dix-fept pouces de long fur huit de large & trois
& demi d'épaiffeur, dont la partie inférieure eft
en nappe horifontale formée de plufieurs couches
paralleles, la partie fupérieure en ftalactites mamelonnées fort alongées, qui viennent fe perdre dans
la couche inférieure, & laiffent çà & là de grandes
cavités entre les deux couches.

238 Un fuperbe morceau de calcédoine mamelonnée de
Feroë, à gros tubercules arrondis, de quinze pouces
de long fur dix pouces de large ; la bafe eft formée d'une efpece de granit compofé de grains de
calcédoine ; d'autres de feld-fpath & de Zéolite :
tous ces grains paroiffent incruftés dans une lave.

239 Un très-beau morceau de calcédoine de l'efpece
précédente : fix pouces & demi fur trois pouces
& demi.

240 Une calcédoine brute en ftalactite creufe, formant
un tube mamelonné intérieurement ouvert & poli
par fes deux extrémités.

241 Quarante petits fragments de calcedoine tranfparente, dont plufieurs forment l'opale, & un morceau de calcédoine triangulaire, à trois couches
feparées & rentrant les unes dans les autres, dans
un argile blanc.

242 Deux blocs d'agate rubanée, polis fur une de leur
face ; le milieu eft formé de cryftaux d'améthifte.

243 Deux *idem*.

244 Un bloc d'agate rubanée, à trois couches, dont
la premiere eft compofée de filets blanchâtres, la

feconde de criftaux d'améthifte , & le milieu d'une belle agate bleu-violet , couleur fort rare dans les agates.

245 Un autre bloc à ruban & tache d'un beau violet, couleur auffi fort rare ; il eft poli fur une de fes faces, ainfi que le précédent.

JASPES, GRANITS ET ROCHES.

246 Seize blocs de jafpe polis fur une face, tous de couleurs variées.

247 Trois autres blocs auffi polis fur une face, favoir : un jafpe calcédoine verd & criftallifé en quelques endroits ; il eft oriental, & appellé prime d'émeraude : un de jafpe fanguin & un de jafpe fleuri fond rouge marqueté de blanc, nommé jafpe panthere.

248 Quatre plaques, dont une de jafpe pouding jaune ; deux de jafpe de Sicile jaune, marbrées de blanc, & une de jafpe jaune tachetée de gris.

249 Une tabatiere en cuvette, ovale, & fon couvercle de jafpe fanguin.

250 Une tabatiere en cuvette de jafpe jaune, panachée de rouge.

251 Une très-beau vafe de jafpe herbé, verd, panaché de blanc, fait en coquille, à feuilles de relief fe terminant on volutes prifes fur piece : quatre pouces & demi de long fur trois de large & deux de hauteur.

252 Six plaques de très - beau jafpe fanguin oriental pour une tabatiere.

253 Sept autres plaques de jafpe fanguin oriental, à veines jaunes & de la plus grande beauté, formant une tabatiere à deux tabacs.

254 Une très-belle tabatiere de fix plaques de jafpe fanguin oriental, à grandes taches, guillochée en lozange du travail le plus précieux & du plus beau poli ; elle eft montée en or.

255 Quatre

255 Quatre plaques de jafpe , favoir : une très-rare
de jafpe noir ; une de jafpe fanguin oriental ; une
de jafpe fanguin ponctué de blanc , & une de jafpe
panthere jaune arborifé.

256 Une loupe & deux plaques de jafpe fanguin.

257 Deux grandes plaques ovales de jafpe rouge de
Sicile dont une veinée de blanc.

258 Une plaque de jafpe fanguin , une de jafpe verd
panaché de jaune , & trois de jafpe fleuri panaché de blanc.

259 Huit plaques de jafpe à veines & taches blanches
fur un fond brun; une de jafpe fleuri de Sicile ;
deux de jafpe verd panaché de jaune ; une de jafpe
fleuri verd , rouge & blanc ; une de jafpe verd
criftallifé , & deux panachées de rouge , de jaune
& de blanc.

260 Neuf plaques de jafpe des variétés ci-deffus décrites.

261 Cinq pierres de circoncifion de jafpe de différentes
couleurs.

262 Une cuvette de lapis de deux pouces & demi de
long fur quatorze lignes de large & un pouce de
haut.

263 Une cuvette de lapis à huit pans , de deux pouces
de long fur un pouce & demi de large & un pouce
de haut.

264 Huit petits morceaux de lapis , dont deux mains
jointes; plus, un jafpe fanguin gravé.

265 Quatre plaques de lapis de différentes nuances.

266 Quatre autres morceaux de lapis.

267 Six autres morceaux de lapis , & un de jafpe fanguin.

268 Un très-beau vafe de jade oriental blanc, en forme
de fruit, à branches, feuillages & fleurs taillées
dans le même jade, repercées à jour & fe détachant à une diftance d'un pouce.

Ce morceau eft très-précieux par la délicateffe
de fon travail & à caufe de fon extrême dureté.

269 Un petit morceau de forme ronde , élevée , de

prafe très – rare , dont tout l'intérieur eft femé de petits feuillets blanchâtres très-minces & très-nombreux , placés en différens fens.

270 Une plaque ovale très-rare de jade d'un jaune verdâtre marbré de grandes taches aurore.

271 Sept blocs, dont deux de jade groffier de Suiffe; cinq de granit , dont un femé de petits points de cuivre vierge , & un galet de porphyre verd.

272 Trois plaques de granit noir & blanc de différentes nuances ; trois morceaux & une plaque polie de porphyre.

273 Trois morceaux de ferpentin verd antique, à taches vertes fur un fond verd plus foncé.

274 Une grande plaque fort épaiffe & polie de porphyre verd antique ; ce porphyre rare eft à grandes taches quarré-long, nué de blanc & entouré d'une zône couleur de fouci : fix pouces de long fur quatre pouces de large.

275 Un grand bloc de feld-fpath verd, chatoyant , marbré de veines onduleufes blanches : treize pouces de long fur onze de large & cinq d'épaiffeur.

276 Un grand morceau de zéolithe blanche cryftallifé en longues aiguilles divergentes , raffemblées en faifceaux : onze pouces de long fur fept & demi de large & trois d'épaiffeur.

377 Un grand bloc de pouding formé de cailloux de diverfes couleurs , liés par une matiere de quartz gris , neuf pouces de long fur fept de large.

278 Une tabatiere & fon couvercle de pouding d'Angleterre.

279 Sept plaques de pouding d'Angleterre des plus belles couleurs, formant une tabatiere.

280 Deux tabatieres de pouding de Rennes à cailloux jaunes fur un fond fanguin.

281 Un pouding très-rare, compofé de petits cailloux verdâtres tranfparents.

282 Une roche talqueufe femée de grenats, & polie fur un côté.

283 Une superbe plaque ovale polie des deux côtés;
de grenats liés entr'eux par une ſtéarite verte tranſparente : huit pouces trois lignes ſur ſix pouces.

QUARTZ ET CRISTAUX DE ROCHE.

284 Un très-beau bloc de criſtal de Madagaſcar : un
pied de hauteur ſur treize pouces de largeur.

285 Un autre bloc de criſtal de Madagaſcar de dix-
huit pouces de haut ſur quatorze de large.

286 *Idem.*

287 Un groupe de criſtaux de roche de 14 pouces de
longueur ſur 10 de largeur; ces criſtaux ſont blancs,
diaphanes, de 15 lignes de diametre & au-deſſous,
à long priſme hexagone , terminé d'un côté par
une pyramide à ſix pans, & fixé par l'autre ſur
une matrice de quartz blanc & gris.

288 Un autre un peu moins grand , des montagnes
du Dauphiné , à cryſtaux gris - verdâtres , auſſi
colorés par une vapeur métallique, en criſtaux de
la grandeur de ceux de l'article précédent, & qui
en different en ce que leurs pyramides ſont moins
régulieres , & manquent même dans pluſieurs qui
ſont tronquées de biais.

289 Un autre groupe à peu près de même grandeur,
& dont les criſtaux ſont colorés par une vapeur
métallique.

290 Un autre moins grand , dont les criſtaux auſſi
colorés en jaune ſont moins ſaillants & couchés
confuſément les uns ſur les autres; on y diſtingue quelques cryſtaux verds , & la baſe eſt ſemée
de pyrites ferrugineuſes noires.

291 Un très-beau groupe de criſtaux de roche auſſi colorés en jaune, de dix pouces de long ſur ſix de
large ; un des canons a trois pouces de diametre
ſur ſix de hauteur, quelques-uns ſont couchés de
maniere que l'on apperçoit les deux pyramides.

292 Un très-beau groupe de gros canons de criſtal blanc,

amoncelés & entaffés les uns fur les autres, d'une maniere fort irréguliere, ayant prefque tous des iris dans leur intérieur ; la plupart de ces canons ont à peu près trois pouces de diametre fur fix de longueur ; le groupe entier porte neuf pouces de large fur dix de haut.

293 Un beau groupe de criftaux de roche de onze pouces de long fur neuf de large ; ces criftaux font blancs, très-diaphanes, de fix lignes de diametre & au-deffous, & font tous inclinés du même fens.

294 Un groupe de criftaux de roche incruftant les deux côtés d'une lame épaiffe de quartz ; les canons qui forment la crête de cette lame font couchés de maniere que, dans beaucoup, on apperçoit les deux pyramides : dix pouces de longueur.

295 Un groupe de criftaux de roche de Suiffe, petits pour la plupart, blancs, tranfparents, confondus & entaffés les uns fur les autres, d'une maniere fort irréguliere ; il forme une maffe d'un pied de hauteur fur treize pouces de largeur & d'un pouce ou deux d'épaiffeur, dont une des faces offre une partie des canons plus ou moins faillants ; mais ils font tellement confondus dans l'autre, qu'on n'y re-marque qu'une furface prefque plane & comme formée de plufieurs lames pofées en recouvrement les unes fur les autres ; fa furface eft femée çà & là de criftaux rhomboïdaux de fpath fufible blanc-opaque.

296 Un groupe de fept pouces fur fix, couvert en tous fens de petites aiguilles de criftal de roche.

297 Un groupe de canons de criftal de roche, dont deux plus gros & plus faillants que les autres, ont un pouce & demi de diametre.

298 Un groupe de canons de criftal, dont la partie fupérieure eft peu faillante ; l'inférieure engagée dans une roche micacée.

299 Un groupe de trois canons de criftal de roche ti-rant fur le brun : les canons ont trois pouces de diametre.

300 Un groupe de canon de criftal de roche du Dauphiné , incrufté & embarraffé d'aiguilles prifma-
tiques de fchorl verd.

301 Un groupe très-fingulier de quartz - druzen ; chaque criftal eft formé de deux criftaux , tous deux
à prifmes & pyramides à fix pans très-réguliers ;
le criftal intérieur a fa furface couverte de pyrites en partie décompofées ; le criftal extérieur
qui recouvre le premier en eft diftant d'environ
une ligne , & n'y adhere que par un tiffu feuilleté de lames verticales très-minces : une moitié latérale de prefque tous les criftaux eft détruite,
ce qui laiffe voir cette finguliere ftruêture , remarquable encore en ce que cette deftruction a
lieu dans tous les criftaux du même côté : fix
pouces de long fur trois & demi de large.

302 Un joli groupe d'aiguilles de criftal de roche d'un
blanc laiteux ; on remarque entre les aiguilles des
marcaffites criftallifée ; les aiguilles du criftal font
hériffées d'autres aiguilles très-déliées qui s'en détachent en angle droit.

303 Un groupe d'aiguilles de criftal de roche entre lefquelles font retenus des criftaux réguliers de
blende ; fa bafe eft colorée en verd par un fchorl
verd en pouffiere : quatre pouces & demi fur deux
& demi.

304 Un groupe d'aiguilles de quartz avec le même accident , & un autre de longues aiguilles de quartz
très-déliées.

305 Un joli groupe de fines aiguilles de criftal de roche ,
colorées en verd à leur bafe ; plufieurs de ces
aiguilles font de la fineffe d'un cheveu.

306 *Idem*, avec pyrites cubiques ftriées.

307 Un groupe de criftaux de roche en fines aiguilles ;
ce groupe porte fix pouces de long.

308 Un groupe de criftaux de roche colorés en verd
par leur bafe.

309 Un joli groupe de longues aiguilles déliées de criftal

de roche tranfparent , dont la bafe eft colorée en verd : quatre pouces fur quatre pouces.

310 Un joli groupe d'aiguilles de quartz colorées en jaune par le fer.

311 Un groupe d'aiguilles de quartz colorées en verd à leurs bafes , dont les canons font engagés dans une pyrite fulphureufe mamelonnée.

312 Un beau groupe d'aiguilles de quartz.

313 Un groupe d'aiguilles de criftal de roche , femé de criftaux de blende rouge.

314 Un groupe d'aiguilles de quartz.

315 *Idem.*

316 *Idem.*

317 Deux *idem.*

318 Deux *idem.*

319 Deux *idem.*

320 Deux groupes de criftaux de quartz , l'un coloré en verd , l'autre avec pyrites.

321 Deux *idem*, dont un avec de pyrites à quatre pans, terminées par une pyramide à cinq facette.

322 Trois *idem.*

323 Trois antres groupes d'aiguilles de quartz.

324 Trois *idem.*

325 Six *idem.*

326 Trois *idem.*

327 Deux *idem.*

328 Un beau groupe d'aiguilles de quartz , longues , déliées & d'une belle eau : huit pouces de long fur quatre de large.

329 *Idem* , coloré en verd à fa bafe : fix pouces de long.

330 Quatre morceaux de quartz criftallifé.

331 Un groupe d'aiguilles de quartz.

332 *Idem* avec pyrites.

333 Un groupe de criftaux de roche coloré en verd à fa bafe , avec pyrites cubiques ftriées , femées entre les criftaux.

334 Deux groupes de criftaux de roche , l'un à bafe colorée en verd , l'autre auec blende.

335 Un groupe de très-longues aiguilles déliées de crifal de roche d'une belle eau, avec pyrites ; la bafe eft colorée en verd.

336 *Idem*, dont les aiguilles font moins longues & plus groffes.

337 Un groupe d'aiguilles de criftaux de roche femé de pyrites octaedres très-régulieres, & de criftaux de blende auffi octaedres.

338 Six groupes de criftaux de roche.

339 Un groupe de criftaux de roche en longues aiguilles femées de pyrites cubiques.

340 *Idem.*

341 *Idem.*

342 Trois *idem.*

343 Six *idem.*

344 Six *idem.*

345 Quatre *idem.*

346 Deux *idem.*

347 Un groupe de criftaux de roche femés de blende.

348 Un groupe d'aiguilles de quartz.

349 Quartz-druzen à gros criftaux couleur d'hyacinte, de Ehrenfriederfdorff en Saxe.

350 Quartz-druzen couleur d'améthifte, dont la furface eft comme grefillée.

351 Quartz-druzen, dont la bafe offre des cavités for-mées par la décompofition des pyrites qui la rem-pliffoient.

352 Un grand & beau groupe de quartz - druzen à gros criftaux recouverts en partie de pyrites : onze pouces fur neuf.

353 Un beau groupe de quartz - druzen d'un pied de large fur onze pouces ; les cryftaux font pelo-tonnés en gros mamelons : la bafe eft recouverte de pyrites.

354 Un groupe de quartz-druzen blanc , auffi à ma-melons ; la furface extérieure eft femée de pyrites octaedres.

355 *Idem.*

356 Un autre fur une bafe de mine de plomb, qui donne aux criftaux une teinte bleuâtre ; ils font recouverts de pyrites.

357 Un autre groupe de quartz-druzen, à gros criftaux fur une bafe de galene.

358 Un autre faifant partie d'une grande géode garnie intérieurement de mamelons arrondis, formés de criftaux de quartz a rayons convergens autour d'un centre qui paroît être une lame de fchorl, ainfi qu'on peut s'en affurer dans l'épaiffeur de la bafe, où l'on diftingue les criftaux dans toute leur longueur.

359 Un beau groupe de quartz druzen en gros mamelons cylindriques ; les criftaux qui forment chaque mamelon font d'un blanc éclatant vers la bafe du mamelon ; le milieu eft teint en bleu par la mine d'argent qui fait l'intérieur de ce morceau ; la partie fupérieure eft toute recouverte de fer fpathique en petits grains : huit pouces & demi fur cinq.

360 Un très-beau groupe de quartz-druzen, compofé de mamelons arrondis, glomerés les uns à côté des autres ; chaque mamelon eft compofé de quatre couches ; la plus inférieure de fer fpathique, la fuivante de fpath fufible blanc à ftries divergentes; la troifieme de mine d'argent noire mêlée intimement avec le fpath, auffi à ftries divergentes, & donnant aux criftaux de quartz qui forment la couche fupérieure, une couleur bleue foncée ; ces cryftaux font recouverts en partie de fer fpathique criftallifé en petites écailles : neuf pouces fur fix.

361 Un groupe de quartz-druzen prefqu'entiérement recouvert de pyrites.

362 Un très-beau groupe de quartz-druzen, en grandes lames verticales placées en divers fens : dix pouces de long fur cinq de large.

363 Une boule d'agate ou géode à criftallifations intérieures, du duché des Deux-Ponts, rare pour

fa grandeur ; elle eſt de forme ovoïde comprimée
& fciée en deux parties égales dans le plan de
fon grand axe ; elle a feize pouces & demi de
largeur fur quatorze de hauteur ; les criſtaux de
quartz-druzen qui tapiſſent fon intérieur font blancs
& rougeâtres , parfemés de marcaſſites; les deux
morceaux font polis fur les bords.

364 Quatre-druzen blancs femés de pyrites en crêtes
& de champ : huit pouces fur fix.

365 Une géode de quartz-druzen brun femé de points
pyriteux.

366 Quatre portions de géode, favoir : une couleur
d'améthiſte à couche extérieure de quartz ſtrié
blanc, d'un pouce & demi d'épaiſſeur ; une dont
le fond eſt couleur d'améthiſte , recouvert d'une
couche blanche opaque d'environ deux lignes d'épaiſ-
feur ; une d'améthiſte fur une couche d'agate à
filets , & une dont les criſtaux concentriques font
légérement améthiſtés & dont la furface donne les
couleurs de l'arc-en-ciel.

367 Quatre portions de géode d'améthiſte , dont une
en plaque quarrée & l'autre polie.

368 Quatre quartz-druzen de différentes efpeces.

369 Quatre autres.

370 Trois autres variétés , dont une à très-petits criftaux rougeâtres fur une mine de fer ; une mamelonnée a criſtaux couleur d'améthiſte fur une agate
cariée , & une à criſtaux légérement teinte en
brun fur une agate à filets concentriques rouges.

371 Quatre petits quartz-druzen , dont un à longues
aiguilles déliées tranſparentes , quelques-unes de
ces aiguilles font à deux pointes ; une autre à
plus gros criſtaux; une à criſtaux opaques inclinés fur leur bafe ; une à criſtaux couleur d'hyacinte , & recouverts de fer mi cacé noir.

372 Quatre canons détachés de criſtal de roche blanc,
tranſparent , dont le plus gros à trois pouces &
demi de diametre.

373 Un fragment de criſtal d'un brun foncé, dans lequel on apperçoit une belle iris.

374 Un galet de criſtal couleur de topaze, d'unè belle
eau, dans lequel on apperçoit divers accidents.

375 Un criſtal brun, ſingulier en ce que la pyramide
paroît compoſée de neuf pans très - diſtincts ; il
porte quatre pouces de diametre.

376 Dix canons de criſtal de roche des eſpeces ci-deſſus
décrites.

377 Un groupe de deux canons de criſtal de roche,
dont l'intérieur eſt rempli d'amiante.

378 U n groupe de deux canons de criſtal de roche blanc,
d'une belle eau, dont l'intérieur paroît rempli de
lames d'argent vierge très-brillantes.

379 Un très-beau morceau poli & arrondi de criſtal
de roche, de deux pouces & demi de haut ſur
autant de large & un pouce & demi d'épaiſſeur,
dont l'intérieur eſt rempli de lames iriſées des plus
vi es couleurs, & d'un grand nombre de petits
filets contournés en divers ſens les uns vers les
autres, argentins, & qui paroiſſent être de l'argent vierge.

380 Quatre criſtaux accidentés ; dans l'un on apperçoit une ſeconde pyramide compoſée de petits grains
formant un nuage verdâtre, ayant le même nombre de pans que la pyramide extérieure ; deux remplis de filets capillaires de ſchorl verd, & un autre.

381 Six petites cafes contenant des canons iſolés de
criſtal de roche, dont pluſieurs d'une belle eau,
ayant les deux pyramides très-diſtinctes ; les autres auſſi à deux pyramides à ſix pans comme les
autres criſtaux de roche, ſéparés par des priſmes
auſſi à ſix pans plus ou moins longs, & diverſement colorés de rouge, de noir & de gris, connus
ſous le nom de hyacinte de Compoſtelle ; plus,
une cafe remplie de criſtaux de roche roulés, tels
que l'on en trouve dans différentes rivieres.

382 Un beau groupe d'hyacintes adhérentes par une

de leurs pyramides à une maſſe de quartz : trois
pouces & demi de long.

383 Une boule de deux pouces & demi de diametre,
toute hériſſée de criſtaux d'hyacinte pareils aux
précédents, mais très-peu ſaillants.

384 Une autre boule de deux pouces de diametre, dont
les cryſtaux ſont plus gros & plus ſaillants.

385 Cinq blocs de quartz opaque & une boîte de criſtaux de roche toulés de différentes rivieres.

PIERRES PRÉCIEUSES.

386 Une bague d'un rubis du Bréſil, paſſé au feu, de
forme quarrée, les coins arrondis.

387 Une bague d'une améthiſte de belle couleur, de
forme à huit pans.

388 Une bague d'une hyacinte de forme ovale.

389 Une bague d'une vermeille taillée en goutte de
ſuif.

390 Une bague d'un beau grenat de forme ovale.

391 Une bague d'une belle aigue marine tirant ſur le
verd, de forme quarrée arrondie.

392 Une bague d'une grande aigue marine bleue.

393 Une bague d'un péridot de Ceylan , monté à
jour.

394 Une bague d'un péridot.

395 Une bague d'une grande topaze du Bréſil en forme
de poire.

396 Une bague d'un criſtal de roche de forme ovale
alongée, contenant dans ſon intérieur des pyrites
en criſtaux octaëdres.

397 Une cryſopraſe montée en bague.

398 Une bague d'une agate arboriſée orientale, dont
l'arboriſation forme l'éventail.

399 Une bague d'une agate d'orient, avec arboriſation
blonde ſur un fond très-pur & blanc.

400 Une bague d'une agate d'orient arboriſée noire,
ſur un fond blanc mamelonné.

401 Une bague d'une agate d'orient fond blanc, avec des arborifations brunes & rouges.

402 Une bague d'une agate d'orient arborifée fur un fond gris de forme quarrée.

403 Une bague d'agate d'Allemagne, repréfentant une bouteille, avec quelques arborifations.

404 Une bague d'une agate avec filets circulaires d'un blanc opaque.

405 Une bague d'une fardoine taillée en goutte de fuif.

406 une bague d'une tête de finge gravée en relief fur un faphir d'orient.

407 Une bague d'un criftal de roche moufleux avec iris.

408 Une bague d'un morceau d'ambre jaune, renfermant une mouche.

409 Un grand grenat des Indes, de forme ovale, monté en plomb : dix lignes de long fur fept de large.

410 Une portion de canon d'émeraude de neuf lignes d'épaiffeur, polie d'un côté ; ce morceau curieux, dont nous ignorons le pays, a près d'un demi-pied de circonférence, & paroît avoir fait partie d'une colonne beaucoup plus grande, à douze pans d'inégale largeur, dont deux forts petits forment un angle rentrant.

411 Une mine d'émeraude du Pérou ; on y diftingue un gros canon hexagone d'émeraude, & quelques autres petits, avec des criftaux de fpath calcaire & de l'afphalte.

412 Une topaze de Bohême d'une belle couleur, ayant près de deux pouces dans fon grand diametre fur un pouce & demi dans le petit.

413 Une portion de canon de rubis balais, de dix-neuf lignes de diametre fur fix ou fept d'épaiffeur.

414 Un modele en criftal de roche du diamant du Roi nommé le régent, dans une boîte de chagrin noir.

415 Une fuite très-intéreffante de quarante quatre petites

pierres fines, favoir : un diamant brut plat ; un autre octaëdre de couleur brune ; un diamant taillé en brillant ; une aigue marine ; un péridot brut ; deux hyacintes brutes criftallifées réguliérement, l'un en parallélipipede, l'autre en prifme à huit pans ; trois rubis d'orient ; un rubis balais ; un rubis fpinelle ; une émeraude brute à fix pans ; une autre taillée de belle couleur ; deux autres moins foncées ; deux emeraudes du Bréfil ou tourmalines ; une topaze d'orient, une du Brefil ; une améthifte ; un petit canon de quartz fur fa matrice, qui, au premier coup-d'œil, paroît être d'émeraude par fa couleur, mais que les fix pans de fon prifme & de fa pyramide déterminent pour être un criftal de roche coloré en verd par le cuivre ; trois faphirs d'orient, dont un de la plus riche couleur ; un faphir laiteux d'une couleur très-agréable ; une opale calcédoine de couleur très-vive ; une opale feld-fpath taillée en goutte de fuif ; une opale brute ; deux pierres de lune ; une chatoyante verte, une jaune, une brune ; trois turquoifes ; un petit morceau de jade taillé à huit pans ; une petite crapaudine-onix ; une rubaffe ou criftal de roche coloré en rouge ; deux criftaux de roche à deux pointes de la plus belle eau.

416 Une petite boîte à trois tiroirs rentrants à couliffe les uns fur les autres, diftribuée en cinquantequatre petites loges, contenants des hyacintes, grenats, améthiftes, émeraudes, topazes, faphirs, rubis, diamants, opales, turquoifes, crapaudines onix & perles.

417 Une petite boîte d'ivoire contenant trente - neuf petites pierres fixées fur la cire, telles que rubis, diamants, topazes, faphirs, péridots, grenats, turquoifes, opales, &c.

418 Dix-huit verres de montre & douze petites cafes contenant des grenats bruts, ifolés ; un gros grenat

de Bohême ; une roche micacée contenant des grenats, des hyacintes brutes & taillées, des chryfolites brutes, des faphirs, des topazes, des vermeilles, des rubis d'orient & autres, des améthiftes, des émeraudes brutes, des criftaux de roche bruts & taillés ; un petit fac plein d'améthiftes porphyrifées & des criftaux faux imitant les pierres fines ci-deffus décrites.

419 Une fort belle loupe de perles mamelonnées, de pierres d'un pouce de longueur fur neuf lignes.

420 Une fuite de perles fines de toutes les couleurs & variétés contenues dans onze verres de montre, & un nerf de coquille dont on fait l'efpece de pierre appellée plume de paon, parce qu'elles en ont la couleur chatoyante.

421 Un très-beau grenat de Bohême, enveloppé d'une couche de fchift verdâtre, poli fur une de fes faces : quatre pouces de diametre fur deux & demi d'épaiffeur.

PIERRES FIGURÉES.

422 Une plaque ovale de caillou d'Egypte, repréfentant un très-beau payfage ; elle eft montée en vermeil, & enrichie de trente-fix grenats.

423 Deux grandes plaques à bords contournés en pendants, de très-beau caillou d'Egypte, repréfentant chacune une grotte, dont la voute feroit garnie de petites arborifations.

424 Un caillou d'Egypte repréfentant diverfes figures : dans l'un on voit diftinctement un bufte de femme ; dans un autre une jambe & un pied de femme, & dans le troifieme un lievre courant.

425 Un caillou d'Egypte très-rare, fond maron, moucheté de petites arborifations noires concentriques.

426 *Idem.*

427 Un cailloux gris taillé en plaque ovale, repréfentant parfaitement une tête & fon bufte.

428 Une autre plaque ovale du même caillou , repréfentant aufîi très-bien une tète d'homme vue
de profil.

429 Une pierre de Florence de vingt-un pouces de
long fur quatre & demi de large , dans une bordure de bois noirci à filets d'or , repréfentant
très-bien une riviere dont le rivage feroit planté
d'arbres ; on diftingue au - deffus des arbres un
ciel nuageux.

430 Des pierres de Florence repréfentant des ruines.

431 Une pierre de Florence arborifée , dans laquelle
on a incrufté des jafpes de différentes couleurs ,
pour repréfenter une maifonnette ; elle eft encadrée
de filets noirs & appliquée fur ardoife.

432 Une autre plaque de pierre de Florence , arborifée , auffi encadrée de filets noirs & de marbre
blanc , & plaquée fur ardoife.

433 Une tabatiere de fix plaques de pareille pierre de
Florence arborifée , du plus beau choix.

434 Quatre pierres arborifées , dont deux de Florence
& une repréfentant des ruines.

435 Une pierre appellée lardite ; elle reffemble fi parfaitement à un morceau de petit-falé entrelardé ,
que les plus clair-voyants y feroient trompés.

436 Deux autres morceaux curieux , l'un reffemble
à un morceau de lard avec fa couenne , l'autre
à un cervelas coupé par la moitié.

437 Cinq priapolites , dont une avec fes tefticules ;
un caillou dont le noyau reffemble parfaitement
à une noix , & une concrétion pierreufe & globuleufe , formée de plufieurs couches ou enve-
loppes friables , concentriques , comme le bezoard ,
animal , ce qui leur a fait donner le nom de bezoard foffile ; celle-ci vient de la province de Quito ,
au Pérou , où on leur attribue la même vertu
qu'au bezoard animal.

438 Un très - beau ludus-helmontii de Dieulouard en
Lorraine ; c'eft une pierre calcaire en maffe fphé-

roïdale fort comprimée , d'envirou dix-huit pouce
de diametre fur cinq d'épaiffeur dans fon milieu
mais dont l'épaiffeur diminue vers les bords , c
qui lui donne affez de reffemblance à un gran
pain rond.

Ce que cette pierre a fur-tout de remarquable
ce font des cloifons fpatheufes plus ou moins éle
.vées, depuis une ligne jufqu'à cinq , qui former
fur une de fes furfaces des compartiments poly
gones de toutes fortes d'angles & de différent
diametres, mais grands pour la plupart; ces cloifon
pénetrent auffi dans l'intérieur de la maffe qu'elle
partagent en plufieurs polygones , dont les interf
tices font ordinairement tapiffés de petits criftau
de fpath calcaire en grappes ; cette pierre eft ex
trèmement pefante.

439 Une plaque de ludus polie fur fes deux faces , c
qui laiffe diftinguer les cloifons blanches fpathi
ques qui les divifent.

440 *Idem.*

441 Une plaque d'argile gris , fur laquelle s'étenden
de grandes ramifications calcaires.

442 *Idem.*

443 Une géode criftallifée rare ; les criftaux de quartz
druzen dont elle eft tapiffée ont toutes leurs py
ramides chargées de ftries longitudinales hâchée
en forme de rides ; mais ce qui la diftingue par
ticuliérement , ce font de fines aiguilles pyrami
dales formées d'un affemblage de petits grains d
quartz de couleur jaune , aglutinés enfemble ; ce
aiguilles , dont quelques-unes ont plus d'un pouc
de longueur, font de vraies ftalactites, qui on
lear bafe fur les parties latérales des criftaux , &
leur pointe tournée vers le centre de la boule.

444 Sept pierres globuleufes, dont l'intérieur ordinai
rement caverneux , contient les criftaux à deu
pointes , connus ordinairement fous le nom d
diamant

(225)

diamants du Dauphiné, dont deux entieres & cinq
ouvertes, pour en laisser voir l'intérieur.

445 Sept géodes quartzeufes criftallifées de Normandie, de forme fpheroïdale, à mamelons intérieurs
revêtus de petits criftaux blancs-bleuâtres; on les
nomme melons du Mont-Carmel : plus, une geode
des environs de Soiffons, nommée vulgairement
faliere ; elle eft à plufieurs pans irréguliers, &
ouverte pour faire voir la criftallifation intérieure,
qui eft un amas de petits criftaux de quartz peu
réguliers & pelotonnés enfemble. Une petite géode
affez finguliere en ce que fon noyau, qui eft de
filex, ainfi que la géode, eft de forme cylindrique & excede, par une de fes extrèmités, le corps
de la géode où il joue fans en pouvoir fortir ;
& un œuf tourné de pierre blanche.

MINÉRAUX.

SELS.

No. 1 UN très-beau groupe de fel en ftaláctite, formant une efpece de grappe de huit poúces &
demi de haúteur fur vingt de circonférence ; cette
grappe eft partie mamelonnée, partie à feuille-
tures faillantes & déchiquetées de couleur blanche,
& vient de la montagne de Cardonne en Cata-
logne.

2 Deux gros morceaux de fel gemme de Sowaer en
Hongrie, dont un de couleur orangé, l'autre eft un
peu moins foncé en couleur & comme formé de
fibres couchées l'une fur l'autre & dans un même
plan, ce qui l'a fait nommer haar-falh ou fel thé-
velu.

3 Deux morceaux de fel gemme du même endroit,
l'un de couleur blanche, l'autre blanc, bleu &

P

jaunâtre ; ces trois couleurs forment autant de zónes distinctes , ce qui rend ce morceau très-curieux.

4 Deux morceaux de sel gemme , l'un rougeâtre de Cardonne , l'autre de sel en stalactite du même endroit ; celui-ci est d'un beau blanc de neige.

5 Sept morceaux de sel , savoir : un cubique de Willifca , un de Giovalli , un de Cordonne ; un autre granuleux & trois variétés d'alun.

6 Un petit coffret couvert , une croix de Lorraine & un chapelet de sel gemme de Cardonne.

7 Une grande & superbe stalactite d'alun cristallisé en octaëdre : quatorze pouces de haut sur un pied de large.

PYRITES NON CRISTALLISÉES.

8 Huit variétés de pyrites martiales globuleuses, dont plusieurs ouvertes , pour en laisser voir le tissu intérieur, savoir, pyrite martiale jaune & brune dans du grès de Falhun, pyrite martiale argilleuse brune , pyrites striées brunes à tête clouds, pyrites applaties & autres.

9 Six variétés de pyrites martiales , savoir, une grosse pyrite en globules , à surface protuberancée & parsemée de cavités radiées dues aux bases des aiguilles qui les composent ; on les nomme pierres de foudre ; une autre dont les protubérances sont plus aiguës ; elle est formée de plusieurs de ces pyrites liées ensemble & laissant entr'elles des intervalles , de Longenhdelk ; une autre de Tournai , dont les protubérances sont moins sensibles , & trois autres , dont une à couche applatie.

10 Dix-huit pyrites martiales formant dix variétés ; savoir : deux globuleuses du Poitou ; une globuleuse de la riviere de Doulas, près Brest ; trois brunes & deux noires de Palu près le Moutier ; une argileuse des carrieres de Saint - Laurent

fauxbourg de Tournai ; fix pyrites cylindriques jaunâtres, à furface raboteufe, à rayons intérieurs concentriques, & percées d'un petit canal dans toute leur longueur & autres.

11 Douze autres pyrites martiales & fulphureufes en maffe, dont une dans un fchift noir, d'Hupar en Dauphiné ; une autre avec glhur calcaire ; une pyrite cuivreufe en maffe ; une pyrite fulphureufe arfenicale de Muhen-Hauren ; une ferrugineufe d'Italie ; une cuivreufe des environs de Soiffons, un autre cuivreufe de Dublin & autres.

12 Cinq groffes pyrites cuivreufes informes, dont une du Dauphiné, avec fchift verdâtre & hæmatite fuperficielle ; une avec fpath calcaire criftallifé & galene ; une du Velai, avec fpath calcaire blanc micacé & fines aiguilles de fchorl blanc ; une avec faierts & fpath calcaire ; une autre vitriolique, qui commence à fe décompofer, avec quartz & argile.

MARCASSITES OU PYRITES CRISTALLISÉES.

13 Un joli groupe de pyrites cubiques ftriées, criftallifées très-réguliérement, avec quartz blanc déchiqueté.

14 Un joli groupe de marcaffites dodecaedres très-brillantes, avec fpath perlé blanc & fchift verd.

15 Un groupe très-agréable de pyrites octaedres mêlées de criftaux de roche fur quartz déchiqueté : cinq pouces fur trois.

16 Un groupe de pyrites criftallifées & mamelonnées de Clauftal au Hartz.

17 Pyrites fulphureufes en ftalactites.

18 Un joli morceau de pyrites octaedres femées de criftaux de fpath féléniteux blanc ; ce morceau, formé en ftalactite, eft percé dans toute fa longueur : cinq pouces de long.

19 Quatre groupes de pyrites dodécaedres & cubiques.
20 Un groupe de pyrites cubiques ftriées.
21 Six groupes de pyrites dodécaëdres cubiques.
22 Quatre *idem*.
23 Trois *idem*.
24 Un groupe de deux aiguilles de quartz opaque, recouvertes de pyrites criftallifées & colorées : quatre pouces fur trois.
25 Un groupe de pyrites mamelonnées criftallifées.
26 Quatre autres.
27 Six *idem*.
28 Quatre *idem*.
29 Deux pyrites, dont une en ftalactite.
30 Deux autres, dont une femée de quartz.
31 Deux groupes de groffes pyrites cubiques.
32 Une pyrite mamelonnée.
33 Deux *idem*.
34 Quatre *idem*.
35 Sept *idem*.
36 Trois *idem*.
37 Trois *idem*.
38 Six *idem*.
39 Un groupe de pyrites colorées, avec fer fpathique d'Andréasberg.
40 Un groupe de pyrites avec fpath calcaire, & un de quartz.
41 Spath feuilleté femé de pyrites du Hartz.
42 Cinq ardoifes avec marcaffites, favoir : une avec pyrites en maffe & marcaffites cubiques très-petites; une avec marcaffites cubiques plus groffes; une ardoife verdâtre de Heffe, avec pyrites cubiques; un fchift noir micacé d'Alais, recouvert de pyrites criftallifées confufément; un morceau de fchift noir de Saxe, auffi recouvert d'une couche de pyrites.
43 Huit groupes de marcaffites, favoir : un criftallifé confufément, de Saint-Léger, près d'Autun;

un avec quartz de la Croix-aux-Mines ; un
autre avec spath calcaire lamelleux ; un autre en
cubes striés dans un schist ; un de Saxe dans du
quartz ; un avec cristaux de roche & fer spathique cristallisé en crête de coq ; un groupe de
marcassite dodécaëdres & de cubiques striées.

44 Vingt-quatre variétés de groupes pyriteux, savoir : un de marcassites en cubes tronqués sur les
côtés dans un schist verd d'Auvergne ; un de Suisse
avec verd de montagne ; un de Pologne avec
fer spathique ; un du Berry, un avec cristaux de
roche, un avec spath calcaire feuilleté ; un groupe
de marcassites, les unes icosaëdres formées par
vingt triangles équilatéraux, les autres décaëdres
avec blende dans la base ; un de marcassites à
stries divergentes rassemblées en faisceaux, de la
haute Alsace ; un des environs de Caën ; deux
dodecaëdres de l'isle d'Elbe, un d'octaëdres de
Cambrai, un de cubiques striées, un avec fer
spathique, un sur quartz-druzen & autres.

45 Une boîte contenant cinquante-quatre pyrites, cubiques brunes, cubiques jaunes, cubiques tronquées sur les côtés, octaëdres, dodecaëdres du
Velai, d'Espagne, de Westmanie, de Coromandel, &c.

46 Quatre groupes de marcassites, dont une en crête
de coq hexagone, en cristaux très-fins posés de
champ & rassemblés en mamelons sur un spath fusible lamelleux ; un groupe de pyrites octaedres
tronquées en mamelons épars sur une galene cubique, avec quaztz en masse de Blankerburg ; une
marcassite globuleuse avec un peu de quartz ; un
groupe de marcassites cristallisées confusément avec
spath cubique & quartz-druzen.

47 Trois gros groupes de marcassites, savoir : un de
pyrites dodecaëdres formées d'une infinité de petits
feuillets entassés les uns sur les autres, groupés
avec un spath pyramidal recouvert d'un autre spath

calcaire criſtalliſé en écailles, avec un filon de ga-
lène & quelques portions de quartz du comté de
Derby en Angleterre ; un groupe de pyrites dodecaëdres raſſemblées ſur une galene teſſulaire &
recouverte de mamelons formés de cryſtaux ſpa-
tiques hexagones, à pyramides trièdres formées de
trois plans pentagones ; un fort groupe de marcaſſites criſtalliſées confuſément de l'iſle d'Elbe.

48 Un très-beau plateau de roche griſe recouverte
d'un grand nombre de pyrites cubiques jaunes très-
éclatantes, placées en divers ſens.

49 Un groupe très-rare de pyrites en priſmes fort
longs, paralleles, ſerrés les uns contre les autres,
& formant à la ſurface une infinité de cubes &
de pentagones diverſement inclinés ; la baſe eſt un
ſchiſt noirâtre.

50 Un groupe de quartz en longues aiguilles ſur leſ-
quelles ſont ſemés des mamelons de pyrites de
diverſes criſtalliſations.

51 Un plateau de mine de plomb noire, lamelleuſe,
ayant l'apparence & le brillant ſpathique recouvert de marcaſſites très-brillantes, à très - petits
criſtaux mamelonnés & tombant en ſtalactite, de
Bretagne.

52 Un très-gros groupe de marcaſſites criſtalliſées
d'Angleterre, d'un jaune-verdâtre, iriſées en quelques endroits & diſpoſées en mamelons arrondis
ſur du ſpath fuſible lamelleux ; la baſe eſt en partie pyriteuſe, en partie calcaire : un pied de haut
ſur onze pouces de large & cinq pouces d'épaiſſeur.

53 Un fort beau groupe de marcaſſites jaunes dodecaedres, très-brillantes, de l'iſle d'Elbe, quelques-
uns des criſtaux ont plus d'un pouce de diametre ;
le groupe entier porte un pied de long ſur huit
pouces de large.

DEMI-MÉTAUX.

ARSENIC.

54 UN gros & très-rare morceau d'arsenic rouge
& noir natif, en petis cristaux transparents, de
Joachimstal en Bohême.

55 Un morceau d'arsenic noir en masse, avec spath
fusible blanc lamelleux ; un morceau d'orpiment
feuilleté très-pur, & d'un jaune-luisant-doré ; orpiment jaune & verd dans les fractures, réalgar
ou arsenic rouge natif de la Chine.

56 Pyrite pierreuse d'arsenic ou pierre arsenicale,
en morceau compacte, informe, d'un gris-de-
cendre tirant un peu sur le bleu, parsemé de petites particules brillantes, de Loefasen en Dalécarlie ; orpiment verdâtre brillant dans les fractures, mêlé d'orpiment feuilleté couleur d'or très-
brillant ; orpiment feuilleté couleur d'or & réalgar de la chine, brillant dans les fractures.

COBALT.

57 Un rare morceau de cobalt en cristaux, avec ses
fleurs quartz & kupfernikel, de Saint-André à
Annaberg.

58 Un morceau de cobalt blanc, avec kupfernikel
dans une roche spathique & quartzeuse de Styrie
quatre pouces sur trois.

59 Un très-beau morceau de cobalt cristallisé en
cubes, dont les angles sont tronqués, rassemblés
en gros mamelons sur un quartz-druzen aussi mamelonné ; la base est semée de fleurs de cobalt
en poussiere violette : ce beau morceau vient de

Sainte-Marie-aux-Mines, & porte cinq pouces de long fur quatre de large.

60 Un morceau de cobalt gris en maffe très-compacte, avec pouffiere de cobalt couleur de pêcher, fpath & quarrz d'Efpagne.

61 Un morceau de cobalt gris criftallifé de Freiberg, dans un quartz; un morceau de mine de cobalt noire teftacée, de Saint-André à Annaberg.

62 Un morceau de cobalt noir feuilleté & compacte, avec fpath fufible feuilleté de Wirtemberg; un de cobalt noir teftacé d'Annaberg; un de Kup-fernikel, avec fpath calcaire & verd de mon-tagne.

63 Un morceau de mine de cobalt grife criftallifée, avec criftaux de roche de Freyberg ; un morceau de cobalt feuilleté & teftacé noir, avec fpath fu-fible rougeâtre du Wirtemberg.

64 Une plaque polie des deux côtés de cobalt tricoté en dendrites, riche en argent, dans un fchift noir.

M I S P I K E L.

65 Mifpikel criftallifé avec fpath fluor verd & cuivre jaune gorge-de-pigeon.

66 Un morceau de mifpikel en aiguilles brillantes.

B I S M U T H.

67 Deux morceaux de bifmuth gorge-de-pigeon, avec fleurs de cobalt de Schuberg & trois mor-ceaux de régule de bifmuth.

Z I N C.

68 Sept variétés de pierres calaminaires.

69 Quatre morceaux de mines de zinc ou blendes, favoir : un de blende fpéculaire à larges facettes, très-compacte & très-pefante; un en mamelons,

recouvert de quartz druzen; avec galene, un de blende criſtalliſée chatoyante ; un de blende rougeâtre feuilletée de Bohême, & un morceau de régule de zinc.

70 Un ſuperbe groupe de gros criſtaux de blende, avec fer ſpathique criſtalliſé & quartz-druzen de Halberg au Hartz : ſept pouces ſur quatre.

71 Blende rouge criſtalliſée & à grandes facettes ſpéculaires : quatre pouces de long ſur deux d'épaiſſeur.

72 Blende criſtalliſée colorée gorge-de-pigeon, avec fer ſpathique criſtalliſé & pyrites dans un ſchiſt, avec quartz de Stolberg au Hartz.

73 Un groupe de criſtaux de blende ſemés entre des aiguilles de quartz.

74 Un ſuperbe groupe de criſtaux de blende colorée gorge-de-pigeon ſur un ſchiſt.

75 Six blendes, ſavoir : une rouge écailleuſe avec galene ; une en tables avec verd-de-montagne ; une compacte en lames luiſantes de Savoie ; une avec plomb & verd-de-montagne ; une avec plomb, quartz blanc & cuivre jaune ; une avec galene & quartz blanc ; & deux morceaux de régule de zinc.

76 Six blendes, dont une rougeâtre criſtalliſée avec galene ; trois autres à très - petits grains avec galene ; une avec mine de fer blanche refractaire ; une rougeâtre micacée de Dalécarlie ; deux régules de zinc & un charbon couvert de quelques grains de zinc.

77 Quatre manganaiſes, dont une de Franche-Comté, à petits grains & feuillets noirs mêlés de fer ſpatique ; une en aiguilles divergentes dans un ſpath fuſible blanc de Thuringe, une noire à petits grains, du Piémont ; une noire compacte & micacée, de Sainte-Marie.

ANTIMOINE.

78 Un grand & beau morceau d'antimoine à groſſes aiguilles formées de grandes lames ſpéculaires, recouvertes de ſoufre doré, d'antimoine criſtalliſé & de criſtaux de quartz ; quelques - unes des aiguilles ſont percées dans toute leur longueur d'un large ſiphon, & ont près de huit lignes de diamètre ; ce morceau a ſix pouces & demi de long ſur trois de large, de Toſcane.

79 Un très-beau morceau d'antimoine en fines aiguilles ſtriées très-éclatantes, ſemées en très-grand nombre dans un quartz déchiqueté & criſtalliſé.

80 Un rare morceau d'antimoine en plumes rouges, dans une maſſe de quartz criſtalliſé bleuâtre, avec quelques pyrites.

81 Cinq morceaux d'antimoine griſe micacée, la plupart unis avec de la galene d'Auvergne, de Corſé, & autres endroits.

82 Onze morceaux de mine d'antimoine griſe, dont un à groſſes aiguilles ſtriées, recouvertes d'un ſoufre jaune d'antimoine ; deux en fines aiguilles & les autres lameſleuſes compactes, dont une dans une roche micacée : pluſieurs morceaux de verre d'antimoine & deux régules.

MERCURE.

83 Un grand & beau morceau de cinabre du Palatinat, en criſtaux triangulaires, avec des globules de mercure vierge dans un quartz impregné de cinabre : ſix pouces ſur quatre.

84 Un morceau très-peſant & très-compacte de mine de fer & cinabre : huit pouces de long ſur ſept de large & deux d'épaiſſeur.

85 Un morceau très-compacte & très-riche de cinabre hépatique d'Almaden.

86 Un autre morceau de cinabre.

87 Un plateau de cinabre d'Almaden d'un rouge foncé.

88 Un morceau d'une roche quartzeufe femée de pyrites & veiné de fpath blanc & de cinabre d'un rouge-vif ; un très-joli morceau de cinabre criftallié dans une roche de fpath calcaire blanc & de quartz gris.

89 Un très-beau morceau de cinabre en filon , ayant l'apparence & le brillant fpathique , entre deux couches de fchift verdâtre.

90 Six morceaux de cinabre , dont cinq en pouffiere impalpable de la plus belle couleur , fur un pyrite vitriolique , nommés fleurs de cinabre ; un curieux morceau de marcaffite cubique mêlé de cinabre ; une mine de mercure vierge dans un quartz blanc mêlé de mica de Tofcane.

91 Un Un très-beau morceau de fleurs de cinabre de la plus vive couleur , dans une capfule , & fous une cloche de criftal.

92 Un morceau de cinabre en fleurs , avec pyrites & mine de fer fpathique du Palatinat.

93 Un fuperbe groupe de félénite rhomboïdale décaëdre , tronquée par les angles , recouverte & remplie intérieurement de grains de cinabre de la plus vive couleur , fur une roche noîrâtre impregnée de cinabre criftallifé. Ce fuperbe morceau porte cinq pouces & demi de long fur quatre & demi de large , & vient de Guadalcanal.

94 Un très-beau morceau de cinabre criftallifé , recouvrant des lames de félénite rhomboïdale décaëdre , tronquée par les angles , avec marcaffites en aiguilles fur une matrice de grès fin de Wolcftein dans l'Electorat-Palatina.

MÉTAUX.

PLOMB.

95 QUATRE morceaux de galene , favoir : une
à points brillants micacés, riche en argent ; une
à grandes facettes fpéculaires très-brillantes ; une
à petits grains brillants & ftriée , ou mine de plomb
antimoniée ; une de galene recouverte de pyrites
verdâtres criftallifées en cubes ; la bafe eft recouverte d'une chaux de plomb couleur fafranée de
Munfter-chal.

96 Six autres galenes , dont une ftriée & antimoniée
d'Annaberg ; une couleur d'acier avec fpath d'Alface ; une à très - petits cubes tenant argent de
Sainte-Marie ; elle eft à bafe de fer fpathique ; une
à très - petits grains , avec de la pierre cornée
des Suédois, de la Dalécarlie ; une à moyens cubes,
avec ochre jaune ferrugineufe & criftaux de plomb
blanc de Poullavoen , & une qui paroît avoir été
altérée par le feu , de Vienne.

97 Six autres galenes , dont une à facettes brillantes,
mêlée de fpath calcaire criftallifé blanc ; une à
petits cubes , mêlée de fpath fufible dans une roche
rougeâtre de Bendorff, comté du Sayn-Alterkir-
ken ; une autre avec plomb blanc fpathique fur
une roche cornée, dont les cavités font tapiffées
de petits criftaux de quartz druzen de la Dorothée , au Hartz ; une autre en deux veines, féparée par un filon de quartz blanc opaque de Bretagne ; une autre avec mine de fer en chaux jaune,
de la Croix-aux-Mines.

98 Neuf morceaux de galene, favoir : une à petits
grains , mêlée de blende ; une mêlée de criftaux

de roche ; une autre à petits grains brillants de Chambéri en Tarentaise ; une tessulaire de Sahlbourg ; une à surface spéculaire du canton de Berne, une à petits cubes très - brillants dans un schist noirâtre ; une à facettes brillantes avec mine de cuivre jaune & quartz, & deux morceaux de galene à grands cubes.

99 Six morceaux de galene, dont une à petites facettes, de Bretagne ; une tenant argent, du Bourbonnois ; une tenant cuivre & antimoine ; une en masse noire compacte d'Auvergne ; une à trèspetits grains, dans un schist bleuâtre ; une à moyens cubes, mêlée de mine de cuivre jaune & recouverte de vapeurs bleues & violettes, & un morceau de plomb fondu provenant des mines de Bretagne.

100 Douze galenes, dont un cube isolé de galene trèsbrillante, dont la surface est moirée, du Canada ; une avec ochre ferrugineuse d'Angleterre ; une à très-petetits grains brillants, de Tarentaise ; elle rend sept onces d'argent & quarante - cinq livres de plomb au quintal ; galene à petits grains, avec pierre ollaire de la Dalécarlie ; galene à grandes facettes spéculaires de Pompean ; plomb en masse grise très-compacte, de la Dorothée & autres ; plus une case contenant des scories des mines de plomb, de Poullavoen, en Bretagne.

101 Sept galenes, dont une disposée en deux lames, entre lesquelles est un filon épais de blende rouge lamelleuse très-compacte ; une avec blende rouge cristallisée & spath calcaire de Sisteron ; une autre avec blende de Vienne en Dauphiné ; une galene en masse compacte grise, très-riche en argent, avec pyrites & quartz blanc de Savoie ; une autre lamelleuse, recouverte d'un gris argilleux ; une autre avec quartz blanc, de la Lorraine-Allemande.

102 Trois autres gros morceaux de galene, dont une

avec ochre ferrugineufe de Savoie ; une autre à
petits & moyens cubes, dans une roche calcaire
micacée de Salberg, & la troifieme à grands cubes,
avec cuivre pyriteux & fpath calcaire de Freyberg.

103 Trois morceaux de galene, favoir : une avec blende
rouge écailleufe, dans un fpath vitreux de Franche-
Comté ; galene à grands cubes dans un quartz
de Pompean ; galene avec cuivre jaune & quartz
criftallifé, de Cheffi

104 Un rare morceau de galene à grands cubes, avec
cuivre jaune, pyrites & petits criftaux de plomb
rouge tranfparents, de Franche-Comté.

105 Galene à grands cubes fpéculaires très - brillants,
recouverte d'une couche épaiffe de blende rouge
ftriée, fur laquelle eft une autre couche de pyrites fulphureufes & vitrioliques de Lorraine.

106 Un joli groupe de galene en criftaux, les uns octaëdres, les autres dodecaëdres, difpofés en lames
& mamelons très - confufément les uns fur les
autres ; on y remarque des groupes de criftaux
de roche en aiguilles blanches demi-tranfparentes,
& des pyrites criftallifées de Freyberg.

107 Un joli morceau de quartz blanc demi-tranfparent,
recouvert de criftaux de roche très - diaphanes,
femés de criftaux de galene cubique, tronquée
fur les angles, de Zellerfeld.

108 Galene à grands cubes, recouverte prefqu'entiérement de criftaux de fpath calcaire en prifmes
à fix pans terminés par une pyramide triedre
formée de plans pentagones.

109 Un morceau de galene criftallifée, mêlée de criftaux de quartz blanc & de fpath calcaire en petits
faifceaux couchés irréguliérement entre fes criftaux.

110 Galene recouverte de criftaux de Mifpikel criftallifé, dont les criftaux font recouverts d'une
couche de pyrites verdâtres du Palatinat ; un morceau de galene cellulaire & fibreux, qui paroît
avoir fouffert l'altération du feu.

111 Galene en cubes détachés, rassemblés par un de leurs angles & recouverts d'une couche terreuse grise, saupoudrée d'une chaux de plomb en poussiere rouge.

112 Un morceau de galene tessulaire, à grands cubes fortement tronqués ; ce beau morceau porte quatre pouces & demi sur trois pouces.

113 Galene à grands cubes entre deux épontes quartzeuses, dont les cristaux sont chatoyants, & donnent toutes les couleurs de l'arc-en-ciel ; ce superbe morceau porte trois pouces de long sur un pouce & demi de large.

114 *Idem.*

115 Un morceau rare & curieux de galene à très-petits grains, dans du grès mamelonné du duché des Deux-Ponts ; mine de plomb sablonneuse micacée de Grosshol ; galene en cristaux triangulaires tronqués sur les angles, & recouverts d'une poussiere noire opaque dans du grès ferrugineux du Hartz.

116 Mine de plomb dans une espece de granit rouge de Brisgauw ; mine de plomb terreuse grise, avec cinabre & pyrites du duché des Deux-Ponts ; mine de plomb terreuse, avec plomb blanc spathique de Corse ; galene avec ochre & plomb blanc spathique cristallisé.

117 Six mines de plomb terreuses, savoir : une de Vienne en Dauphiné ; une avec galene, de Nord-Hem ; une dans une pierre calcaire à petits grains ; une dans une argille verte de Saxe ; une qui paroît avoir éprouvé l'action du feu ; une argilleuse des environs de Namur.

118 Vermillon natif en poussiere, de la plus vive couleur, sur de la galene.

119 Un très-rare & très-beau morceau de mine de plomb blanche spathique, cristallisée en aiguilles prismatiques fines, formées d'autres encore plus déliées, & groupées confusément les unes sur les autres ; ce morceau, qui imite par son éclat &

ſa couleur des ſoies de ſatin blanc effilées , &
ſans matrice, vient de Saxe.

120 Un groupe de mine de plomb blanche, d'un blanc
éclatant & ſatiné, en aiguilles raſſemblées en faiſceaux qui paroiſſent ſtriés & aſſez ſemblables à
des brins de paille couchés & entrelaſſés ſans ordre,
dans une mine de fer ochracée garnie de plomb blanc
Fribourg en Briſgaw : cinq pouces ſur trois.

121 Un grand & magnifique morceau de plomb blanc
en aiguilles capillaires ſtriées & ſatinées, recouvertes preſque toutes de malachite en pouſſiere
verdâtre & de cuivre azuré criſtalliſé ; la baſe
formée d'une mine de fer noire terreuſe & de quartz
auſſi ſemé d'aiguilles de plomb blanc & de mamelons de malachite ſoyeuſe, des anciennes mines
du Hartz, de ſix pouces de haut ſur cinq & demi
de large & quatre d'épaiſſeur.

122 Un beau & rare morceau de plomb blanc ſatiné,
en groſſes aiguilles arrondies, terminées par un
bouton arrondi, formées chacune d'aiguilles plus
déliées; elles ſont recouvertes d'une malachite verte
foncée qui s'éclaircit vers la baſe; leur ſurface
eſt ſemée de petites aiguilles très-fines de plomb
blanc ; elles ſont raſſemblées en faiſceaux divergents ſur une matrice quartzcuſe jaunâtre : ce
rare morceau porte quatre pouces de long ſur deux
de hauteur, & vient des anciennes mines du Hartz.

123 Un beau morceau de malachite mamelonnée ſoyeuſe, formé de ſtries divergentes hériſſées d'un grand
nombre de fines aiguilles de plomb blanc très-ſaillantes : cinq pouces & demi ſur quatre pouces.

124 Un fragment de géodes de quartz-druzen, dont
les criſtaux ſont diſpoſés en mamelons & de couleur d'améthiſte, recouverts en quelques endroits
d'une mine de fer ochracée brune, & toute ſemée
ſur ſa ſurface extérieure de longues aiguilles de
plomb blanc très-brillantes, colorées légérement
en noir & entrelacées confuſément de maniere à
laiſſer

laisser entr'elles des intervalles sensibles ; la base de ce morceau est un quartz déchiqueté lardé d'aiguilles de plomb blanc , dans les cavités duquel on remarque des lames de quartz roulées en cornet, qui affectent une forme hexagone ; ces cavités sont entourées de deux zônes, l'une bleue l'autre blanche moins compacte que le reste de sa base, du pays d'Aremberg : cinq pouces de large sur trois de haut.

125 Un morceau de quartz en plateau cellulaire, dans les cavités duquel on observe des faisceaux d'aiguilles entrelacées irrégulièrement & de l'espece décrite au numéro précédent, du Hartz : cinq pouces de haut sur six de large.

126 Mine de plomb blanche , spathique , en cristaux partie lamelleux, comme la sélénite , partie semblable à l'asbeste avec galene & petits cristaux de quartz de Fribourg en Brisgauw ; sa surface est semée d'ochre ferrugineuse jaunâtre en poussiere : six pouces de long sur quatre & demi de large.

127 Un morceau de mine de plomb noire en plateau, sur une base quartzeuse brune ; sa surface est semée de gros cristaux en prismes hexaèdres , terminés par deux pyramides trièdres de plomb carné , diversement incliné, de Sainte-Marie-aux-Mines.

128 Un très-joli plateau de quartz , recouvert de mamelons formés d'aiguilles divergentes de plomb spathique de couleur lilas-clair ou gris-de-lin , disposés en dendrites & formant une infinité de petits buissons ; les aiguilles paroissent être des prismes hexagones striés ; ce morceau vient de Pompean, & porte cinq pouces de long sur quatre de large ; sa base est semée d'une poussiere de chaux de plomb jaunâtre.

129 Un groupe de gros cristaux de plomb spathique, d'environ quatre lignes de diametre , formés en prismes hexagones striés & tronqués, de la cou-

leur & du pays du précédent : quatre pouces & demi fur trois pouces.

130 Un groupe de criftaux fpathiques lie-de-vin , formant des prifmes hexagones ftriés & tronqués, recouverts d'une pouffiere noirâtre fur une bafe de galene & de quartz de Tfchoppau en Saxe : cinq pouces de large fur cinq de haut.

131 Mine de plomb noire criftallifée , de l'efpece précédente , entre deux couches de fpath vitreux , de la Riche-Efpérance à Tfchoppau en Saxe.

132 Un groupe de criftaux de plomb fpathique , noirs, fiftuleux , en prifmes à fix pans tronqués ; leur noyau paroît être de galene en petits grains, dont leur furface eft auffi recouverte ; leur tiffu eft fpongieux ; la bafe eft une galene mêlée de quartz : trois pouces & demi fur quatre pouces , de Poullavoen.

133 Un autre morceau de mine de plomb du même pays & de même couleur , qui ne differe du précédent qu'en ce que les criftaux font ftriés profondément à leur furface , granuleux , difpofés en faifceaux formés par d'autres petits prifmes fort déliés ; ils font auffi fiftuleux : ce morceau porte fept pouces fur fix.

134 Plomb noir en ftalactite , de Bretagne ; la bafe de ce morceau eft garnie de criftaux longs & déliés de plomb fpathique de même couleur , à fix pans tronqués & jettés en divers fens les uns fur les autres : cinq pouces fur trois.

135 Un grand & beau morceau de mine de plomb noire , pyriteufe , en ftalactite , dont la bafe eft compofée partie de criftaux de plomb noir , en prifmes hexagones tronqués, compactes , partie des mêmes criftaux fiftuleux de Bretagne ; huit pouces & demi fur fept.

136 Un grand & beau morceau de fpath calcaire gris, caverneux , recouvert dans toutes fes cavités & fa furface de houppes de criftaux de plomb

fpathique verd-clair, difpofé en buiffon de la forme la plus agréable ; ces criftaux paroiffent être des prifmes hexagones tronqués & ftriés ; plufieurs font fiftuleux ; ce joli morceau porte fix pouces & demi fur quatre, & vient de Fribourg en Brifgauw, ainfi que les fuivants.

137 Un plateau de mine de plomb verte mamelonnée, fur une bafe de quartz carié jaune, femée d'une pouffiere noire ferrugineufe : fept pouces fur fix.

138 Un grand plateau de quartz recouvert de criftaux de plomb verd en mamelons difpofés en dendrites, & de couleur verd de pré : quinze pouces de long fur huit de large.

139 Un autre plateau de quartz ferrugineux entiérement recouvert de criftaux de mine de plomb fpatique du plus beau verd-pré, fur lefquels s'élevent des buiffons de mêmes criftaux plus faillants, difpofés en dendrites : onze pouces fur neuf.

140 Un beau morceau de mine de plomb fpathique jaune, en fines aiguilles, du Bannat.

É T A I N.

141 Un criftal d'étain blanc, d'un pouce trois lignes, fur un pouce & demi ; mais dont il eft très-difficile de déterminer la figure, à caufe de l'irrégularité de fa criftallifation de Saxe.

142 Un très-gros criftal d'étain noir, formant un cube rectangle, dont les bords font totalement tronqués, de part & d'autre, deux pouces de diametre.

143 Un fuperbe criftal d'étain noir pour fon volume & fa forme, ayant deux pouces de diametre, deux de fes pans quarrés fe joignent en angle droit.

144 Un joli morceau de mine d'étain, avec fpath cubique violet, mifpikel criftallifé & ghur de Johann-Georgenftad ; fix pouces & demi de long.

145 Un morceau d'étain criftallifé avec pyrites dode-

caëdres , & fpath fufible , violet , de Cornouaille ;
cinq pouces fur quatre.

Les criftaux très-gros & très-nombreux, font
de la plus belle confervation.

146 *Idem.* Trois pouces fur deux.

147 Un morceau de mine d'étain criftallifé de cor-
nouailles.

148 Un très - joli morceau de mine d'étain de la
même mine.

149 Un morceau de mine d'étain , avec mifpikel &
fluor d'améthifte.

150 Un morceau de mine d'étain criftallifé d'Ehrenfriedersdorff.

151 Un joli groupe de criftaux d'étain noir très-bril-
lant , & parfaitement confervé.

152 Un canon de criftal de roche , de trois pouces &
demi de long , fur un côté auquel eft adhérent
un beau groupe de criftaux d'étain noir d'Ehrenfriedersdorff.

153 Un très-beau groupe de gros criftaux d'étain noir ,
fur un fpath vitreux blanc, d'Eybenstock.

154 Un groupe de criftaux d'étain rougeâtre , mêlé de
fpath calcaire criftallifé

155 Un fuperbe groupe de criftaux d'étain noir bien
confervés , épars dans un groupe de canons de
criftaux de roche , de couleur brune , d'Altenberg,
quatre pouces fur trois & demi.

156 Un groupe de criftaux d'étain rougeâtre , un peu
tranfparens , mêlés de fpath fufible , dans une
roche de pierre cllaire.

157 Un plateau de roche talqueufe micacée, remplie
de criftaux d'étain noir d'Altenberg , fix pouces
de long fur quatre de large.

158 Mine d'étain criftallifé dans une roche verdâtre
micacée ; les criftaux font noirs, un peu tranfparens & veinés de gris & de rougeâtre, & paroiffent indiquer le paffage de l'étain noir à l'étain
blanc , d'Eybenstock.

159 Mine d'étain noir en maſſe criſtalliſée en quelques
endroits, de Bohême , & une d'étain criſtalliſé noir
avec quartz , & petites hyacintes d'Ehrenfriedersdorff.

160 Mine d'étain noire criſtalliſée dans une roche rouge
quartzeuſe, formant deux ſalbandes, ſéparées par
des aiguilles de quartz blanc de Nawensdorf en Saxe.

161 Mine d'étain noire en petits criſtaux dans le mica
avec criſtaux de quartz de Cornouaille.

162 Mine d'étain noire criſtalliſée, dans une roche rouge
quartzeuſe avec criſtaux de roche blancs, &
ſpath vitreux verdâtre du pere Abraham , à
Schwartzenberg.

163 Un groupe de deux très - gros criſtaux d'étain
rougeâtre, de deux pouces & demi de diametre
chacun, de Cornouaille.

164 Mine d'étain criſtalliſée noire , dans une roche de
mica criſtalliſé , réguliérement en priſmes hexaëdres
très-courts, tronqués aux deux bouts du gros
carré , à Ehrenfriedersdorff.

165 Trois morceaux d'étain criſtalliſé , dont un de
Bohême, & un autre d'Altemberg.

166 Un groupe de criſtaux de ſchorls en priſmes
ſtriés dans une roche quartzeuſe griſe d'Eybenstock
en Saxe.

F E R.

167 Un très-gros morceau d'aimant, de ſept pouces
de haut ſur neuf de large, & ſix d'épaiſſeur ,
avec fer ſpathique & criſtaux d'étain.

168 Une pierre d'aimant taillée en cubes, & un morceau d'émeril d'Eſpagne

169 Mine de fer en géodes tapiſſées de criſtaux de
quartz de Lutherberg au Hartz.

170 Fer micacé avec quarth , de Breitenback en
Thuringe.

171 Un morceau de fer en chaux rouge , ſemé de

cuivre foyeux verd, en houppes divergentes, du Bannat.

172 Fer micacé criftallifé de Thuringe.

173 Fer micacé en grandes lames noires du Voitgland

174 Quatre morceaux de fer, favoir : une variété d'émeril, nommée pierre de Périgeux, émeril gris, folide de Jerfey, émeril noir, émeril en pierres mamelonnées du Hartz.

175 Quatre autres mines de fer noir, en petits grains brillans dans leurs facettes, de deventer en Ovérifel; une mine de fer limoneufe brune du Berry; une mine de fer mêlée de grès & de pyrites de Pontoife, près Paris, que l'on a foupçonnée contenir de l'or.

176 Mine de fer brune, mêlée de quartz, polie fur une de fes faces ; mine de fer brune mêlée de poix minérale ; mine de fer brillante bleuâtre, mêlée de feuillets fpathiques noirs de Weftmanie ; mine de fer noire micacée par couches de Riddarhytan ; mine de fer refractaire en pailletes verdâtres micacées du Canada.

177 Mine de fer grife, avec mica de Nord-Mark en Suede ; mine de fer graniteufe & quartzeufe noirâtre de Suede, mine de fer folide d'un noir tirant fur le bleu de Hoeberg (cette mine étoit autrefois magnétique) mine de fer noirâtre folide à fuperficie luifante du même endroit.

178 Neuf morceaux de mine de fer, favoir : un en colonnes hexagones formées par de petits feuillets hexaèdres entaffés les uns fur les autres, mine de fer brune fpathique de la nouvelle Jerfey en Amérique, trois morceaux de mines de fer arfénicales blanches à fracture brillantes, du même pays, les grains paroiffent être des criftaux de fer octaèdre ; une mine de fer granuleufe de l'efpece précédente ; mais dont la bafe eft de fer fpathique; mine de fer fchifteufe de Dannemore ; mine de fer

verte foyeufe en maffe, mine de fer en grenats rouges tranfparens en maffe.

179 Trois morceaux de mine de fer, dont un micacé rouge & gris, nommé eyfenram, un morceau de mine de fer rouge compacte, un autre ochreux, rouge & cellulaire.

180 Un très-beau morceau de mine de fer fpéculaire de l'ifle d'Elbe à criftaux dodecaëdres donnant toutes les couleurs de l'iris ; ce beau morceau porte neuf pouces de haut, fur huit de large & fix d'épaiffeur.

181 Un autre morceau de fer de l'ifle d'Elbe, criftallifé en crête de coq, dix pouces de haut, fur neuf de large.

182 Un autre fer de l'ifle d'Elbe, à grands criftaux en crêtes de coq, en partie gorge - de - pigeon, en partie recouvert d'une efflorefcence rougeâtre, neuf pouces fur fix.

183 Un morceau de fer de l'ifle d'Elbe, dont la gangue eft ferrugineufe & quartzeufe, & dont les criftaux lenticulaires font recouverts en partie d'efflorefcence couleur de vermillon.

184 Un autre à gros criftaux, chatoyans de la plus vive couleur.

185 *Idem.*

186 *Idem*, à criftaux lenticulaires pofés de champ.

187 *Idem*, à très gros criftaux chatoyans, femé dans dans toutes fes cavités de petits criftaux de roche légérement colorés en roge par le fer.

188 Un autre fer de l'ifle d'Elbe criftallifé en crête, dont les cavités font remplies de criftaux du plus beau pourpre, fur une bafe d'ochre ferrugineufe mêlée de fer micacé.

189 Un beau morceau de fer de l'ifle d'Elbe, à grandes feuilles convergentes, nué par zônes de violet de verd & de brun, & réfléchiffant les plus vives couleurs de l'iris ; fept pouces fur quatre.

Q 4

190 Un morceau de fer de l'ifle d'Elbe micacé rouge
& noir, mêlé d'ochre rouge & jaune.

191 Un autre morceau de fer micacé de l'ifle d'Elbe,
difpofé avec les ochres rouges & jaunes par couches
horifontales très-diftinctes.

192 Un morceau de mine de fer noire, avec ochre
jaune & rouge, & un de mine de fer fpéculaire
criftallifé en crêtes, & chatoyans tous deux, de
l'ifle d'Elbe.

193 Un morceau d'ochre jaune, nué par grandes taches
de rouge, & recouvert d'un fer noirâtre terreux,
& un morceau de mine de fer noire, fpongieufe,
caffante, difpofée par feuillets & en ftalactite,
& recouverte d'ochre rouge, tous deux de l'ifle
d'Elbe.

194 Quatre morceaux de mine de fer fpéculaire de
l'ifle d'Elbe, des efpeces ci-deffus décrites.

195 Un morceau de mine de fer fpéculaire, grife à
feuillets verticaux, entre deux bandes de fpath
fufible du val-d'ajols en Lorraine, & deux morceaux
de fer fpéculaire criftallifé de l'ifle d'Elbe, dont
un à gros criftaux recouvert en partie de criftaux
de roche.

196 Deux morceaux de mine de fer criftallifé fpéculaire de l'ifle d'Elbe, dont une à très - gros
criftaux légérement irifés ; une autre à criftaux
lenticulaires très-fins, mêlés de criftaux de roche,
blancs & recouverts en partie d'une efpece d'argille blanchâtre, à-peu-près de la nature de celle
que l'on obferve dans le laittier des forges de
Mr. Grignon.

197 Sept variétés de mines de fer fpéculaires criftallifées, dont une à criftaux réfléchiffant les plus
vives couleurs de Lorraine, une autre à feuillets
noirs, dans une cavité de quartz criftallifé en
aiguilles, quatre morceaux des variétés de la
même mine, ci-deffus décrite, une de Franche-

Comté, une d'Alface ayant à-peu-près la même ftructure.

198 Mine de fer grisâtre obfcure, toute femée de criftaux de roche, & de l'efpece de ghur blanc, décrit fur le n°. 196, de l'ifle d'Elbe.

199 Un morceau d'hématite en ftalactites couleur d'or, de Cologne Electorat.

200 Huit variétés d'hématite fibreufe rouge ou fanguine, favoir : une dont les fibres font peu fenfibles, & qui reffemble au crayon rouge ; une argilleufe, dont on fait le crayon rouge, quatre d'hématite fibreufe dont on fait les pierres à polir, une d'hæmatite lamelleufe du Dauphiné, & une d'hæmatite auffi lamelleufe de Norwege.

201 Une très-belle & très-rare hématite noire, à petites aiguilles cylindriques, terminées en mamelons, & ferrées parallelement les unes contre les autres, à-peu-près comme dans l'efpece de tubipore appellé tuyau d'orgue ; ce morceau eft de St. Michel, à Sofan près Eybenftock.

202 Une très-grande & rare hématite en ftalactite, formée de petits mamelons cylindriques alongés, fe terminant par une aiguille déliée, d'Amérique; un pied de long fur 10 pouces de large.

203 Un beau morceau d'hématite mamelonnée, caverneufe ; partie des mamelons font hériffés de petites pointes très-aigues, partie font couverts de petits grains liffes & brillans, & les autres à furface fpéculaire, la bafe eft une mine de fer brune, remplie d'ochre jaune un pied de haut.

204 Une hématite très-curieufe compofée de feuillets féparés, fur lefquels s'élevent perpendiculairement de longues aiguilles cylindriques très-déliées ; cette belle hématite porte neuf pouces & demi de haut fur cinq de large.

205 Une hématite noire caverneufe, remplie de filets cylindriques granuleux verticaux, laiffant entr'eux des intervales à jour, & quelquefois liés par des

efpeces de membranes; la bafe eft garnie de mamelons d'hématite, qui contiennent dans leur intérieur
une efpece de ghur de fer, d'un brun foncé, &
ftrié du centre à la circonférence du mameion.

206 Une hématite noire en ftalactite granuleufe, la
bafe eft garnie de petits mamelons granuleux et
végétations, neuf pouces de haut.

207 Une hématite formée de longs cylindres arrondis,
fe terminant en pointes, colorés par zônes de verd
& de jaune, l'intérieur de ces cylindres eft compofé de ftries rougeâtres très-fines & chatoyantes
qui vont du centre à la circonférence.

208 *Idem* dont les cylindres font moins élevés, & ne
forment prefques que des mamelons, & une portion
d'une très-groffe hématite rougeâtre, fphérique
compofée de ftries verticales & concentriques
la furface de cette hématite eft un peu mamelonnée en quelques endroits, véloutée & arborifée.

209 Une très-belle hématite noire, à longs cylindre
granuleux, verticaux & paralleles, formant une
belle gerbe.

210 Un morceau d'hématite fibreufe rougeâtre, à
furface liffe, & garnie de petits grains peu fenfibles; les ftries de cette hématite font d'abord
convergentes, fe refferent par le milieu, & de-
viennent enfuite divergentes; une autre hématite
noire granuleufe, en gros cylindres tuberculeux
fiftuleux, & fe terminant par un mamelon
arrondi.

211 Un morceau très-curieux d'hématite noire mamelonnée, à furface liffe & brillante fillonnée feulement de petites lignes longitudinales qui la rendent
comme ftriée, dans les interftices des mamelon
qui font légérement granuleux.

212 Une belle & rare hématite, d'un noir très-lui-
fant, mamelonnée en géodes.

213 Une rare & belle hématite d'un noir luifant, dont
la furface eft femée de petits grains.

214 Un hématite d'un noir luisant mamelonnée &
tuberculeuse.

215 Un hématite mamelonnée , garnie de cylindes
peu prononcés d'un noir moins luisant que la
précédente.

216 Une hématite noire mamelonnée , dont toute la
surface est semée de petits grains lisses & arrondis ,
& dont les mamelons sont interrompus quelquefois
par lames verticales en forme de crêtes de la même
nature que l'hématite.

217 Une hématite mamelonnée d'un noir luisant à
facettes.

218 Une rare & belle hématite de Cologne , noire,
mamelonnée, cellulaire, remplie par-tout de filets &
de membranes très-déliées , & imitant très-bien des
grappes de raisin qui seroient recouvertes de toiles
d'araignée, l'intérieur des mamelons paroît être
une ochre jaune durcie , ainsi qu'on le voit par
quelques - uns d'entr'eux qui sont ouverts ; ce
morceau curieux porte sept pouces de long.

219 Une hématite très-curieuse en longs cylindres
tuberculeux, noirs, qui s'élargissent en montant
& vont se terminer en de grosses boules protu-
bérancées, d'un noir luisant ; ces cylindres laissent
entr'eux des interstices; leur base est un quartz
blanc cellulaire.

220 Une hématite noire en stalactites cellulaires formées
de grosses stries longitudinales granuleuses, recouvertes de l'efflorescence jaune verdàtre.

221 Un hématite de même espece que la précédente;
& une à surface d'un noir luisant.

222 Une hématite compacte noire, à surface spéculaire lisse , formée dans son épaisseur de stries
longitudinales paralleles, & une hématite noire
en cylindres luissant entr'eux des interstices.

223 Trois hématites noires à tubes cylindriques, de
différentes. variétés.

224 Quatre autres.

225 Trois autres aussi a cylindres, dont une à les cylindres liés entr'eux par des filets imitant la toile d'araignée.

226 Une hématite cellulaire, feuilletée, noire ; quelques-unes de ses feuilles font garnies de petits mamelons arrondis verdâtres ; les autres de petites épines cylindriques imitant celle des ourfins miliaires ; une autre hématite noire caverneufe, dont les cavités font garnies de longs cylindres verticaux fe terminant en pointes très-aigues.

227 Une hématite noire en cylindres peu diftincts & granuleux, une autre auffi, en longs cylindres noirs peu diftincts, tuberculeux, & rangés parallelement.

228 Une hématite mamelonnée caverneufe, remplie de lames de quartz blanc fendillé, & une hématite noire à filets cylindriques, terminés par de gros mamelons arrondis.

229 Une hématite feuilletée cellulaire recouverte en partie d'une hématite liffe, mamelonnée noire & blanche, & une autre à mamelons & cylindres grenus, noirs, à bafe de quartz blanc.

230 Une hématite noire à cylindres grenus, une tuberculeufe & mamelonnée, à furface grenu d'un noir luifant.

231 Trois *idem.*

232 Trois *idem.*

233 Une magnifique & très-rare hématite de Cologne ; fa furface extérieure eft mamelonnée & dorée trèséclatante, l'inférieure cellulaire eft garnie de cylindres déchiquetés noirs ; la face latérale intérieure divifée en trois cloifons horifontales faillantes, toutes formées de cylindres mamelonnés finiffant en pointes aigues, eft de la plus belle couleur d'or ; quelques uns d'entr'eux font d'un noir luifant ; ce morceau imite par fa ftructure ces ftalactites de glaces qui garniffent les bords des toits : il porte quatre pouces

& demi de haut fur quatre d'épaiſſeur & ſix de largeur.

234 Une hématite mamelonnée noire , quelques endroits de ſa ſurface ſont dorés , & très-éclatans, d'autres ſemés de ſanguine ou crayon rouge.

235 Un galet de jaſpe jaune rempli de mine de fer ſpéculaire , ſolide , noirâtre ; il eſt poli ſur une de ſes faces.

236 Un morceau de fer micacé, criſtalliſé en petites écailles lenticulaires très-brillantes de framont.

237 Un rare morceau de mine de fer ſpatique criſtalliſée , formée de petits grains ronds liés entr'eux par une ſubſtance fibreuſe brune.

238 Mine de fer ſolide griſe & rouge , curieuſe en ce qu'elle contient de l'opale de Buckartzgruin à Schunberg en Saxe.

239 Un très-curieux & rare morceau de mine de fer brune , terreuſe , en longs tubes cylindriques, ſtriés dans leur intérieur , liés entr'eux comme dans les tubipores que ce morceau paroît avoir été primitivement ; ſept pouces ſur ſix.

240 Un dépôt ſableux & ferrugineux jaune formant une plaque de plus d'un pied de longueur ſur un peu moins de largeur , avec des veines de fer noir onduleuſes ; ce morceau eſt curieux.

241 Un autre morceau de la même grandeur que le précédent , mais plus épais , de marbre gris , tirant ſur le jaune de la même eſpece que celui nommé pierre de Florence , & ſur lequel des veines de fer noir forment les plus belles dendrites.

242 Un morceau très-curieux de mine de fer brune limoneuſe , compoſée de longs cylindres paralleles unis enſemble , de ſix lignes de diametre environ ſur ſept pouces de long , d'Obriſſau en Bohême.

243 Un très-beau morceau de fer ſpathique en lames rhomboïdales , formant de petits mamelons glo-

buleux, épars fur un quartz-drufen blanc de Clausthal, huit pouces de long fur fix & demi de large.

244 Un fort beau morceau de fer fpathique gris , criftallifé en écailles femées de pyrites groupées en mamelons arrondis fur une bafe de quartz-drufen , teint en quelques endroits de bleu par le plomb ; cinq pouces & demi fur quatre du Hartz.

245 Un joli groupe de fer fpathique jaunâtre , fur un quartz-drufen blanc, dont la bafe contient de la galene de Cologne.

246 Un morceau caverneux de fer fpathique brun chatoyant , & irifé dans une ochre ferrugineufe avec hématite & quartz blanc.

247 Une mine de fer fpathique grife, compacte, en lames écailleufes rhomboïdale, du Dauphiné ; un morceau d'aimant , un morceau d'hématite terreufe noire , folide , un autre en géode.

248 Bois & racine changés en mine de fer de couleur noire , recouverte d'une ochre brune, des forges de St. Maurice en Canada.

249 *Idem.*

250 Treize morceaux de mines de fer , dont un de fer fpathique criftallifé de Savoie ; un de fer fpéculaire en lames pofées de champ, du mont d'or ; un de fer fpathique brun rhomboïdal ; un de mine de fer dans une argille violette ; une mine de fer brune caillouteufe ; deux mines de fer en grains raffem-blées dans une roche jaunâtre ; une racine de bois minéralifée en fer ; mine de fer caillouteufe, on apperçoit dans ce morceau une cavité cubique produite par un cube pyriteux qui s'eft décompofé; mine de fer noire folide de Nordberg en Weftmanie; mine de fer noire folide de Konisberb ; mine de fer noire argilleufe avec pyrites cuivreufes ; mine de fer rouge folide avec hématite feuilletée.

251 Dix variétés de mine de fer , favoir : une brune fabloneufe de Compiegne ; une argilleufe brune formée par couches concentriques autour d'un

noyau, d'Alface ; mine de fer hépatique folide ;
mine de fer limoneufe cellulaire ; mine de fer noire
folide par couches dans une mine de fer limoneufe
jaune ; deux variétés de mine de fer aigre & cellulaire de Bourgogne , hématite fibreufe rouge
fur un quartz ; mine de fer fpathique de Lorraine ;
mine de fer brune & noire dans du grès.

252 Dix variétés de mine de fer limoneufe , favoir :
une en globules de Neuchatel , une noirâtre
hépatique des environs d'Alençon & autres ; deux
des mines de St. Maurice au Canada & autres.

253 Dix autres mines de fer fablonneufes , & un
paquet de mine de fer en grains détachés des
environs de Neufchatel en Suiffe.

254 Onze morceaux de bois minéralifés en fer du
Canada ; deux morceaux de mines de fer en grenat
de Suede , un caillou ferrugineux de la forme d'un
rognon , mine de fer coquilliere , pierre d'aigle
ou mine de fer en géodes , dont les noyaux détachés font du bruit lorfqu'on les agite.

255 Douze variétés de mine de fer , favoir : une de
fer fpéculaire noir ; une noire folide du Berry ,
une terreufe noire d'Alface , une en géodes , une
cellulaire brune du Canada , une grife très-riche
en fer d'Alface en Dauphiné ; les mineurs l'écartent quand ils en trouvent , parce qu'elle gâte le
fer & autres.

256 Dix-neuf pierres d'aigle formant autant de variétés.

257 Quatorze variétés de mine de fer , favoir : une
hématite fibreufe rouge , une mine de fer folide
en geodes de Provence , une mine de fer argilleufe
jaune , une mine de fer fpathique criftallifée jaune ,
une mine de fer bleuâtre folide , une mine de fer
folide verdâtre du Valdajols ; une mine de fer
grainée de Bréteuil ; une mine de fer en grains du
Nivernois, & un morceau de regule de fer.

C U I V R E.

258 Un grand & très-riche morceau de cuivre vierge
en petits rameaux , avec un peu de malaquite , fur
une matrice quartzeufe de Sibérie ; ce morceau
eft rare & diftingué.

259 Un très-beau morceau de cuivre vierge maffif ,
& par couhes avec une marne blanche du Pérou.

260 Un beau morceau de cuivre vierge fuperficiel avec
mine de cuivre vitreufe grife & rouge de Sibérie.

261 Un grand & rare morceau de cuivre vierge en
maffe très-compacte déchiquetée avec malaquite ,
de Sibérie , cinq pouces & demi de long fur trois
pouces de large.

262 Un morceau très-curieux de cuivre vierge compacte avec cuivre vitreux rouge & verd de
montagne , dans une argile blanchâtre de l'A-
mérique.

263 Six variétés de mine de cuivre vierge , favoir :
une du Lyonnois dans une roche talqueufe &
graniteufe grife , une autre dans un fchift bleuâtre
du Lyonnois , cuivre natif rouge en petits grains
de Sibérie , cuivre vierge avec verd de montagne
en pouffiere & petits criftaux de quartz , cuivre
vierge en petites lames découpées en dendrites de
Chremnits en Hongrie , cuivre vierge en petites
dendrites recouvertes de verd de montagne , & deux
mattes de cuivre.

264 Un morceau de cuivre vierge & un de cuivre
jaune criftallifé & coloré , femé de petits criftaux
de quartz.

265 Mine de cuivre jaune cellulaire , dont les cavités
font tapiffées de criftaux d'azur.

266 Un très-beau morceau de mine de cuivre jaune
criftallifé en octaëdre, dont la furface eft recouverte
d'une efflorefcence verd foncé , & toute femée de
petits criftaux en mamelons de quartz druzen
bleuâtre

bleuâtre très - éclatant , la bafe eft garnie de criftaux de fer fpathique jaunes rhomboïdaux de Saxe ; fept pouces & demi fur cinq & demi.

267 Mine de cuivre en dendrites dans une gangue fpatheufe de pierre calcaire de Dinckler à Grof-komsdorff en Saxe.

268 Mine de cuivre, queue de paon parfemée dans une gangue de fpath de la miniere de St. Jean à Schwatsbourg.

269 Mine de cuivre fpéculaire vitreufe blanche , du plus vif éclat , fur une mine de cuivre jaune & gorge-de-pigeon avec quartz.

270 Mine de cuivre appellée mine couleur de poix avec mine de cuivre jaune, verd de montagne , & fchorl fatiné avec cinabre fuperficiel , ce qui rend ce morceau très-rare.

271 Quatre morceaux de mine de cuivre, favoir : un jaune fpéculaire avec quartz & verd de montagne des Vofges, un jaune - pâle , avec galene dans un fchift grisâtre, une mine de cuivre blanche arfénicale, nommée falertz de la tarentaife, cuivre blanc criftallifé en octaëdres dans une mine de cuivre jaune & quartz, du Languedoc , & une mine de cuivre jaune veinée de quartz.

272 Un beau morceau de falertz avec cuivre jaune , verd de montagne, hématite noire grenue , fpath vitreux , couleur d'eau & quartz criftallifé.

273 Falertz avec verd de montagne & mine de cuivre rougeâtre , un morceau de falertz pur , riche en argent, avec des cavités de quartz-druzen.

274 Trois mines de cuivre jaune, dont une avec quartz, fpath vitreux, cubique, blanc, en partie recouvert d'une efflorefcence violette ; mine de cuivre jaune pâle dans un quartz gris, mine de cuivre jaune dans un quartz feuilleté : ce morceau a été fcié.

275 Mine de cuivre jaune & queue de paon de la haute Alface , tenant dix-fept marcs au quintal.

276 Mine de cuivre jaune & gorge-de-pigeon, avec

verd de montagne & quartz gros blanc , falertz
& cuivre jaune dans le quartz, mine de cuivre
jaune & gorge-de-pigeon dans un fchift noir de
géromagni.

277 Quatre morceaux de mine de cuivre dont un
mêlé de galene ; un de cuivre jaune dans un
quartz , un de cuivre jaune en maffe avec quartz
gris , une de cuivre jaune jafpé de cuivre hépatique
avec fpath fufible & verd de montagné.

278 Huit morceaux de mine de cuivre jaune , favoir :
un avec fpath vitreux bleuâtre , un mêlé de cuivre
violet vitreux & criftallifé , un recouvert d'une
vapeur violette qui le rend chatoyant, un de
Ste. Marie-aux-Mines avec argent gris & quartz;
un avec cuivre vitreux violet, un avec galene
du comté de Sayn, un en maffe avec quartz ,
un de Thil en Lorraine , avec cuivre queue de
paon & quartz gras.

279 Douze morceaux de mine de cuivre jaune , dont
un queue de paon nouvellement découvert dans
les Pyrennées , un avec malachite & quartz du
valais, un tenant argent de Ste. Marie-aux-Mines,
un avec mine de cuivre queue de paon de Nordberg
en Weftmanie , un de tarentaife à furface fpéculaire , traverfé d'une aiguille de criftal de roche
avec verd de montagne, & marcaffite cubique
ftriée, un criftallifé en octaëdre avec quartz criftallifé & fpath rhomboïdal , un rempli d'aiguilles
de quartz blanc avec fer fpathique : la bafe quartzeufe paroît micacée , &c.

280 Douze mines de cuivre jaune, dont une mine feuilletée
d'Hannover , une avec faleltz de Tarentaife , une
avec fpath feuilleté blanc fufible , une avec faleltz
& verd de montagne, une queue de paon de
Thuringe , une d'un jaune verdâtre d'Efpagne ,
une ardoife cuivreufe & autres.

281 Six mines de cuivre, dont une jaune avec ardoife ,
une grife tenant argent, ou falertz avec cuivre

jaune , une de cuivre jaune avec argent gris dans
du fpath , une avec wolfram ou mine de fer
réfractaire micacé , de Silberg dans l'électorat de
Cologne ; une de cuivre jaune & queue de paon
avec galene , marcaffites cubiques , plomb & argent
gris dans du quartz blanc de la vallée d'Aofte.

282 Six morceaux de mine de cuivre , favoir : un de
cuivre queue de paon avec quartz criftallifé , un
de mine de cuivre queue de paon , & un de cuivre
jaune du lac fupérieur en Canada ; falertz donnant trente-deux onces d'argent au quintal , cuivre
jaune & quartz de Maurienne , groffe marcaffite
cuivreufe dodécaëdre du Limoufin , falertz avec
fpath cubique vitreux couleur d'eau ; cuivre jaune
doré & hématite en grains noirs de Bergen.

282 *Bis.* Huit morceaux de mine de cuivre , favoir :
un jaune & queue de paon avec quartz blanc ,
un avec fpath vitreux & argent gris du Palatinat ;
un d'un jaune doré fpéculaire avec fpath vitreux
de Cologne , un de cuivre jaune & queue de
paon avec galene dans un fpath calcaire blanc ;
un mamelonné pyritueux avec quartz du tillot ;
un pyriteux & fulphureux ; un de cuivre jaune ,
cuivre hépatique , & verd de montagne de Buf-
fangue ; un fpéculaire avec verd de montagne
ayant l'empreinte d'une aiguille de criftal de roche
qui y adhéroit de tarentaife.

283 Dix-huit petites cafes de verre , contenant une
fuite étiquetée des mines de cuivres ci - deffus
décrites.

284 Cinq morceaux de mine de cuivre , favoir : un
gorge de pigeon d'Angleterre , un de cuivre jaune ,
avec fchorl fibreux verd tranfparent de Ny-
kopparbay ; un de falertz avec verd de montagne
de la Laponie ; & deux morceaux de cuivre vitreux
queue de paon , dont un feuilleté du Lac des Bois
de Goolieues à l'Oueft de Quebec.

285 Douze morceaux de mine de cuivre , favoir : un

de Thuringe dans un quartz blanc fendillé ; un
de mine de cuivre jaune & cuivre violet vitreux,
criftallifé en partie, & qui paroît avoir fouffert
l'action du feu, un des angles renferme quelques
charbons de Ruffie, un de cuivre jaune avec cuivre
queue de paon & marcaffites cubiques tronquées
fur les angles de la rouge montagne ; cuivre jaune
fpéculaire avec quartz & verd de montagne, d'Efpagne, cuivre vitreux violet & chatoyant ; falertz
& verd de montagne dans un quartz blanc ftrié ;
mine de cuivre queue de paon de Kautenbach
fur la Mofelle, deux morceaux de mines d'argent
grife-azur & malachite, dans du quartz coloré, de
la Vallée de Munfter ; cuivre jaune & queue de
paon, *Idem* de Baffe Navarre ; & mine de cuivre
queue de paon arfenicale à ftries paralleles.

286 Un grand & magnifique morceau de bleu de
montagne ou cuivre précipité bleu-criftallifé, partie
en petites lames minces diverfement inclinées les
unes fur les autres, partie en aiguilles difpofées
comme dans l'antimoine ou l'asbefte étoiléé ; fa
matrice eft un quartz-druzen, dont quelques-uns
des criftaux font colorés en bleu comme le faphir ;
la partie du quartz non criftallifé a été de même
pénétrée par le cuivre qui lui a donné une couleur
bleue ; ce morceau vient de la mine de cuivre &
argent de Bulac, dans le duché du Wirtemberg.

287 Un beau & très-grand morceau de mine de cuivre
grife folide, & par veines avec les diverfes altéra-
tions par où elle paffe avant d'arriver à l'état de
malachite, elle eft entremêlée de fpath compact,
blanc, & chargée d'azur de cuivre ; ce morceau a
plus d'un pied de longueur, fur fix pouces dans fa
plus grande largeur, & de deux ou trois pouces
d'épaiffeur, de Saalfeld en Thuringe, ainfi que les
fuivants.

288 Un autre morceau de forme pyramidale où l'on
obferve les mêmes accidents.

189 Un beau morceau de mine de cuivre azurée, criftallifé, granuleux, rempliffant les interftices & les
cavités d'un fpath compact, blanc; ce morceau
intéreffant par une veine de mine de cuivre vitreufe
couleur de poix, eft auffi mêlé de terre argilleufe
colorée par une ochre jaunâtre.

290 Quatre morceaux d'azur de cuivre criftallifé de
différentes variétés, dont un avec quartz criftallifé
& cuivre jaune, un fuperficiel d'une belle couleur
fur un quartz blanc, un avec falertz dans un quartz
blanc, un à petits criftaux mamelonnés chatoyans
avec argent gris dans une roche brune.

291 Sept variétés de cuivre bleu, dont une avec fpath
blanc, une de bleu de montagne terreux de la
plus vive couleur, une autre fuperficielle dans un
grès rougeâtre de Bulac; une autre avec falertz
dans un quartz blanc de Sibérie; une autre avec
verd de montagne dans une argille rougeâtre; une
autre par veines dans une argille feuilletée grife
de Bergen; une autre dans du grès de Sarlouis.

292 Mine azurée de cuivre compact, bleu-foncé de
Saxe.

293 Deux plaques quarrées de malachite polies &
collées fur ardoife; on en peut faire une tabatiere
à ufage d'homme; elles viennent de Molina en
Efpagne.

294 Un morceau de malachite compacte de Sibérie,
quatre pouces de long fur trois de large & quinze
lignes d'épaiffeur.

295 Deux morceaux de malachite mamelonnée, dont
un avec ochre jaune de Saxe, & l'autre de Sibérie.

296 Un rare & très-beau morceau de mine de cuivre
verte foyeufe de la Chine; elle eft à ftries paralleles ferrées, dont plufieurs fe réuniffent en forme
de pinceaux; elles ont plus de confiftance que
celles des mines de même efpece que l'on trouve
en Europe.

297 Un grand & très-beau groupe de quartz-druzen

jaunâtre, dont les criftaux font recouverts de malachite en pouffiere; la bafe de ce morceau eft un fchift noirâtre auffi recouvert de malachite; fept pouces fur fix.

298 Un beau morceau de fpath calcaire en petits criftaux hexagones mamelonnés fur une couche de malachite qui leur donne une couleur verte, & tapiffant les cavités d'une mine de fer brune avec calcédoine brune mamelonnée en ftalactite, de Thuringe; fept pouces de long.

299 Mine de cuivre jaune & mine de cuivre vitreufe, couleur de poix, dont la furface eft toute femée de cuivre verd foyeux & fatiné, partie en mamelons, partie en étoiles formées par des filets concentriques.

300 Mine de fer brune, avec cuivre jaune, mamelonnée & cellulaire, recouverte en partie de malachite fuperficielle, terreufe, de Kamflorf en Thuringe.

301 Mine de cuivre verte foyeufe recouvrant un quartz cellulaire, & rempli de verd de montagne terreux remarquable par un gros mamelon de cuivre azuré, criftallifé.

302 Mine de cuivre jaune, & queue de paon femée de criftaux de roche très-brillans, avec verd de montagne en pouffiere fuperficielle, de Weldentz fur la Mofelle.

303 Deux morceaux de mine de cuivre verte, dont un en dendrites, formé de filets concentriques, d'un beau verd fatiné avec quartz dans une mine de fer brune, lardée de quartz blanc, & un de quartz cellulaire criftallifé, recouvert de malachite foyeufe fuperficielle.

304 Verd de montagne ave topafe, fur du quartz de Feldents fur le Rhin.

305 Deux morceaux de mine du cuivre verte, dont un d'Alface, par filons dans une mine de cuivre

brune hépatique avec ochre, un autre dans une roche graniteufe.

306 Trois morceaux de mine verte de cuivre, dont deux avec quartz blanc coloré en verd par le cuivre, & falertz, l'une de Deux-Ponts, l'autre d'Orberg près Saint Amarin, & un de verd de montagne en étoiles foyeufes fur de la mine de cuivre hépatique brune.

307 Deux morceaux de mine de cuivre hépatique brune, dont un avec quartz criftallifé & malachite fuperficielle étoilée & fatinée ; l'autre de falertz & verd de montagne dans une roche grife.

308 Trois morceaux de mine verte de cuivre, dont un terreux fuperficiel recouvrant un quartz blanc avec ardoife, & ochre jaune, un avec falertz dans une argille durcie grife ; un autre avec falertz.

309 Quatre mines vertes de cuivre, dont une dans du quartz coloré en verd du tillot, une mêlée de quartz fur une mine de cuivre poiffée brune ; une en pouding avec quartz, & une dans une roche grife carrierée.

310 Six autres mines vertes de cuivre, dont une avec falertz & fpath fufible des Pyrennées, une avec mine de fer du tillot, une avec mine de cuivre noire, une colorant en verd le quartz qui la contient ; une dans une roche graniteufe, & une dans une roche grife.

311 Dix Morceaux de mines vertes de cuivre des efpeces ci-deffus décrites, & une marte de cuivre empreinte de malachite de Breffiene en Lyonnois.

A R G E N T.

312 Un très-riche bloc d'argent vierge folide, dans du fpath, & du poids de vingt-huit marcs moins deux onces ; ce morceau qui fuivant l'effai qu'on en a fait tient les trois quartz de fon poids d'ar-

gent pur , vient d'une montagne du Pérou, dans le gouvernement d'Arica , nommée Juanta-Caya où ces morceaux que les naturels du pays appellent papas ou pommes de terre, fe trouvent quelques fois en creufant dix ou douze toifes dans le fable & même à moins de profondeur.

313 Un grand & très-beau morceau d'argent vierge folide , dont les extrémités font en petites feuilles contournées ; il eft entrelacé avec fpath calcaire rhomboïdal & fpath vitreux , couleur d'amethifte de Sainte Ifabelie au Potofi.

514 Un très-riche & très-curieux morceau d'argent vierge de Catamito au Potofi ; on le nomme dans le pays araignée , à caufe des filets dont il eft compofé qui lui donnent quelque reffemblance avec la toile d'araignée , où avec des galons d'argent on pourroit auffi le comparer à des dendrites en forme de fougere couchées fur une matrice de quartz blanc.

315 *Idem* plus gros.

316 Une plaque d'âgate à rubans polie fur une de fes faces, ornée dans le milieu d'une riche veine d'argent vierge en dendrites ; quatre pouces de long fur deux de large & deux lignes d'épaiffeur.

317 Un rare & magnifique morceau d'argent vierge en végétation fans aucune matrice , fes ramifications paroiffent formées de petits criftaux aluminiformes entés les uns fur les autres , de maniere à compofer des efpeces de colonnes , ou de petites branches quadrangulaires , terminées par une pyramide courte du même nombre de côtés ; ces rameaux font entrelacés les uns dans les autres, d'une maniere auffi agréable que curieufe , ce groupe eft des mines de Sainte Marie , & pefe un marc.

318 Un petit morceau de mine d'argent vierge de Ste. Marie, pareil au précédent , avec un peu de quartz & un fans matrice en long filets , de Schemberg.

320 Un très-beau morceau d'argent vierge en très-longs

rameaux , implantés dans un fpath rhomboïdal calcaire de Kons-Berg en Norwege; la longueur de fes filets qui fe replient en différens fens , pour former à leur extrêmité fupérieure , une maffe très-touffue & très-faillante hors du fpath rendent ce morceau très-agréable ; quatre pouces de hauteur.

321 *Idem*, à filets plus déliés auffi dans un fpath calcaire du même pays.

322 Un riche & fuperbe morceau de mine d'argent vierge en longs filets flexibles fortant d'un fpath calcaire rhomboïdal feuilleté blanc avec argent noir , vitreux, quartz violet , fpath calcaire criftallifé en prifmes à fix pans tronqués aux angles , terminés par une pyramide triédre , formée de trois furfaces pentagones ; ce morceau offre plufieurs cavités remplies d'argent vierge en filets & de criftaux d'argent gris-gorge-de pigeon , de la couleur la plus éclatante; on y obferve auffi de la pyrite cuivreufe ; ce beau morceau porte cinq pouces de long fur cinq un quart de large , & deux d'épaiffeur auffi de Konsberg.

323 Un joli morceau d'argent vierge en petites pointes & filets dans un quartz blanc , avec argent vitreux & argent corné ; on nomme cette efpece argent en broffe , de Freyberg.

324 Un riche morceau d'argent vierge en filets flexibles, avec argent vitreux dans une efpece d'argille imprégnée d'argent vierge en pouffiere , de Saxe.

325 Un très-joli morceau d'argent vierge en rameaux flexibles, compofés d'octaëdres , les extrémités des branches fe terminant en longues pointes très-aigues , dans un fpath blanc rhomboïdal fufible , dont les criftaux font détachés les uns des autres , & font feulement retenus par les filets d'argent qui les tranfpercent , de Fuftemberg.

326 Un riche morceau d'argent vierge de Saxe, en filets , en lames & en grains dans du quartz blanc.

327 Un riche morceau de mine d'argent en filets, en
mamelons & en feuilles avec argent noir vitreux
dans un spath calcaire rhomboïdal.

328 Un riche morceau, fans matrice, mais adhérent
feulement à une petite portion de pyrite cuivreufe
recouverte de cinabre, d'argent vierge en maffe
cellulaire ftriée avec argent vitreux fur lequel on
diftingue une portion de criftal d'argent vitreux
qui paroît faire partie d'un prifme hexagone tronqué
aux deux bouts du tillot.

329 Un morceau d'argent vitreux en longs filets ftriés
& flexibles, avec un peu de quartz de Hongrie.

330 Un morceau d'argent vierge en feuilles & filets,
entre deux couches d'âgate grife à rubans, avec
un peu d'argent corné.

331 Un grand & riche morceau de mine d'argent vierge
en pointes & rameaux courts très-nombreux, dans
un quartz criftallifé, un des côtés du quartz eft
femé d'argent vitreux, & l'autre côté prefque
recouvert d'argent corné ; quatre pouces de long
fur deux & demi d'épaiffeur.

332 Un magnifique morceau en groffes lames fortes,
épaiffes, & ftriées profondement d'argent vierge
très-pur ; elle a quinze lignes de large à fa bafe,
monte en fe rétréciffant & fe recourbant en forme
de bec à corbin, fortant d'un cube très - regulier
d'argent vitreux noir, dont les criftaux ont quinze
lignes de diametre, & dont la bafe eft chargée
d'argent vierge en cheveux ; ce morceau fans matrice
pefe douze onces deux gros.

333 Un fuperbe & riche morceau de mine d'argent
vierge, & corné en maffe grenue du Potofi ; ce
morceau fans matrice eft prefqu'argent pur, l'argent corné y eft très-fenfible & en grande quantité, on y diftingue feulement un peu de malachite,
& de fpath calcaire, il pefe deux marcs trois
onces deux gros.

334 Un morceau de mine d'argent grife cobaltique,

mêlé de fpath calcaire rhomboïdal & de malachite, fa furface eft recouverte de beaucoup d'argent corné affez épais.

335 Mine d'argent vierge en cheveux, dans une mine d'argent cobaltique, nommée mine d'argent fiente d'oie.

336 Un fuperbe morceau de mine d'argent vitreufe très-riche, mêlée de mine d'argent rouge criftallifée dans un quartz cellulaire grisâtre, appellé Kneiff d'Huminerfuft.

337 Un rare & magnifique morceau formé, partie de mine d'argent rouge en criftaux tranfparens, longs & déliés, de figure prifmatique hexagone, terminés par une pyramide triangulaire obtufe, dont les plans font pentagones, partie de criftaux de fpath blanc lenticulaire, & partie de fpath fufible écailleux blanc, raffemblé en mamelons, avec une matrice de quartz, remplie de mine d'argent rouge opaque, de Sainte Marie-aux-Mines.

338 Un curieux morceau de mine d'argent rouge en criftaux opaques, tirant fur le bleu, groupés enfemble d'une maniere fort confufe, avec un peu de fpath fufible écailleux blanc, de Lorraine.

339 Un joli morceau de mine d'argent rouge criftallifé, & non criftallifé avec fpath, lenticulaire, calcaire de Ste. Marie-aux-Mines.

340 Un riche groupe de gros criftaux reguliers d'argent rouge très-éclatant, de Ste. Marie-aux-Mines.

341 Un morceau d'argent rouge criftallifé avec pyrites auriferes, dans un fpath féléniteux rougeâtre criftallifé en lames à bifeau, de Hongrie.

342 Un morceau d'argent rouge criftallifé avec argent gris, dans une bafe de fpath calcaire & quartz blanc, criftallifé en partie, de Ste. Marie-aux-Mines; cinq pouces de long fur trois de hauteur.

343 Un riche & fuperbe morceau de mine d'argent rouge criftallifée, dans une géode de mine de fer

fimoneufe noire , avec fpath calcaire blanc de Freyberg en Saxe.

344 Mine d'argent vitreufe fur quartz - druzen avec galene , & fer fpathique de Freyberg en Saxe.

345 Mine d'argent & de plomb teffulaire , femée de criftaux de quartz blanc , tranfparent d'Andréasberg au Hartz.

346 Un riche morceau de mine d'argent grife mamelonnée avec criftaux d'argent rouge très-éclatans, & mine d'argent rouge opaque dans un quartz-druzen blanc , fpath perlé & fpath calcaire de Ste. Marie-aux-Mines.

347 Un beau morceau de mine d'argent grife en criftaux triangulaires tétraëdres, dans un quartz-druzen blanc avec argent gris non criftallifé , de Ste. Marie-aux-Mines.

348 Un grand morceau de mine d'argent grife en maffe , avec mine de cuivre jaune doré , fpath & quartz blanc de Saxe.

349 Un morceau de la plus grande rareté par fon volume & fes accidents de mine d'argent antimoniée , criftallifée en lames ftriées avec fer fpathique blanc en écailles lenticulaires inclinées en divers fens , tout couvert d'argent en plumes , fur un quartz-druzen blanc dans une bande de plus de cinq pouces de large fur quatorze pouces de long , la gangue & de kneiff & de fpath de Braunsdorf en Saxe ; ce morceau total porte un pied de large fur quatorze pouces de long.

Nous ne connoiffons point dans ce genre, de morceau plus rare , plus beau , & plus interreffant que celui-ci.

350 Un morceau de cobalt noir terreux , tenant argent d'Almont en Dauphiné , un d'argent gris criftallifé triangulaire très-éclatant dans un fpath perlé , & quartz-druzen blanc de Ste. Marie , & un d'argent gris , & cuivre queue de paon avec argent vitreux noir de Canet en Languedoc.

351 Argent gris dans un quartz de Ste. Marie, un
autre du même endroit avec ardoife, un autre
avec argent rouge criftallifé & fpath calcaire blanc.

332 Huit morceaux de mine d'argent, favoir : un
d'argent gris criftallifé avec quartz blanc, quatre
d'argent gris de Ste. Marie, dont un avec pyrites
& quartz poli fur une de fes faces, deux morceaux
de mines d'argent noir de Konsberg, & un morceau
de grès tenant un peu d'argent & de cuivre bleu
de Ste. Marie-aux-Mines.

353 Mine d'argent vitreufe de Konsberg, mine d'argent vitreufe en filets flexibles, & quatre morceaux d'argent figuré en épis de heffe.

354 Un paquet de morceaux d'argent pur, en criftaux
octaëdres, implantés les uns fur les autres, &
formant des ramifications.

355 Une très-jolie fuite de mine d'argent vierge de
toutes les variétés ci-deffus décrites, dont plufieurs
très-riches formant onze variétés contenues dans
neuf capfules de verre étiquetées.

O R.

356 Un joli morceau d'or natif folide du Pérou; il
ne contient qu'une fort petite portion de quartz
auquel il adhére., il pefe quatre onzes fix gros
& demi.

357 Un grand & beau morceau d'or, en grumeaux
épars çà & là avec marcaffites cuivreufes, dans
du quartz de Sumatra.

358 Un morceau d'or natif en pointes dans du quartz
blanc du Mexique.

359 Or natif en grumeaux déchiquetés dans du quartz
blanc du Pérou.

360 Une pepite de la grandeur & de la forme d'une
amande, trouvée à Choque-Camata, province de
Chochabanba, dans l'archevêché de Los Charias,
mine d'or dans le quartz blanc de Barbacoas, dans

la province de Quito, pailliettes d'or tirées du Rhin
à Strasbourg & une pigne d'argent pur du Potóſi.

361 Trois morceaux de mines d'or vierge, & cinq
pyrites auriferes.

362 Une livre de platine ou or blanc du Pérou, en
grains féparés par le triage des matieres hétéro-
genes avec lefquelles on nous l'envoie.

SUBTANCES INFLAMMABLES.

S O U F R E.

363 Un grand & beau morceau foufre à petites
lames luifantes, pelotonnées les unes fur les
autres, pris fur le fommet du Volcan de l'ifle de
Vulcano, une des ifles de Lipari ; elle eſt abſolu-
ment déferte, & M. de Luc de qui vient ce
morceau, s'y fit aborder exprès pour vifiter le
Volcan ; la bafe, ainfi que celle du morceau fuivant, contient beaucoup de fel ammoniac.

364 Un autre auffi très-beau & de plus recente formation ; ce foufre, ainfi que le précédent, a été
dépofé par la fumée du Volcan.

365 Un beau morceau de foufre natif en criſtaux
octaëdres tranfparens, d'un beau jaune citrin,
tronqués aux fommets & groupés parmi d'autres
criſtaux de fpath calcaire pyramidal dans une géode
calcaire, à fix lieues de Cadix.

366 Cinq variétés de foufre natif, favoir : un jaune
citrin dans une pierre calcaire grife avec fpath
d'Italie, un avec félénite rhomboïdale de Sicile,
& trois boîtes contenant des criſtaux de foufre de
différens pays.

B I T U M E S.

367 Un gros & beau morceau de charbon de terre, gorge-de-pigeon du plus vif éclat, de la principauté de Naffau.

368 Un beau morceau de Jayet du duché de **Wir**temberg.

369 Un gros bloc de pierre bitumineufe inflammable de Sicile.

370 Vingt morceaux formant autant d'efpeces, tant de terre bitumineufe, que jayet, pierre ampelite, afphalte, ardoife bitumineufe & autres.

371 Un vafe en forme de corbeille ovale à bords contournés, fculptés, de bel ambre jaune, orné de feuilles fur le dehors & au dedans de deux chevaux marins fculptés fur piece.

Ce rare morceau porte trois pouces & demi de long, fur trois pouces dix lignes de large, & un pouce & demi de haut, & une boule du même ambre.

372 Une petite taffe d'ambre jaune tranfparent.

373 Deux plaques rondes taillées pour faire le deffus & le deffous d'une tabatiere ; fur l'une eft un deffein avec figures dans le goût Chinois, & fur l'autre un papillon fait en lacque, par Martin.

374 Deux colliers d'ambre jaune tranfparent, formés, l'un de grains taillés à pans, l'autre de grains & de petites plaques quarrées, & un chapelet à gros grains d'ambre jaune opaque.

375 Quatre morceaux d'ambre taillés pour une paire de boutons de manche.

376 Un gros & fuperbe morceau d'ambre jaune tranfparent poli.

377 Un grand morceau d'ambre jaune brut, tranfparent d'une belle eau, dont on peut tirer de grandes plaques ; huit pouces & demi de long fur cinq de large & trois de hauteur.

378 *Idem* de cinq pouces de long fur quatre & demi de large, & deux d'épaiffeur, fingulier par une maffe opaque qui femble fufpendue dans fon intérieur.

379 Sept morceaux d'ambre jaune, dont quatre bruts, deux en plaques polies, & un avec des infectes & des bulles d'air.

380 Un manche de couteau d'un très-bel ambre tranfparent, un morceau de forme longue, arrondi par les bouts, & poli fur toutes fes faces d'ambre jaune, onix renfermant des fourmis, un autre renfermant du fable.

381 Deux morceaux de gomme copal très-tranfparente, & renfermant des petits vers, des tipules & autres infectes.

382 Deux morceaux *idem.*

383 Deux plaques renfermant, l'une des araignées & l'autre une feuille d'abre.

384 Un autre morceau renfermant des fourmis & un papillon.

385 Deux autres contenant des infectes, & portions d'écorce d'arbre, dont la furface paroît dorée.

386 Quatre autres.

387 Onze autres morceaux d'ambre, dont neuf avec des infectes.

388 Un fort beau morceau d'ambre tranfparent rou=geâtre, dans lequel on apperçoit des lames ou feuillets arrondis, du plus grand éclat.

PRODUCTIONS DES VOLCANS.

389 UNE fuite très-intéreffante de cinquante-trois morceaux de laves, la plupart étiquetés, tels que ponces, granites, bafaltes, porphires, foufre-vierge,

vierge, verre de volcan, mica, & autres fubftances,
tant volcaniques que volcanifées, de différens
volcans.

390 Un morceau d'une ancienne lave finguliere par les
petits corps blancs, fphériques & polygones, dont
il eft rempli en façon de poudingue.

391 Un beau morceau de roche volcanifée, femée de
mica, & mêlée de criftaux de fchorl prifmatique
couleur d'hyacintes demi-tranfparens, & mêlés de
quartz blanc.

392 Un très-beau morceau de réalgar natif, en petits
criftaux tranfparens, rouges comme des rubis,
formés d'un prifme hexaëdre comprimé, terminé
par deux pyramides diëdres, dont les plans font
pentagones; ces criftaux, connus fous le nom de
rubines d'arfenic, font épars fur une gangue
pierreufe, chargée de deux fels ammoniacaux,
joints au vitriol martial.

On les trouve à la Solfatare, & fur le Vefuve,
dans le royaume de Naples.

393 Huit morceaux, favoir : un de réalgar tranfparent
femé de quelques grains de terre grisâtre argilleufe,
un beau morceau de fel ammoniac jaune des volcans.

Un morceau de lave compacte, mamelonnée;
un morceau de mica dans une pierre calcaire blanche,
jetée par le Volcan; un morceau de lave compofée de
mica, & de bafalte noir en petites feuilles; trois
morceaux de lave micacée verdâtre, remplis de
criftaux de fchorl tranfparent très-reguliers, les
uns noirâtres les autres bruns ou couleur de
topafe

PÉTRIFICATIONS ANIMALES.

POLYPIERS FOSSILES.

MADRÉPORITES.

N°. 1 UN grand & beau madréporite foſſile des environs de Soiſſons ; un, le vrai analogue du *corail blanc oculé*, à rameaux tortueux entrelacés les uns dans les autres.

2 Quatre variétés de madréporite, ſavoir : un corail blanc oculé foſſile des environs de Soiſſons, un madrépore branchu étoilé de Normandie à étoiles nombreuſes ſur toute ſa ſuperficie ; ſes deux principales branches, dont une a plus d'un pouce de diamètre, ont été polies ; elles ſont de marbre blanc dans le centre, & marbre rouge à la circonférence ; une autre variété du Lyonnois, dont les pores étoilés ſont à peine ſenſibles ; elle eſt agatiffiée dans ſa matrice & polie d'un côté ; une de Champagne liſſe à calices minces, longs & cylindriques, parſemés de protubérances étoilées.

3 Deux gros tronçons de madrépore de Normandie, polis d'un côté, dont un en marbre & l'autre en cornaline ; ce denier a ſplus de deux pouces de diametre.

4 Deux madrépores branchus, dont un à ſurface étoilée.

5 Vingt-unes madréporites abrotanoïdes à ſuperficie hériſſée de tubules plus ou moins ſaillantes, pluſieurs de Lorraine, les autres d'Italie & de Champagne.

A S T R O I T E S   F O S S I L E S.

6 Une très-grande rhodite globuleufe des environs de Dax, à petites étoiles peu profondes, & fort ferrées les unes contre les autres, huit pouces de large fur fept de haut.

7 Deux autres du même endroit, grandes auffi, mais de forme applatie, à étoiles à-peu-près femblables ; elles font percées çà & là de trous contenant quelques vermiculaires & pholades foffiles.

8 Cinq variétés de rhodites, dont deux des environs de Bafle, l'une à grandes étoiles fuperficielles ; l'autre à étoiles d'inégale grandeur, & trois des environs de Dax, à grandes étoiles plus ou moins profondes & ferrées.

9 Quatre rhodites à petites étoiles, dont deux variétés de Lorraine, & deux comme celles de l'article précédent.

10 Trois aftroïtes, dont un articulé de Franche-Comté, un minéralifé en fer, un de Normandie criftallifée en fpath, dont les tubes, ainfi que les colonnes qui les rempliffoient font plus ou moins altérées, mais néanmoins très-reconnoiffables.

11 Trois autres aftroïtes, dont un en marbre de Franche-Comté, fcié & poli ; deux du duché des Deux Ponts, une en agate criftallifée ; où l'on remarque encore quelques fûts de colonne qui ont échappé à la deftruction, un dont la furface a été vitrifiée en partie peut être par quelques feux fouterrains ; les parties de la maffe où l'on ne voit point les marques de la fufion, font auffi inattaquables aux acides que le refte, & une empreinte de comérite, dont les étoiles font en relief.

12 Trois aftroïtes fciés & polis fur un de leur faces, favoir : un à cellules hexagones, dont la reffemblance avec celles d'un rayon de miel a fait

donner à cette efpece d'aftroïte le nom de favonite
ou favagite.

13 Cinq aftroïtes intéreffans par leurs divers accidens,
favoir : deux prefqu'entiérement détruits, dans l'un
defquels les tubes font en partie vuides, & en
partie remplis du cylindre cannelé, dont l'extrêmité forme les étoiles de l'aftroïte ; dans l'autre
les tubes font remplis & tapiffés de petits criftaux
de fpath ; un dont il ne refte plus que les tubes
petits, angulaires, fort ferrés les uns contre les
autres, & dont les étoiles ont été pareillement
détruites, ce qui les a fait regarder par quelques
naturaliftes comme des efpeces de millepores,
deux dont les tubes au contraire ont été détruits,
& dont il ne refte plus qu'un amas de petites
colonnes cannelées paralleles, & liées les unes aux
autres par des lames tranfverfales, dans l'un de
ces morceaux les cannelures des colonnes font
auffi détruites, ce qui les rend beaucoup plus
grêles.

14 Cinq gros aftroïtes, dont un de Lorraine à
tubules faillans, & trois en maffes étoilées
de Dax.

15 Vingt-fept aftroïtes, dont les étoiles font de différens diametres prefque toutes calcaires.

T U B I P O R I T E S.

16 Une très-belle tubiporite de Lorraine, à branches
de la groffeur du doigt, droites, liffes, noueufes,
bifourchues, ferrées les unes contre les autres, &
étoilées à l'extrêmité ; ce morceau qui eft de la
plus belle confervation, porte près d'un pied de
haut, fur fix pouces dans fa plus grande largeur :
c'eft ce que l'on nomme jonc coralloïde.

17 Deux tubiporites en buiffons, dont une de Lorraine, à branches moins groffes que la précédente
chargées de rides tranfverfales nombreufes qui

les font paroître comme articulées , chaque branche
fe divife en deux autres , qui font auffi bifourchues , & moins groffes à l'origine de la bifur-
cation que vers le haut : & une de Suiffe de l'efpece
de la premiere de l'article précédent.

18 Quatre tubiporites , favoir : une à branches fines
fourchues très - ferrées de Suiffe , une autre de
Gotlande en feuillets ftriés longitudinalement , une
à petits tuyaux cylindriques d'Oxford , & une rare
à branches cylindriques droites , & ftriées de
Champagne.

19 Six variétés de tubiporites , favoir : une à branches fines & tortueufes de Suede , une des environs d'Oxford , une en maffe compofée de cylindres paralleles de Suabe , une à gros rameaux
cylindriques de Bafle , une à branches fines ftriées
raffemblées en maffe , de Suiffe , & une à branches
tortues , noueufes , & ridées , de Lorraine.

20 Six autres dont une roulée de Lorraine , une
à très-groffes branches ftriées , liées par des lames
tranfverfales des environs d'Oxford , une fpathique
criftallifée de Suiffe , une à très - petites ftries , de
Suiffe , une à longs rameaux liffes & arrondis , de
Bafle , & une branchue des environs de Pife.

21 Six groffes tubiporites , des efpeces ci - deffus
décrites.

22 Douze autres auffi des efpeces ci-deffus décrites ,
dont une de Lorraine à branches tortues , noueufes
& ridées.

M I L L E P O R I T E S.

23 Trois maffes de milleporites en buiffon , dont
deux de Suede , à branches tortueufes criblées de
petits trous , & éparfes dans leur matrice de pierre
calcaire , l'une eft auffi remplie d'entroques très-
fingulieres , en ce qu'elles font d'un rouge de
corail , & une de Giengen , ferrugineufe , à branches

femblables, mais un peu plus groffes & à pores un peu plus ouverts.

· Ce morceau eft des plus remarquable par deux ammonites, à ftries tuilées qui y font adhérentes.

24 Six milleporîtes de Suede, dont trois de l'efpece des premieres du n°. précédent, les trois autres de l'efpece des milleporites agarics, dont la furface eft criblée de pores contigus, formant un réfeau des plus fins.

F O N G I T E S.

25 Un grand & beau groupe de fongites en bouquet de l'efpece des gros œuillets de mer, dont nous avons parlé à l'article 105 de la premiere partie de ce catalogue ; il eft compofé de près de trente œuillets gros, cylindriqnes, noueux & comme réticulés, ferrés les uns près des autres, & étendus en forme de buiffon ; ce morceau, qui vient de Lorraine, eft de la plus belle confervation, & porte fept pouces de haut fur dix de large, la plupart des œuillets ont plus d'un pouce de diametre.

26 Un autre de même efpece, mais à œillets moins gros, plus nombreux, & formans une maffe d'un pied fur treize pouces de large.

27 Quatre fongites, favoir : un en œillet de Giengen en Suabe, un champignon applati à furface lamelleufe, un fongite à réfeau, de Normandie, fcié & poli, un porpite à bafe elliptique, auquel M. Barere a donné le nom de cunnolites, (*à fimilitudine cum vulvâ muliebri, five canno*) leur partie inférieure eft chargée de cercles concentriques en forme de rides, & finement ftriées du centre à la circonférence, comme les précédentes ; mais elles en différent par leur partie fupérieure qui eft convexe & traverfée dans fon milieu par une fente longitudinale plus ou moins large, d'où partent

à droite & à gauche des ftries très-fines, granuleufes, qui fe terminent à la circonférence, une
méandrite & une efcarite ou rétéporite, & un
petit bouton d'aftroïte agate poli.

28 Quarante-une variétés de fongites, priapolites,
fongites alcyons, ficoïdes, hippurites, prefque tous
avec leurs étiquettes.

29 Sept fongites, dont un en priapolite noueufe &
articulée de Suiffe ; un milleporite de Suede, de
forme orbiculaire comprimée, à petits pores nombreux fort près les uns des autres, un fongite
de l'ifle Adam, formé de deux accollées, un fongite
réticulé de Suiffe, un autre à lignes longitudinales, & deux fongites - alcyons imitant des
pommes.

30 Quarante fongites des efpeces ci-deffus décrites.

31 Quarante-fix, *idem*.

32 Deux madrépores ferrugineux, l'un de forme
fphéroïdale, & l'autre de l'efpece des millepores
renfermant un alcyon.

33 Quatre madrépores pétrifiés de différens genres,
favoir : un branchu garni à l'extrêmité de fes
branches de latges œillets, deux fongites peu communs des environs de Bafle, de forme finueufe
& comprimée, à ftries longitudinales faillantes fe
prolongeant en dedans des bords où elles forment
un double rang de cannelures, un millepore pétrifié
en fpath criftallifé, couleur d'améthifte dans un
marbre jaunâtre, fcié & poli.

34 Une maffe de milleporite de Suede à branches
tortueufes, criblées de petits trous, & épars dans
leur matrice de pierre calcaire, un gros fongite
de Normandie très-bien confervé, & huit autres
madréporites d'efpeces différentes.

COQUILLES UNIVALVES FOSSILES.

LÉPADITES OU PATELLITES.

35 SEIZE lépas fossiles, savoir : dix du genre des lépas entiers, dont trois d'Italie ; l'un à tête élevée, à stries longitudinales & de la forme des boucliers, un de forme moins élevée à grosses stries raboteuses débordant un peu la base, comme dans l'astrolépas, & conservant encore son émail intérieur, & un pétrifié de forme un peu applatie, à base presque ronde, & à stries granuleuses, deux de Chaumont de la forme des lépas en bateau, à stries fines, à sommet un peu recourbé, placé dans l'un, qui est applati, vers les deux tiers de sa longueur ; & dans l'autre, presqu'au milieu ; cinq de Grignon & de Courtagnon, de la forme des bonnets de dragon, trois desquels fort alongés, à tête plus recourbée, & deux plus évasés, à tête moins recourbée ; trois du genre des lépas percés au sommet, dont un d'Italie, à sommet élevé, & à treillis fort serré, un de Courtagnon de forme à-peu-près semblable, à treillis encore plus fin, & un de Chaumont de forme applatie & à stries longitudinales tuilées ; trois du genre des lépas chambrés, dont deux de Courtagnon de l'espece du bonnet Chinois, l'un desquels est épineux, & le troisieme d'Italie de même forme, mais plus grand & très - évasé ; cet article de patellites est d'autant plus intéressant qu'outre la variété qu'il réunit, le plus grand nombre des especes n'en est point commun.

36 Quinze autres, tous lépas à tête entiere, dont un de Normandie à tête élevée, lisse & chargée en dedans & en dehors de petits nautiloïdes, un

autre à ftries longitudinales fur une pierre argilleufe grife, deux de l'efpece du bonnet de dragon,
un très-grand de la même efpece, de Grignon, deux
petits à tête plus recourbée, & un de forme très-
évafée adhérent fur une terre coquilliere, huit du
genre des lépas chambrés, dont quatre de Courtagnon de l'efpece du bonnet Chinois, l'un defquels eft épineux, un d'Italie de même forme,
mais plus grand & plus applati fur un granite
fpathique, & deux fandales de Courtagnon.

TUBULITES ET VERMICULITES.

37 Un tuyau de mer pétrifié, des Indes, très-rare ;
l'une de fes extrêmités fe contourne en fpirale de
quatre révolutions bombées, formant un fommet
élevé comme dans les limaçons, du genre des culs-
de-lampes, tandis que l'autre fe prolonge en ligne
droite ou un peu finueufe, pour former un tuyau
chargé de plis circulaires, en forme de rides très-
ferrées, avec un applatiffement latéral en vive
arrête, qui regne dans toute fa longueur : il eft
gravé au troifieme volume du catalogue de M.
Davila, planche deuxieme, lettre B.

38 Dix-fept tuyaux de mer foffiles, dont trois an-
talites, trois à ftries longitudinales du genre des
folen de fable ; fept de Chaumont, à replis tortueux imitant ceux des vers de terre, à ftries longitudinales & rainures en même fens, dentée des
deux côtés. Trois tuyaux chambrés peu communs,
de la vallée d'Andona, dont deux tortillés, l'autre
prefque droit, tous trois à ftries longitudinales granuleufes, & un en tire-bourre, fur une pierre calcaire.

39 Un très-beau groupe de vermiculites de l'efpece
des premiers de l'article précédent & du même
endroit ; ce morceau, qui porte vingt pouces de
longueur fur dix de hauteur, eft entiérement com-

posé de tuyaux de la grosseur du doigt, applatis & entrelacés comme les précédents.

40 Vingt-un groupes de vermiculites, dont quatre agatifiés de Suisse, parmi lesquels celui nommé pain de bougie.

NAUTILITES.

41 Une grande nautilite très-rare, du genre des nautiles chambrés, qui, quoiqu'entiérement pétrifiée, conserve encore sa coquille écrasée, fragile, se levant par écailles & découvrant une partie de sa nacre. Ce morceau est des plus curieux.

42 Un nautile très-rare, de Dax, conservant encore ses couleurs & sa nacre, à cloisons très-distantes, traversées dans leur milieu par des siphons d'une grosseur extraordinaire, emboîtés les uns dans les autres ; on remarque de plus à chaque sillon deux sinus latéraux coniques & profonds, se terminant sur les parois de la concamération suivante.

43 Deux nautiles fossiles conservant encore partie de leur nacre, savoir : un de Courtagnon, à noyau sablonneux, l'autre dans une geode d'argille grise, revêtue intérieurement d'un spath calcaire cristallisé jaune.

44 Trois jolies nautilites de France, savoir : deux de Normandie, dont une pyriteuse & une revêtue, tant au dedans qu'au dehors de cristaux, spath ; la troisieme est des environs de Bordeaux, agatifiée & transparente comme la calcédoine.

45 Quatre nautilites, dont une sciée & polie ; une dont l'intérieur des cloisons est très-sensible ; une conservant son test brun vers la tête ; une à oreilles.

46 Treize nautilites de différentes grandeurs, de même espece que les précédentes.

CORNES D'AMMON LISSES.

47 Vingt-trois cornes d'Ammon liffes, dont trois à
dos arrondis , à fpirale rentrante & arborifée ; trois
à carenes aiguës ; deux petites pyriteufes, rares,
à dos crenelés en façon de petites roues à dents ;
une petite ferrugineufe, dont les arborifations font
rangées par lignes circulaires , & treize autres.

CORNES D'AMMON STRIÉES.

48 Une pomme de canne faite d'une pierre argilleufe
durcie , fur le fommet de laquelle on apperçoit
une corne d'Ammon pyriteufe , dont les cloifons
font garnies de fpath calcaire criftallifé.

49 Une corne d'Ammon dans fa matrice de pierre
argilleufe noire & fon empreinte en contre-partie ;
une autre auffi dans une argille durcie , dont les
chambres font garnies de criftaux de fpath & fa
contre-partie ; dans la même pierre on apperçoit
une jolie mufculite & une empreinte de corne d'Ammon fur ardoife.

50 Une corne d'Ammon du Pérou , fciée & polie ,
l'extérieur recouvert de pyrites & l'intérieur rempli de criftaux fpathiques ; on apperçoit les chambres tant dans l'intérieur que fur le bord de la
bouche.

51 Une autre corne d'Ammon fciée & polie ; l'intérieur des chambres eft tapiffé de criftaux de fpath
calceire , & la moitié du premier orbe rempli,
tant intérieurement qu'extérieurement , d'oolites
ou œufs de poiffons pétrifiés.

52 Une pyrite globuleufe & tuberculeufe, fciée &
polie , dans l'intérieur de laquelle on apperçoit une
corne d'Ammon ftriée , dont les chambres font
en partie de fardoine brune , & dont les cloifons
font pyriteufes.

53 Huit cornes d'Ammon , dont une ferrugineuse rare , de forme très-applatie , à carene tranchante , à stries transversales tortueuses & arborisées ; une à carene garnie de deux sillons , & dont chaque orbe est aussi garni d'un sillon qui les suit dans tous leurs contours ; une portion de corne d'Ammon avec son test nacré ; une à stries élevées , à carene cordée aussi avec portion de son test ; une petite spathique transparente ; une ferrugineuse dorée ; une pyriteuse , à carene arrondie & lisse ; une à carene aiguë , aussi conservant portion de son test.

54 Ttente petites cornes d'Ammon des especes ci-dessus décrites , dont une agatifiée , trois à cloisons spathiques & polies , d'autres ferrugineuses , pyriteuses , dorées & à carenes garnies de deux sillons , arborisées , &c.

55 Vingt-autres moyennes des especes ci-dessus décrites.

56 Vingt - quatre cornes d'Ammon , tant à carenes aiguës qu'arrondies , soit calcaires , soit pyriteuses , soit en empreintes , des especes ci-dessus décrites.

CORNES D'AMMON TUBERCU-
LEUSES.

57 Deux cornes d'Ammon très-rares , de forme ovale , striées & tuberculeuses , dont une calcaire & une dans l'ardoise.

58 Une très-grande corne d'Ammon de Normandie , pyriteuse , arborisée , sciée & polie , à côtes transversales très - saillantes , relevée en bosse vers le centre & vers le dos , & y formant deux tubercules ; l'intérieur des cloisons rempli de spath cristallisé , celle du premier orbe garnie d'oolites : neuf pouces de diametre.

59 Quatre cornes d'Ammon tuberculeuses , de Nor-

mandie, belles & peu communes, de forme ex-
trémement ventrue & presque globuleuse, dont
une pyriteuse, arborisée, à dos fort large chargé
de grosses stries simples, qui de part & d'autre
finissent en tubercules dont le centre de la coquille
est comme couronné, & à umbilic très-profond ;
une qui en diffère en ce que les stries en sont trifourchues, plus fines, plus nombreuses, le dos
moins large & l'umbilic moins grand, & une cristallisée de forme moins globuleuse, à stries trifourchues, tuberculeuses à l'origine des fourches,
& une petite pyriteuse de la même variété.

60 Quatre cornes d'Ammon tuberculeuses agatifiées
de Normandie, dont une à grosses stries simples,
onduleuses, terminées par deux rangs de tubercules & de forme comprimée ; une qui n'en differe que par la forme encore plus applatie ; une
à grosses stries trifourchues, tuberculeuses à l'origine des fourches & vers le dos, qui est arrondi, & une à stries bifourchues pareillement tuberculeuses, à épines tranchantes, & chargée dans
l'un des côtés, de quelques groupes de vermis-
seaux de mer aussi agatifiés.

61 Cinq très-grosses cornes d'Ammon, l'une de Suisse,
à dos très-large, dont les stries finissent des deux
cotés par des tubercules élevés; une de Normandie,
à grosses côtes tuberculeuses vers le dos, chargée
en pluseurs endroits de pyrites en globules; une
légerement striée & arborisée, très-singuliere en
ce que le pas des orbes qui forme l'umbilic est
en angle droit, & deux portions de corne d'Ammon monstrueuses, dont l'une est lardée de Be-
lemnites.

62 Deux fragments de corne d'Ammon d'Angleterre
conservant une partie de leur test nacré & coloré dans une espece de lave noire mamelonée ;
deux entiérement recouvertes de pyrites vitrioliques ; une à carene sillonnée & deux à tuber-

cules éloignés les uns des autres ; l'une calcaire
l'autre pyriteufe.

63 Trois groupes de cornes d'Ammon , deux moi-
tiés de corne d'Ammon polies , deux empreintes
de cornes d'Ammon & fix cornes d'Ammon tuberculeufes.

64 Douze cornes d'Ammon des efpeces ci-deſſus décrites.

65 Quarante petites cornes d'Ammon, dont une ovale ,
une toute formée de pyrites octaëdres & dodecaëdres très - régulieres, une ferrugineuſe garnie
de quatre côtes paralleles longitudinales formées
de petits tubercules; deux de forme renflée ferrugineuſe , dont une ayant quatre colures fur
chaque orbe, l'autre à umbilic profond, dont les
pas font couronnés de tubercules ; une à dos dentelé & autres.

66 Deux cailloux de la plus grande rareté , connu
aux Indes fous le nom de *falagraman* ; ce font
deux pierres d'un rouge noirâtre , de forme orbiculaire , applatie, ayant vers l'un de leurs bords
une ouverture dans laquelle eſt la double empreinte
d'une efpece de corne d'Ammon qui a été détruite;
l'une de ces pierres eſt encore remarquable par
une bande circulaire ſtriée , & une autre empreinte
extérieure à moitié détruite; l'une & l'autre paroiſſent avoir été roulées , & elles ſe trouvent effectivement dans les caſcades de la riviere de Gan-
dida , au Bengale.

Les Indiens ont forgé mille fables fur cette pierre,
& lui rendent un culte particulier , ce qui cauſe
fa rareté dans le pays même : bien-loin de la vendre
aux étrangers, ce n'eſt qu'avec des peines infi-
nies que l'on obtient de la voir , dans la per-
fuaſion où ils font que leur Dieu feroit profané
s'il étoit touché par des perſonnes d'une autre
religion que la leur; le petit nombre de celles qui
ont paſſé en Europe n'eſt dû qu'aux Gentils , qui ,

depuis leur converfion au chriftianifme, ont fait
le facrifice de ces pierres.

Voyez fur le falagraman la lettre du pere Calmet
au pere Duhalde, dans le vingt-fixieme recueil
des Lettres édifiantes, page 599 & fuivantes, &
la planche qui eft à la page 375 du même volume.

C O C H L I T E S.

67 Deux grands limaçons foffiles, à bouche demi-
ronde, de forme bombée, à pas des orbes creufés
d'un fillon, l'un umbiliqué, l'autre fans umbilic
& confervant l'émail de fa levre intérieure, qui
eft fort évafée; plus, le noyau pierreux d'une
coquille de cette efpece : ces trois morceaux rares
viennent d'Italie.

68 Un très-rare & grand fabot foffile d'Italie, de l'efpece des frippieres, mais dont les pas des orbes
font très-peu prononcés, à ftries en forme de
hachures irrégulieres, & à bafe concave.

69 Un grand fabot très-rare d'Italie, à bouche parallele à la bafe, à orbes chargés de petites cordelettes, à clavicule très-élevée.

70 Un limaçon très-rare umbiliqué, à clavicule rentrante, comme dans les cornes d'Ammon, à ftries
longitudinales très-fines, dont les orbes font chargés de quatre cordelettes qui en fuivent les contours; une groffe nérite pyramidale de Picardie,
confervant les couleurs de fa robe, à bouche très-
bombée femi-lunaire & denlée, comme dans les
quenotes faignantes.

71 Une frippiere de Grignon à fix orbes, dont les
pas, qui font un peu en faillie, portent les empreintes
des coquilles qui y ont adhéré, à bafe concave,
& un noyau de la même coquille, d'Italie.

72 Quatre limaçons pétrifiés, dont une fripperie de
Picardie; une nérite dentée pareille à celle du nu-
mero 70 ; une lampe antique de Bourgogne &

un limaçon à bouche ronde, de Suisse, à grosses côtes longitudinales tuberculeuses, de l'espece des draps d'argent.

72 Un groupe de coquilles agatifiées, scié & poli, dans lequel on distingue une grosse nérite de Picardie pareille à celle du numéro précédent, dont le noyau est de la plus belle sardoine.

74 Quatre limaçons fossiles, dont un pétrifié en spath cristallisé de Normandie, à surface chargée de stries transversales, à orbes couronnés de gros tubercules, de l'espece des veuves perlées ; une nérite à umbilic formé d'un gros tubercule applati, de l'espece des testicules ; une frippiere de grignon & une nérite dentée de Picardie.

75 Quatre nérites & limaçons fossiles, savoir : une nérite de Champagne, parfaitement conservée, à bouche très-évasée ; un sabot rare du Piémont, de forme peu élevée, à base concave, comme les précédents, & à stries en forme de hachures irrégulieres ; un plan-orbis fossile & un limaçon à clavicule applatie, à base très-bombée & umbiliquée, du dessein le plus agréable, & un noyau de limaçon du Piémont.

76 Seize limaçons fossiles, dont deux de l'espece des tétons de Vénus, l'un strié, l'autre lisse ; un en agate, de Normandie ; quatre du genre des cadrans ; un à bouche retroussée, qui paroît garni de son opercule ; un sur lequel on distingue encore les taches fauves de la robe ; deux de Chaumont, dont un à clavicule très-aiguë, l'autre à bouche demi-ronde très-épaisse, & trois sabots, dont deux tuberculeux.

77 Trois limaçons, tant fossiles que pétrifiés, savoir : un noyau de sabot de forme pyramidale très-élevée, recouvert en partie de son test, changé en spath transparent de Normandie ; une nérite dentée de Picardie & un sabot de forme applatie, dont les
orbes

orbes font bordés d'une petite cordelette tuberculeufe.

78 Un noyau de limaçon recouvert de pyrites octaëdres très-brillantes, & un fragment de limaçon, fur lequel on apperçoit les zônes violettes
& jaunes qui les diftinguoient.

79 Douze noyaux de fabots pétrifiés du Languedoc
des environs de Liege & autres pays, tous de
grand volume.

80 Quinze autres.

81 Vingt autres.

82 Quarante autres.

83 Cinquante-fix autres.

84 Dix fabots des efpeces ci-deffus décrites, dont
un fpathique blanc criftallifé; un d'Alface à ftries
longitudinales formant des plis; un de l'efpece des
bouches d'argent; une nérite de l'efpece des tefticules; deux de Normandie, à bafe renflée, &
un noyau en pierre calcaire rouge.

85 Quarante nérites, fabots & autres limaçons foffiles de Courtagnon, Chaumont, & autres endroits, formant prefqu'autant de variétés, & une
petite cafe contenant vingt petits limaçons foffiles.

B U C C I N I T E S.

86 Un buccinite foffile d'Angleterre, du genre des
uniques, confervant encore fa couleur fauve, à
ftries circulaires inégales entr'elles, & quelques plis
longitudinaux en forme de rides.

87 *Idem.*

88 *Idem.*

89 Cinq buccinites rares, dont un de l'efpece de la
tour de Babel, à treillis ferrés; deux à bouche échancrée, dont les orbes font garnis de tubercules;
un grand de Chaumont, de l'efpece des quenouilles;
un autre auffi de Chaumont, à rides longitudinales & à clavicule très-élevée.

T

90 Vingt petits buccins du premier choix, dont quatre du genre des tours de Babel ; une gaufre & autres.

91 Trente petits buccins foffiles de choix, dont un très-rare, nommé la figue.

92 Vingt autres, dont un buccin épineux, tous d'un joli choix.

93 Douze autres moyens buccinites foffiles, auffi très-bien confervés, dont un agatifié.

94 Douze buccinites foffiles du genre des fufeaux, dont un agatifié.

95 Cinq buccinites rares, favoir : un foffile d'Italie à ftries contournées, chargées dans le milieu de chaque orbe d'un rang de tubercules ; un de Gri-gnon, du genre des figues ; un rare d'Italie, à bouche échancrée & garnie d'un petit fiphon, nommé la culotte de Suiffe, & deux du Poitou, à ftries longitudinales & circulaires, & à orbes couronnés de tubercules.

M U R I C I T E S.

96 Un murex d'Italie peu commun, de l'efpece nom-mée aigrette : quatre pouces & demi de long.

97 Un murex rare de l'efpece nommée lard, à un rang de clouds vers la tête & un vers le bas.

98 Deux murex de Chaumont, à côtes longitudinales couronnées fur chaque orbe de deux rangs de petits tubercules pointus, à clavicule liffe & grands dans leur efpece : trois pouces & demi de long.

99 Deux muricites rares, d'Italie, de l'efpece nom-mée tapis de Perfe.

100 Deux muricites rares, en pendans, de grand vo-lume, de l'efpece nommée tête de ferpent : trois pouces & demi de long.

101 Deux muricites très-rares, du genre des lards, l'un d'Italie, à un rang de tubercules vers le bas, & demi-rang vers le haut, & un de Champagne, à tubercules vers le haut & vers le bas.

102 Cinq muricites rares , dont un lard d'Orléans , à
deux rangs de tubercules vers le haut & un vers
le bas ; une aigrette de Normandie ; une grimace
& deux autres muricites à fortes ftries tranfverfales traverfées de groffes côtes longitudinales.

103 Deux gros muricites rares , dont une d'Italie ,
de l'efpece nommée tête de ferpent , & une aigrette , différente de celle marine en ce que les
ftries circulaires de la clavicule font très-profondes.

104 Trois noyaux de muricites , dont deux triangulaires de Bordeaux & un d'Italie , tous trois
à pas des orbes très-profondément fillonnés.

105 Cinq muricites ; favoir : un ailé , à clavicule
très-élevée ; un à aile très-large , de Champagne ;
un du même endroit , fans aile ; une portion d'un
très-gros cafque d'Italie & un buccin à longue
queue , à pas des orbes creufés en gouttiere.

106 Une ailée de Chaumont très-rare , de l'efpece
de l'aile large , à aile s'étendant en demi-cercle
jufqu'à la hauteur de la clavicule fur laquelle elle
fe replie , à queue recourbée , au-deffus de laquelle l'aile a une échancrure.

107 Un ailé , de l'efpece nommée aile large , mais
dont l'aile ne s'éleve que jufqu'au milieu de la
clavicule , & un dont l'aile ne s'étend que jufqu'au troifieme orbe , vers lequel il eft échancré ,
ainfi que vers la queue , tous deux de Cou-
ragnon.

108 Un de Chaumont , à aile large , de l'efpece des
précédents ; un murex de l'efpece nommée murex
à dents de chien ; un cafque du pays d'Aunis , à
premier orbe en bourrelet , & deux de l'efpece
des bois veinés.

109 Un muricite de l'efpece des dents de chien ; un
très-rare , à robe liffe fafciée de lignes circulaires
fauves , à côtes longitudinales chargées chacune
fur le premier orbe de trois tubercules épineux ;

T 2

un de Bourgogne, à bouche échancrée chargée de tubercules & de côtes longitudinales; un d'Italie, de l'espece nommée chauve-souris; une patte d'oie & un petit casque, dont le premier orbe est en vive arrête.

110 Dix muricites des especes ci-dessus décrites, telles que foudres, bois veinés, rochers à dents de chien, presque tous étiquetés du pays qui les a fournis.

111 Trois casques fossiles très-rares, dont deux de Dax, légérement striés & circulairement, à bouche garnie d'un bourrelet épais, à clavicule aiguë, un autre de Chaumont, à bouche relevée en bourrelet, à reseau fin & serré, à orbes garnis de tubercules.

112 Cinq casques, dont un lisse de l'espece nommée bezoard; trois tuberculeux, à levres retroussées en dehors, dont un à longue queue recourbée de Grignon & de Courtagnon, & un à robe rétiticulée de l'espece décrite au numéro précédent.

113 Sept autres, dont deux lisses à premier orbe en vive arrête; trois à côtes longitudinales, un à côtes transversales saillantes & tuberculeuses, & un de Chaumont, à fines stries transversales.

114 Quatorze muricites de Courtagnon, de l'isle de France, du pays d'Aunis, de la Guienne, de la Picardie & d'Italie, tant de bois veinés que des rochers à dents de chien, & autres especes ci-dessus décrites.

PURPURITES.

115 Une grande pourpre fossile d'Italie, rare, & du genre des pourpres à queue courte, large & recourbée; elle est de forme bombée, à côtes longitudinales tuberculeuses & frangées, dont la prolongation forme une queue très-large, umbiliquée & comme épanouie.

116 Trois pourpres fossiles d'Italie, peu communes,

du genre des pourpres à queue longue, étroite
& droite, & de l'espece des grandes maffues
d'Hercule, dont une ne differe de celle que nous
avons décrite à l'article 338 des coquilles de mer,
qu'en ce que la tête en eft plus élevée & que le
fecond rang d'épines du premier orbe n'eft ici
compofé que de tubercules ; une autre variété
qui, au lieu de deux rangs d'épines du premier
orbe, n'a que deux rangs de tubercules, mais
qui conferve, comme la précédente, les deux
rangs d'épines de la queue, & une troifieme variété à tête applatie, à fept groffes côtes longitudinales, où les deux rangs de tubercules paroiffent à peine ; elle conferve auffi les deux rangs
d'épines de la queue.

117 Une grande pourpre de Suiffe de l'efpece décrite
au numéro 115.

118 Une grande maffue d'Hercule de l'efpece décrite
au numéro 116.

119 Une autre maffue moins grande, parfaitement confervée.

120 Une bécaffe épineufe foffile, très-rare, d'Italie.

121 Une pourpre de la plus grande rareté, tant foffile
que vivante, des environs de Dax, de la plus
parfaite confervation, à huit côtes finueufes longitudinales, qui forment fur le premier orbe un
rang de gros tubercules réticulés, à clavicule tuberculeufe élevée, toute femée dans fa robe de
pétits grains faillants.

122 Cinq pourpres, dont quatre variées, de l'efpece
nommée tête de bécaffe, & une petite pourpre
rameufe & feuilletée, très-rare.

123 Quatorze pourpres ailées de Courtagnon, parfaitement femblables à celles décrites numéro 320
des coquilles marines univalves, & quatre autres
pourpres tuberculeufes.

GLOBOSITES OU TONNITES.

124 Dix globofites, favoir : deux de Courtagnon, de l'efpece nommée papier roulé, une agatifiée du Soiffonnois ; deux petites de Chaumont, à ftries très-fines ; deux du genre des harpes ; deux du genre des figues, dont une à trois ftries circulaires en vive arrête, & deux autres de Chaumont, à tête plus élevée & garnie de tubercules.

TURBINITES OU HÉLICITES.

125 Deux vis très-rares de Courtagnon, à fpirales larges & applaties, dont les pas font creufés d'un fillon affez ptofond, à levres intérieure·& extérieure très-faillantes, en vive arrête.

126 Deux belles vis de Chaumont, à robe réticulée, à bouche garnie d'une échancrure vers le haut & d'une petite queue retrouffée de grand volume, & parfaitement confervée, de l'efpece nommée cuiller à pot.

127 Deux vis de Chaumont auffi de grand volume & bien confervées, à ftries circulaires faillantes, un petit buccin en forme de vis parfaitement femblable au fufeau à dents du premier âge ; une portion de vis de Courtagnon recouverte de vermiculaires réticulés, formant diverfes fpirales.

128 Deux vis du Soiffonnois, à noyau agatifié, dont une conferve encore portion de fon teft, à ftries fines ; un petit fufeau à dents de l'efpece de celui décrit au précédent numéro, & un très-joli noyau de vis, dont chaque pas eft formé de deux bandes un peu applaties & profondément découpées, ayant la forme d'un tire-bourre.

129 Quatre noyaux de vis, dont un en tirebourre ; deux en pierres calcaires & un agatifié de Soiffons.

130 Un fuseau à dents du premier âge , de Chaumont,
& quatre noyaux de vis pareils aux précédents.

131 Trois vis fort rares , l'une à ftries très-faillantes
en vive arrête ; une autre, dont le dernier orbe
fe détache pour former une bouche ovale garnie
d'un pli vers le haut & une petite vis à groffes
côtes longitudinales tuberculeufes , garnie fur le
dernier orbe de trois lames circulaires en vives arrêtes.

132 Une vis de l'efpece premiere du numéro précédent ; deux à ftries longitudinales très-faillantes ,
à petite queue recourbée ; deux clochers gothiques ; deux vis tuberculeufes , à bouches en vives
arrêtes ; une en tubercules en vives arrêtes ; deux
petites liffes à clavicule très-élevée ; une de même
à ftries circulaires très-faillantes , en vives arrêtes ; deux grenues, de l'efpece des chenilles noires ;
un noyau de vis en tire-bourre & deux vis à ftries
circulaires grenües , en tout feize pieces.

133 Dix grandes vis par pendants, favoir : deux du
Piémont , à fpirales arrondies & liffes ; deux à
fpirales légérement ftriées du Soiffonnois ; quatre
en tubercules en vive arrête , du pays d'Aunis ,
& deux à ftries circulaires chargées de gros tubercules rangés fur des lignes longitudinales paralleles.

134 Douze *idem.*

135 Quarante vis des efpeces ci-deffus décrites.

136 Deux vis , dont une réticulée , fort finguliere ,
par plufieurs groupes de vermiculaires très-rares ,
tournés fur eux-mêmes en forme de cordes , ayant
le même diametre en toute leur étendue ; une portion en a été enlevée pour laiffer voir la diftri-
bution intérieure qui imite le noyau d'un efca-
lier , & une du genre des clochers gothiques ,
d'une confervation rare , tant pour la pointe que
pour les tubercules en vive arrête & le feuilleté
de la bouche.

T 4

137 Soixante vis , tant liffes que ftriées & tuberculeufes , des efpeces ci-deffus décrites.

138 Cent vis & buccins de toutes les variétés déjà décrites.

139 Deux très-grandes turbinites foffiles , tuberculeufes
dans le haut de chaque orbe , dont une de Courtagnon , de feize pouces de long , & une de Chaumont un peu moins grande.

140 Quatre autres remplies de terre coquilliere , dans
lefquelles on trouve les petites coquilles micro-
cofpiques foffiles les plus rares.

141 Cent trente petites coquilles foffiles du premier
choix , contenant toutes les variétés ci - deffus
décrites , plus une petite boîte de terre coquilliere de Courtagnon , remplie d'une infinité de
petites coquilles.

V O L U T I T E S.

142 Neuf volutites du genre des cornets formant fept
variétés , favoir : deux cornets foffiles d'Italie ,
dont un très-grand à fommet peu élevé qui paroît
être de l'efpece des tines de beurre , & un grand
à fommet élevé , deux de Chumont , à tête élevée ,
dont les orbres font applatis & ftriés circulairement , deux du pays d'Aunis , à-peu-près femblables , mais dont les ftries s'étendent fur toute
la robe , & trois des environs de Turin , pétrifiés
de fubftance féléniteufe , dont un à fommet très-
élevé ; un à tête moins élevée , un à tête applatie , à pas des orbes un peu concaves & à
clavicule élevée.

143 Quarante volutites , favoir : un cornet d'Italie ,
un de Suiffe à fommet très-élevé , à orbes bordés
d'un cordon granuleux , deux auffi d'Italie , des
environs de Bologne , à fommet moins élevé , à
pas des orbes plus applatis , & du refte femblables
au précédent , deux de Chaumont , & un d'Italie
de la feconde & troifieme efpece de l'article précédent.

deux de Grignon à tête peu élevée, à pas des orbes un peu concaves & ftriés circulairement, & deux de Pontlevoye d'une autre variété, cinq noyaux de cornets, dont deux ferrugineux d'Angleterre, l'un à tête élevée l'autre à tête applatie ; un ferrugineux de Suiffe, un pierreux de Normandie, & un agatifié de Soiffons, quatre volutites foffiles du genre des rouleaux, dont deux d'Italie de la forme des draps d'or, & deux des environs de Dax, à ftries finis circulaires, & confervant une portion de leur couleur, vingt cylindrites du genre des olives, dont trois foffiles de Chaumont, une de Courtagnon de forme plus effilée, dix de Grignon, d'une autre variété, dont une conferve fes couleurs, trois pétrifiées du Piémont, & trois féléniteufes des environs de Thurin.

144. Cinq cornets des efpeces ci-deffus décrites, de Suiffe, de Provence & d'Italie.

145 Dix autres de Guyenne, d'Aunis, de Champagne.

PORCELLANITES.

146 Quatre porcellanites du genre des dentées ; dont une groffe de Guyenne de l'efpece des porcelaines truitées, une de Guyenne à petite tête élevée, une d'Orléans à tête plus enfoncée, & formant une efpece d'umbilic ; toutes trois liffes, & un pou de mer ftrié.

MÉLANGES DE COQUILLES UNIVALVES FOSSILES.

147 Quinze rochers & buccins d'efpece variée, dont deux tuberculeux agatifiés dans leur matrice de pierre fabloneufe, deux de forme bombée, liffe, de couleur jaune, garnis chacun d'un cordon longitudinal dans le premier de leurs orbes, un

casque , trois chauves-souris ou pattes-d'oie , une petite harpe, un rocher de l'espece des bois veinés conservant encore ses lignes circulaires fauves & autres.

148 Vingt-quatre vis , buccins , & pourpres choisis , dont une de l'espece des chenilles noires très-comprimée , une très-longue & déliée de l'espece des aiguilles , un clocher Chinois , une vis feuil-letée , une vis sur laquelle on remarque des pierres numismales , quatre noyaux de vis , dont un spathique cristallisé , un agatifié du Soissonois , deux petites vis pyriteuses , deux agatifiées , une pourpre ailée & autres,

149 Huit gros buccins & rochers fossiles , dont un de l'espece des bois veinés , trois de l'espece des foudres , un de Picardie , de l'espece des ailés , dont la tête est tout-à-fait enveloppée par la partie supérieure de l'aile , un muricite à dents de chien , un buccinite à queue longue & droite , à pas des orbes applatis de Picardie , un semblable du pays d'Aunis , dont les orbes sont moins applatis.

150 Douze buccinites & muricites , dont sept du genre des minarets , un muricite à dents de chien & autres.

151 Douze autres muricites & buccinites , dont un de Courtagnon du genre des fuseaux ailés , quatre variétés de foudres , trois casques , deux buccins lisses de Picardie à tête élevée , à queue un peu retroussée , & deux muricites du genre des bois veinés.

152 Dix-huit buccinites & muricites , rares , pour les especes & la conservation , savoir : deux buccinites de l'espece à tête de vis ; un de Dax , cordé , à bouche dentée & de couleur jaune ; deux à clavicule très-aigue de forme bombée à petite queue retroussée , conservant encore l'émail & la couleur de leur bouche ; deux muricites réticulés ; dont un pétrifié de Normandie , quatre olives

foffiles, & un buccinite a longue queue, à tête
très-élevée garnies de ftries tranfverfales &
autres.

153 Vingt muricites & buccinites d'efpece variées.
154 Vingt autres.
155 Trente autres.
156 Cinquante autres.
157 Cinquante autres.
158 Cinquante autres.
159 Deux cents autres.

COQUILLES BIVALVES FOSSILES,

OSTRACITES.

160 Huit valves d'oftracites peu communes, favoir :
une pétrifiée venant du cabinet de Séba, de
forme orbiculaire, large & applatie confervant
encore fa nacre en quelques endroits, & qui paroît
être de l'efpece des meres perles, une foffile d'Italie
de l'efpece des pelures d'oignon, deux petites pelures
d'oignon de Courtagnon confervant leur nacre ;
une très-rare des environs de Dax, de l'efpece
nommée *oftreum tortuofum* ; elle differe fort peu
de l'analogue vivante, & quatre à charniere plate
plus ou moins large, garnies de plufieurs fillons
profonds & paralleles, dont une foffile, venant
de la fabloniere de Giengen en Souabe ; elle eft
remplie du fable mêlé de coquillages, où elle a
été trouvée, une du mont Andona en Piémont,
fragile, nacrée, fe levant aifément par écailles, &
à charniere lage, & deux pétrifiées dont une à
crenelures ou fillons de la charniere plus larges,
plus diftans & moins nombreux.

161 Sept oftracites orbiculaires à plis triangulaires,

& en zig-zags vers leurs extrêmités , & de l'espece nommée crête de coq, savoir : quatre pétrifiées : dont deux grandes , l'une de Suisse , l'autre de Tours , à plis larges & fort épais , une de Lorraine , à plis moins profonds , & une de Normandie à plis minces & saillans, trois ayant déjà un degré de pétrification, dont une de Champagne , à plis peu élevés & tuilés , & deux groupés, du pays d'Aunis , à plis larges & évasés.

162 Dix ostracites de Normandie & de Lorraine, de forme longue & étroite à plis triangulaires moins saillans à engrainures en zig-zags moins profonds & de l'espece nommée *rastellum* , huit de forme applatie & à-peu-près semblable à l'huître-feuille.

163 Une huître de forme alongée, feuilletée, à bec très-alongé , très-aigu , creusé en canal & recourbé sur le côté, à valves inégales , de Valréas dans le Comtat.

164 Une huître qui ne diffère de la précédente qu'en ce que les deux becs de la tête des deux valves se replient en dessous , du même pays.

165 Une huître singuliere à talon creusé en forme de sandale ; plus, une valve d'une grosse huître épineuse de Suisse.

166 Trente-cinq valves d'huître, dont cinq à talons du genre des cornets d'abondance , deux huîtres longues à talons de l'Anjou, une du genre des pelures d'oignon , une d'Orléans du genre des *rastellum* , une de l'espece des huîtres-feuilles , quatre fossiles de Courtagnon & de Chaumont, de l'espece des gâteaux feuilletés , une de Suisse, aussi de l'esp ece des gâteaux feuilletés , garnie d'une branche de corail blanc oculé & autres ; plus deux plaques de schist de Reutlingue contenant des huîtres feuilletées , l'une desquelles contient aussi quelques cornes d'Ammon.

167 Six huîtres pétrifiées bivalves , toutes de l'espece des huîtres communes , dont une de Strasbourg ,

deux de Picardie , dont les ftries font un peu
enfoncées comme celles du *raftellum* , deux de
Suiffe , & une de Courtagnon , de l'efpece des
huîtres-feuilles.

168 Une fuperbe huître pétrifiée de la plus belle confervation , à feuillets circulaires faillans fur les deux
valves , s'élevant en angle droit comme dans la
conque de Vénus décrite au n°. 746 , des coquilles
marines bivalves , & une valve de la même
coquille adhérent à un filex.

G R Y P H I T E S.

169 Huit gryphites , favoir : une groffe d'Angleterre ,
de forme large & ventrue , à bec recourbé en
dedans vers l'un des côtés , trois à petits cercles
concentriques en forme de tourbillons , quatre
autres à ftries tranfverfales d'Heidenheim & de Bourgogne , & un groupe confidérable de gryphites
de Giengen.

170 Neuf autres dont une de Touraine pareille à celle
d'Angleterre , décrite au n°. précédent , deux à
tourbillons d'Heidenheim liées enfemble par une
terre fabloneufe , une à bec recourbé latéralement , un noyau de la même coquille & quatre
autres gryphites.

171 Quinze gryphites pareilles aux précédentes , prefque
toutes étiquetées des pays où elles ont été récueillies.

ANOMITES OU TÉRÉBRATULITES.

172 Quatre anomites liffes , favoir : une de Normandie
de grand volume , blanche , à deux enfoncemens
latéraux , une autre auffi de grand volume à doubles
côtes très-faillantes , & une de Suiffe de forme
plate , à quatre lobes qui en rendent le pourtour
crénelé , & une agatifiée de forme bombée.

173 Quatre poulettes , rares , liffes , dont une groffe

de Normandie , à double enfoncement latéral , à large applatiſſement vers le bas , une de forme très-renflée , arrondie en forme de bille de Lorraine ; ſa ſurface eſt couverte de petites dendrites noires , une petite d'Eſpagne auſſi en forme de bille , & une échancrée vers la baſe , ce qui la rend triangulaire.

174 Quatre poulettes très-rares ; une de Normandie à quatre lobes , un noyau de poulette liſſe dans une cornaline polie , une blanche dont l'intérieur eſt rempli de ſpath criſtalliſé d'un vif éclat , & une griſe garnie d'une lacune profonde dans ſon milieu.

175 Une poulette liſſe de forme orbiculaire pyriteuſe d'Angleterre ; elle eſt criſtalliſée intérieurement & conſerve une partie de ſon teſt , une autre conſervant auſſi une portion de ſon teſt , une poulette liſſe dans un amas de pierres coquillieres , & quatre fragmens de poulettes ſpathiques papyracées, dont une conſerve les appendices intérieurs.

176 Douze poulettes de choix liſſes , une d'Italie , conſervant ſon teſt , deux d'Orléans de forme très-alongée & très-étroite, une agatifiée de Normandie, une agatifiée à taches blanches ſur un fond gris , deux ferrugineuſes , une d'Orléans à plis tuilés comme les huîtres en crêtes de coq , & quatre autres dont une ſpathique criſtalliſée intérieurement.

177 Vingt poulettes liſſes , dont quatre de Normandie échancrées par le bas , ce qui les rend triangulaires , une en forme de bille dans ſa matrice de pierre coquilliere , & autres des variérés ci-deſſus décrites.

178 Vingt autres poulettes liſſes , dont quatre d'Angleterre dans leur matrice de craie , une de Bourgogne dans une roche remplie de pectinites, une à bec très-renfle , quatre en forme de bille , une de forme très-applatie , deux échancrées par le bas , dont une paroît répliée & autres.

179 Vingt autres.

180 Quarante autres.

181 Neuf anomies ftriées ou oftreopeßtinites rares, favoir : une de Normandie en cornaline, à ftries fines & applatie dans fon milieu ; une de Bourgogne en criftal dur & transparent, à profondes cannelures, une de Normandte agatifiée de forme très-large, avec un applatiffement dans le bas de la valve inférieure ; un noyau de poulettes ftriées, dont le bec à trois fillons profonds, une à aile large, à large carenne, comme dans les Arches de Noé, une à trois lobes, dont celui du milieu eft très-faillant, une de forme alongée à bec très-faillant, une autre de même forme à ftries moins profondes & une hiftérolite ferrugineufe de Coblentz.

182 Quinze anomites ftriées peu communes, favoir : deux de Malthe, réticulées, de forme orbiculaire peu bombée, une de Suiffe, noire, réticulée, une d'Angleterre à ftries fines circulaires ; une de Malthe de forme très-bombée, & qui paroît formée par couches circulaires, une de Flandres à groffes ftries en vive arrète, à valve inférieure lacuneufe, & fupérieure très-bombée, une de Lorraine à groffes ftries ; & deux lacunes latérales, une d'Angleterre ferrugineufe, à côtes longitudinales élevées ; une d'Ucé, féléniteufe, à trois lobes & comprimée, une blanchâtre de Gothlande, auffi à trois lobes, mais plus renflée ; une de Suiffe à fortes ftries en forme de côtes ; une noire d'Allemagne auffi à groffes côtes & à larges lacunes dans le milieu ; une à groffes côtes & à carenne entre les fommets, comme dans les Arches de Noé, une valve d'anomite triangulaire, à fommet un peu recourbé, aftries longitudinales & partagée intérieurement en deux cellules coniques, dont l'ouverture eft auffi triangulaire, M. Linnæus remarque que cette coquille foffile que l'on rencontre

quelquefois en Suede , ne fe trouve jamais bivalve ; en forte qu'il doute fi elle n'appartient pas à la famille des Nérites ; il lui donne le nom de *conchidium biloculare* que nous pouvons rendre par celui d'anomite bichambrée ; plus un hiftérolite ferrugineufe de Coblents, dans fa matrice de même nature.

183 Quatorze anomites ftriées , rares , favoir : une de Normandie agatifiée & polie , une criftalliffée, une agatifiée blanche, criftallifée intérieurement & polie, trois de Normandie auffi agatifiées , dont une couleur de topafe, une enveloppée d'une efpece de réfeau noueux , à mailles d'inégale grandeur qui lui donnent la forme de pruneau fec , elle vient de Scey fur Saône en France-Comté ; on la nomme poulette entoilée, une de Flandres à groffes ftries en vive arrête , une autre à ftries très-fines ; une avec partie de fon teft , de couleur blanche fatinée, une hiftérolite ferrugineufe de coblentz , une dont le bec eft très-aigue & autres.

184 Neuf autres , dont trois de gros volume , de forme très-renflée, une à côtes en vive arrête & à carenne, une à large lacune , & dont une des valves paroit double ; elle conferve portion de fon teft ; une hiftérolite ferrugineufe de Coblentz.

185 Quatorze poulettes ftriées , des efpeces ci-deffus décrites , dont une agatifiée , une à fortes côtes & à carene, une hiftérolite ferrugineufe de Coblentz & autres.

186 Trente autres.

187 Vingt moyennes poulettes ftriées & quarante petites des efpeces ci-deffus décrites.

188 Cinquante-cinq poulettes de choix, dont plufieurs agatifiées & d'autres ferrugineufes.

189 Quatorze anomites, dont deux grandes ftriées, très-applaties, une liffe à trois lobes , une ftriée & entoilée , une à ftries longitudinales très-fines , à

deux

deux groſſes côtes qui vont du bec à la baſe, à quatre lignes tranſverſales qui marquent quatre couches, une poulette de la plus grande rareté, noire, ſtriée circulairement ; chaque valve eſt garnie de quatre fortes côtes longitudinales divergentes, en vive arrête, qui excédent le bord de la coquille ; quatre anomites liſſes, dont une fortement comprimée, une liſſe tout-à-fait applatie, une ſtriée auſſi très-applatie ; deux autres ſtriées moins comprimées ; plus une petite coquille foſſile, de l'eſpece nommée l'amande rotie, une Arche de Noé pyriteuſe entoilée, comme les poulettes qui portent ce nom ; & une pétrification très-ſinguliere formée de deux lames applaties en forme d'éventail, ſe réuniſſant en un tubercule fort aigu, & s'élargiſſant de l'autre côté en demi cercle, les deux lames en cet endroit s'écartent, & ſont remplies d'une eſpece de granite formé de petits cailloux noirs, liés entr'eux par une pierre calcaire griſe.

PECTINITES ET PECTONCULITES.

190 Une très-belle & grande peƈtinite foſſile des environs de Dax, du genre des peignes à oreilles égales, ayant déjà un degré de pétrification, mais conſervant encore ſes couleurs à côtes larges & applaties, laiſſant entr'elles des cannelures un peu larges ; cette coquille peu commune eſt de la plus parfaite conſervation.

191 Une autre grande peƈtinite du même genre, à côtes moins larges & cannelures moins profondes ; elle adhére à ſa matrice de marbre gris, & eſt encore remarquable en ce que ſes deux valves paroiſſent avoir gliſſé l'une ſur l'autre avant leur pétrification, de maniere que l'une montre ſa partie convexe en entier ; & l'autre plus de la moitié de ſa partie concave ; ce morceau curieux a été trouvé en Normandie.

192 Sept pectinites formant autant de variétés, favoir :
     quatre grandes, dont une des environs de Bafle,
     de l'efpece de la coralline où l'on remarque quel-
     ques tubercules concaves, comme dans l'efpece
     vivante, une autre variété de Heydenheim, une
     de Brétagne de forme large, médiocrement convexe,
     à côtes & cannelures chargées de ftries fines,
     tranfverfales ; un noyau de pectinite, confervant
     tout le teft de l'une des valves, & une portion
     de l'autre, arborifée dans la partie qui en eft
     dépourvue, de forme bombée, à côtes & cannelures
     des valves comme celles de la précédente, quatre
     un peu moins grandes dont deux pétrifiées des
     environs de Palerne, de l'efpece des coquilles de
     Saint-Jacques ou peignes communs, l'une defquelles
     a fes côtes & cannelures chargées de ftries fines
     ttanfverfales, l'autre a fes côtes ftriées longitudi-
     nalement, une foffile de la vallée d'Andona, à
     côtes applaties, & une d'Italie à côtes arrondies,
     dont la valve fupérieure, au lieu d'être applatie
     eft un peu convexe, & une valve foffile de la
     vallée d'Andona chargée de balanites.

193 Trois pectinites rares, favoir : une fole foffile
     d'Italie, confervant les couleurs de fes valves,
     une pectinite de Lorraine, de la forme des bénitiers,
     à valve inférieure chargée de fix côtes longitudi-
     nales placées à diftances égales, laiffant dans leurs
     intervales quatre autres côtes moins faillantes &
     moins prolongées vers les bords, ce qui les rend
     feftonnés, & à côtes de la valve fupérieure à-peu-près
     égales entr'elles, cette jolie pectinite eft de la
     plus parfaite confervation & une de Normandie,
     à côtes longitudinales triangulaires, chargées de
     ftries fines tranverfales, & fur leur milieu d'épines
     couchées le long des côtes.

194 Sept pectinites intéreffantes, favoir : trois d'Italie
     foffiles, dont une fole confervant fes couleurs,
     & pleine du fable où elle a été trouvée, une autre

variété de fol confervant auffi fa couleur rouge-brune & adhérente à une matrice pierreufe , & une à oreilles de l'efpece nommée peignes de Saint-Jacques, d'Italie , les quatre autres font pétrifiées, de Lorraine ; dont un manteau ducal de la plus belle confervation, un à côtes longitudinales nombreufes & tuilées, adhérentes à une matrice quartzeufe , & deux groupées auffi fur leur matrice avec une térébratulite liffe , & un piquant granuleux d'ourfin , l'une defquelles eft de l'efpece de précédente , & l'autre de forme très-alongée.

195 Vingt - deux , tant pectinites que pectonculites à oreilles inégales , favoir : une pectinite pétrifiée , du duché de Sully , à côtes d'inégale groffeur , chargées de très-petites tuiles fort ferrées , qui les font paroître comme granuleufes , une foffile du Piémont confervant fes couleurs , à côtes applaties , féparées par de petites cannelures & à ftries fines tranverfales , une du Perche petrifiée , à côtes étroites & cannelures larges , à profondes ftries tranfverfales très-fines , ayant fur l'une & l'autre valves quelques vermiculites , une peu différente , de Provence , une *idem* d'Italie à ftries larges & onduleufes , une foffile de Touraine femblable d'ailleurs à la précédente ; une du Lyonnois en marbre noir , à ftries longitudinales très-fines ; une de St. Gall. adhérente à fa matrice de grès dans laquelle la valve inférieure eft engagée ainfi qu'un noyau de Camite ; une des environs de Meffine de l'efpece des coquilles de St. Jacques , un bénitier de Touraine , une petite fole foffile d'Italie ; une autre adhérente à fa matrice , & confervant auffi fa couleur , & une valve auffi foffile d'un peigne de St. Jacques , chargée de quelques glands de mer , neuf pectonculites , dont une du Piémont , à côtes & cannelures longitudinales chargées de ftries fines en même fens , qui paroiffent comme ficelées , fur-tout celles des cannelures ; une du Maine à

côtes & cannelures larges chargées de ftries tranfverfales fines, faillantes en vive arrête ; une du
Piémont à cannelures profondes & côtes étroites
tuilées ; deux autres variétés des collines d'Afti ;
une de Giengen, foffile, liffe, à fix larges côtes applaties, une *idem* d'Italie de l'efpece nommée rape,
plus] une empreinte de pectonculite dans une
pierre calcaire de l'Orléannois.

196 Quarante-quatre valves de pectinite, à oreilles
de l'efpece connue fous le nom de peignes d'Efpagne, d'autres légérement épineux analogues aux
peignes marins que l'on trouve fur les côtes de
Normandie.

197 Cinq pectonculites fans oreilles, favoir : une rare
des environs de Soiffons à ftries chargées çà & là
de longues épines, elle eft remplie de craie, &
en partie changée en filex ; on y remarque plufieurs
de fes épines engagées dans le filex ; une d'Angleterre adhérente à fa matrice de Craye, une du
Lyonnois de forme applatie, adhérente à fa
matrice de marbre gris, deux autres du Fuftemberg en marbre gris poli en partie, groupées avec
des mufculites.

198 Quatorze grandes pectinites des efpeces ci-deffus
décrites.

199 Dix-huit pectinites toutes fur des matrice de différentes pierres, favoir : une fole de Bourgogne,
deux autres de forme plus évafée & légérement
ftriées de Suiffe, une autre de Provence, une
petite fole noire de Tours, une de Normandie,
& une Touraine, une à ftries fines dans un
marbre noir, une de Gaillon dans un filex, une
de Touraine dans une pierre coquilliere avec
bélémnite ; une des environs de Rouen, dont les
deux valves font légérement criftallifées ; & féparées par un caillou jaune, une pierre calcaire
blanche de Cambrai, fur laquelle font deux valves
de pectinites ; une du Nivernois dans une argille

grife, une autre dans un marbre gris, une de Nevers de l'efpece des foles, & trois petites, dont deux fur marbre noir.

200 Trente-une pectinites des efpeces connues fous le nom de peignes de Saint-Jacques, & quatre de l'efpece des foles.

201 Six peignes de choix, favoir : un manteau ducal, un de Lorraine à épines penchées, de la même efpece que celui décrit au n°. 193, une coralline de Lorraine, dont l'intérieur eft tapiffé de criftaux de fpath, un de Provence à côtes longitudinales, à fines ftries circulaires en vive arrête, un du Maine qui ne diffère du précédent, qu'en ce que les ftries circulaires font moins faillantes, un à groffes côtes longitudinales formées de trois plus petites, laiffant entr'elles des intervales profonds & peu larges, chargées de petites ftries circulaires; il eft parfaitement confervé.

C A M I T E S.

202 Deux grandes camites à bafe ronde réguliere : favoir : une rare de environs de Donnay, de forme très-large & médiocrement bombée, fine-ment réticulée, & remplie d'une terre calcaire à demi-pétrifiée ; une d'Arignano, très bombée à ftries fines longitudinales, écartées & à fafcies tranfverfales jettées par ondes les deux valves; qui fe féparent, font remplies d'un fable mêlé de coquillages.

203 Six camites, toutes bivalves, dont deux de Cour-tagnon, l'une de forme bombée, à ftries circu-laires peu faillantes, l'autre plus applatie, & dont les ftries font plus élevées, deux de forme ronde très-applatie & papyracées auffi de Courtagnon, une petite de Chaumont, & une de Grignon de forme longue, à ftries longitudinales très - fines, coupées par des ftries circulaires en vive arrête.

204 Dix camites, toutes bivalves, favoir : deux de
l'efpece des furies , l'une d'Italie, l'autre de Rennes ,
une papyracée à ftries circulaires de forme applatie
de Chaumont, deux *idem* de Courtagnon, une
idem d'Orléans , une petite de forme ronde à ftries
circulaires en vive arrête , une fpathique de Normandie de forme alongée , une de Normandie à
ftries circulaires , & une de Chaumout confervant
fa couleur.

205 Cinquante valves de Camites , dont une de
Chaumont de l'efpece des corbeilles , remarquable
par une dent faillante fous la tête , deux de
Chaumont, à ftries circulaires en vive arrête ,
une rare de Champagne de l'efpece des corbeilles
réticulées , une très-grande d'Italie à ftries circulaires peu faillantes , une du Piémont de l'efpece
des furies , une fpathique de Normandie , deux
à bafe ronde , accouplées d'une maniere très-
réguliere fur une terre coquilliere , plus une petite
boîte contenant quarante petites valves de pectinites & de camites , dont une rare de l'efpece
nommée la bille.

C A R D I T E S.

206 Une fuperbe cardite agatifiée de Normandie , à
ftries circulaires fines & arrondies , de l'efpece des
conques de Vénus.

207 Quatre cardites , très-rares, dont une d'Alface
qui ne différe des boucardes marines , à fommets
récourbés que par fes ftries fines tranfverfales ,
une de l'efpece des vielles ridées à groffes côtes
tranfverfales arrondies confervant fon émail & fes
couleurs , remplie de terre coquilliere , une cardite
parfaitement confervée à groffes ftries longitudinales tuberculeufes & une papyracée, dont une
valve recouvre l'autre.

208 Une cardite agatifiée de Normandie , à face anté-

rieure étroite & alongée, à côtes tranfverfales de la partie poftérieure tuberculeufe, une cardite pétrifiée de Lorraine, à côtes longitudinales très-diftantes, en vive arrêtes & à ftries tranfverfales en forme de rides, une cardite d'Amérique foffile, très-rare de forme oblongue bombée, à côtes longitudinales groffes & larges, à ftries fines tranfverfales, l'une de fes faces repréfente un cœur arrondi, & l'autre un cœur alongé, une valve de boucarde foffile de Chaumont de forme très-bombée, à groffes ftries longitudinales, à bords dentelés, une boucarde foffile de Chaumont à côtes longitudinales applaties, & de forme moins ventrue que la précédente, une valve d'une cardite rare de l'efpece nommée la grande lévantine, en tout fix coquilles.

209 Une cardite pétrifiée de Lorraine, du genre des cames tronquées, mais extrêmement grande finement réticulée, & chargée de valves d'huîtres & de vermiculaires, un noyau d'une boucardite de l'efpece des bonnets de fou, & douze noyaux de cardites & camites agatifiés.

210 Douze cardites du genre des arches, dont une foffile de Dax de l'efpece de l'Arche de Noé proprement dite, une rare de Chaumont, à carenne fort étroite, réticulée, de l'efpece de l'amande, une de Lorraine à groffes côtes longitudinales tuberculeufes & autres.

211 Quatorze cardites ou valves de cardites, favoir : deux valves de cardites du Piémont de l'efpece des conques de Vénus fans épines, rares, deux de l'Ifle-de-France à quatre côtes longitudinales, deux à ftries longitudinales en vive arrête, une pyriteufe d'Angleterre, deux petites foffiles de Chaumont, du genre des Arches de Noé & autres.

212 Trente cardites ou noyaux de cardite, pétrifiés des efpeces ci-deffus décrites.

213 Soixante, *idem.*

214 Douze tant camites que cardites, dont une camite
du Lyonnois, fur une matrice de marbre noir,
une autre du Fuftemberg du genre des foles auffi
fur une matrice de marbre noir, un petit peigne
à ftries très-fines auffi fur marbre noir; une petite
came dans du grès de Palaifeau, un peigne ferrugineux & autres coquilles bivalves, dont deux
noyaux de petites arches; plus, deux petits nautiles pétrifiés, deux petits limaçons pétrifiés, trois
lépas foffiles du genre des bonnets Chinois, & deux
branches de corail oculé foffile.

215 Sept très-groffes cardites pétrifiées ayant chacune
plus de huit pouces de long.

216 Deux petites valves foffiles de cardites de l'efpece
des furies, & trente-trois valves de cardites des
efpeces ci-deffus décrites.

217 Une poulette de la plus grande rareté, épineufe,
large & ventrue, un lépas foffile à bafe arrondie
fur une pierre coquilliere, & vingt-neuf très-
petites coquilles bivalves, dont une petite came
en bec de flûte, quatre poulettes à groffes côtes
longitudinales excédant le bord de la coquille que
l'on pourroit appeller poulettes à ailes de chauve-
fouris, à caufe de la reffemblance avec les ailes
de cet animal, deux noyaux de cames en grès
criftallifé & autres.

218 Un joli lot de diverfes pétrifications; on y diftingue une poulette agatifiée, une autre à ftries
longitudinales, divergentes, deux petits fongites,
deux bâtons d'ourfins épineux pétrifiés, un porpite,
& un vermiculaire foffile granuleux.

TELLINITES ET MUSCULITES.

219 Une telline de Courtagnon, foffile, du genre des
tellines fluvatiles ou moules d'eau-douce, confervant fa nacre; elle adhére à fa matrice de pierre
fableufe; une tellinite à ftries circulaires du genre des

foleils-levant, deux tellinites ferrugineufes du genre
des pinces de chirurgien, un manche de couteau
foffile de Courtagnon fur fa pierre fableufe, trois
de l'efpece des dails bivalves, une mufculite pétrifiée fur une roche coquilliere, une de Picardie de
l'efpece nommée gueule de fouris, fur une pierre
argilleufe, fix mufculites de l'efpece des moules
de Papous, une mufculite pyriteufe de Normandie, la tête de chacune des valves fe termine par un petit tubercule & cinq autres, en
tout vingt-deux pieces.

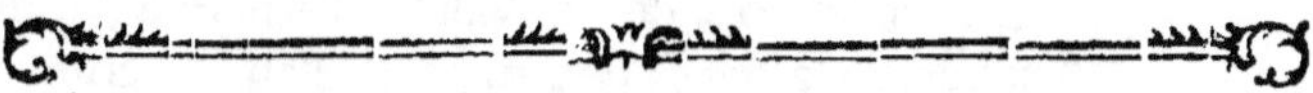

C O Q U I L L E S.

MULTIVALVES FOSSILES.

PHOLADITES ET POLLICIPÉDITES.

220 QUATRE valves de pholades foffiles, dont
deux de l'Orléannois & deux de Picardie ; & cinq
paires de valves d'une efpece de conque anatifere
inconnue, favoir : deux de forme oblongue, feuilletées, & confervant leurs couleurs, dont les
deux valves ouvertes, adhérent, par leur partie
convexe, à une pierre fciffile grife des environs
de Sollenhoff, une dont les valves adhérent au
contraire, par leur partie concave, à une pierre
de même nature, de Pappenheim ; elles font légérement pointillées vers le bas de leurs valves ;
une dont les deux valves font auffi adhérentes
par leur partie concave, leur furface eft chargée
de ftries longitudinales, & deux autres adhérentes,
l'une par fa partie concave, & l'autre par fa
partie convexe.

B A L A N I T E S.

221 Douze groupes de Balanites foffiles, favoir : tr[o]
d'Arignano, dont un compofé de deux glands [de]
mer de l'efpece nommée turban, l'un defque[ls]
porte près de deux pouces & demi de haut, [un]
de l'efpece nommée tulipe, confervant encore [fa]
couleur, & le troifieme mêlé d'oftracite, [un]
groupe de petits glands de mer adhérent à d[es]
oftracites de Provence, un groupe *idem* du La[n]-
guedoc, trois de la vallée d'Andona, dont de[ux]
adhérens à des pectinites, l'autre compofé [de]
plufieurs glands de mer, à pétales épaiffes cha[r]-
gées de ftries longitudinales bien prononcées, [&]
de l'efpece nommée la clochette, un groupe [de]
glands de mer tulipes d'Italie, un autre de gla[nds]
de mer de la petite efpece, à bouche ronde mo[ins]
ouverte, & de l'efpece nommée glands de m[er]
rayés ; ils viennent auffi d'Italie, & deux gr[os]
glands de mer pétrifiés, l'un de Suiffe adhére[nt à]
fa matrice pierreufe, l'autre de Provence.

É C H I N I T E S.

222 Une échinite de Suiffe de l'efpece des turban[s à]
mamelons, très-rare en ce qu'elle conferve tou[tes]
fes dents réunies, & formant ce que l'on app[elle]
la lanterne d'Ariftote.

223 Une échinite non moins rare, de la même efpe[ce]
& de la variété nommée turban maure, adhére[nte]
à fa matrice dans laquelle on remarque deux [de]
fes piquants ; il eft blanc fpathique, & de la p[lus]
parfaite confervation.

224 Cinq échinites du genre des cafques, favoir : d[eux]
de Normandie, où les cinq doubles rangs de c[an]-
nelures font très-fenfibles, une criftallifée en qua[rtz]

druzen tranfparent , une agatifiée, fciée & polie , & une minéralifée en fer de Champagne.

125 Six échinites du genre des cafques , dont une paroît ridée à fa bafe , une dont les rangs de crenelures font très-fenfibles , une en filex de Normandie , avec fa matrice fur laquelle elle a laiffé fon empreinte, avec une partie de fes panneaux & de fes pointes , les autres remarquables par leur belle confervation.

226 Six *idem* , dont cinq en filex de Normandie , une defquelles conferve une partie de fon teft qui eft devenu fpathique , & une du Languedoc de forme plus conique.

227 Un ourfin agatifié tranfparent , de la forme des boutons.

228 Un fuperbe groupe de deux ourfins du genre des miliaires , dont l'un adhére par fa bafe , & l'autre par fa partie fupérieure , à un morceau de pierre calcaire ; l'un & l'autre entiérement recouverts d'aiguilles de fpath calcaire criftallifé en fufeaux, adhérentes au corps de l'ourfin par une de leurs pointes, dans le même ordre que feroit les pointes même de l'oufin ; la bafe de ce morceau eft jonchée d'un grand nombre de criftaux de fpath en fufeau de forme très-alongée , femblables à quelques uns de ceux adhérens au corps de l'ourfin , de maniere qu'il paroît, que, lors de la pétrification , chacune des pointes de l'ourfin à fervi, fans fe déplacer, de noyau au fpath qui les a pétrifiées : quelquesuns de cee criftaux qui font fiftuleux , paroiffent confirmer cette opinion ; on ne peut rien defirer de plus plus parfait , ni de plus agréable que cette rare pétrification : le groupe entier porte cinq pouces de long , fur deux & demi de large & deux de hauteur.

229 Deux ourfins du genre des cafques , de fubftance fpathique blanche parfaitement confervés de St. Pétersbourg.

230 Une rare & grande échinite, des environs de Dax
du genre des bouliers, portant six pouces (
diametre sur plus de trois pouces de hauteur,
forme conique, à base polygone, presque circu
laire, à sommet élevé mais arrondi, terminé p
un petit bouton d'où partent cinq pétales crenelée
lesquelles se prolongent jusques à la bouche q
est au centre de la base, où elles forment auta
d'enfoncemens, l'anus est près de la circonférenc
toute la surface est parsémée de petits cerci
creux où l'on voit encore les apophyses; c'est
grande échinite d'Aldrovande.

231 Une échinite du même genre, peu commune, (
Malthe, à cinq pétales encore plus larges q
dans l'espece précédente, à base pentagone, do
les angles sont arrondis à sommet très-élevé da
une direction presque verticale.

232 Une autre aussi de Malthe qui ne différe de
précédente, qu'en ce qu'elle est moins élévée
sa base est chatoyante en quelques endroits,
elle est chargée sur le dessus de quelques verm
culaires.

233 Une pétrification de la plus grande rareté, c'e
le squelette pétrifié de l'ourfin décrit au numér
précédent, toutes les cloisons osseuses & men
braneuses qui le divisent, sont parfaitement co
servées.

234 Quatre échinites de Malthe, de l'espece décri
sous le numéro 231, mais de forme moins élevé

235 Six autres.

236 Quatre échinites du genre des gâteaux; savoi
une grande de Malthe adhérente à sa matric
une du pays d'Aunis, à pétales plus longues; de
de moyennes grandeur à pétales larges & moi
longues, dont une du pays d'Aunis, & l'au
des carrieres de Douay.

237 Un ourfin beignet pétrifié calcaire de Ceylan.

238 Six échinites dont une de forme ronde peu élevé

garnie de cinq pétales & d'une forte échancrure longitudinale, un spathique de Nogent-le-Rotrou de l'espece des œufs marins, un spathique du même endroit de l'espece des pas de poulain, un oursin très-comprimé, du genre des turbans, dont les écussons sont très-sensibles, de Normandie, un de Provence de forme conique, & un noyau de l'intérieur d'un oursin.

239 Cinquante très-petites échinites, dont une agate polie, une autre milliaire dans une valve de boucardite, à oreilles, toutes des variétés ci-dessus décrites, plus deux petits operculites percés dans le milieu, & fossiles, de Courtagnon.

240 Douze oursins échinites des especes ci-dessus décrites, & une boîte contenant des oursins ferrugineux de, Courtagnon.

241 Douze autres.

242 Douze autres.

243 Douze autres.

244 Douze autres.

245 Quinze autres.

246 Dix-neuf autres.

247 Quarante deux petites cases, remplies de différentes parties d'oursins fossiles ou pétrifiées, savoir : six boîtes de piquans longs, cylindriques, à stries granuleuses, cinq de piquans courts & cylindriques à stries granuleuses plus ou moins fines, deux de piquans longs & ventrus vers le bas en forme de fuseaux, aussi à stries granuleuses, un piquant très-rare, large, applati, granuleux, & une boîte contenant deux pointes d'oursin granuleuses, longues, d'Angleterre, dans leur matrice de craye; neuf boîtes de piquans de forme courte & ventrue, nommés pierres judaïques, les unes en forme de gland à stries lisses ou granuleuses, les autres en forme d'olives ou de concombre, à stries granuleuses, noueuses ou dentelées, trois de pierres judaïques lisses, incrustées d'une matiere de stalag-

mites ; trois boîtes d'écuſſons ou mame'ons de
l'ourſin mamillaire, une d'écuſſons pentagones,
granuleux dans la partie convexe, percés dans
l'autre d'un petit trou, & qui ſont les verrues
d'un ourſin du même genre, une d'écuſſons
hexagones à bords crenelés, une d'oſſelets en
forme de faulx, une d'oſſelets en forme de levier,
une d'oſſelets en forme de poutrelles, une de très-
petits piquans, & une d'oſſelets d'échinites du genre
des boucliers ; un grand écuſſon triangulaire provenant d'un ourſin du genre des boucliers, &
quatre boîtes d'empreintes tant des ourſins mêmes
que de leurs pointes & mamelons : chaque boîte
contenant une variété, ce qui rend cet article des
plus intéreſſant ; plus une groſſe boule de ſilex
contenant l'empreinte d'un turban à tête de mort,
deux autres empreintes d'ourſin dans le quartz ;
dans l'une on apperçoit les écuſſons, & dans l'autre
les mamelons, une pierre calcaire de Normandie
remplie de petites pointes d'ourſin ſiſtuleuſes.

248 Trente-deux petites boîtes contenant les mêmes
variétés que dans l'article précédent à quelques
différences près.

249 Vingt - quatre, *idem.*

B E L E M N I T E S.

250 Une bélemnite conique des environs de Caën,
rare pour ſon volume & ſa longueur, liſſe, de
forme un peu applatie à petit filet longitudinal
regnant de part & d'autre vers le ſommet ſeule-
ment, & à baſe garnie de ſon noyau ; elle porte
ſeize pouces de haut ſur un pouce de diametre dans
ſa plus grande largeur.

251 Un fragment de bélemnite à filet longitudinal, de
l'eſpece de la précédente, une noire de Provence,
une autre ſpathique tranſparente jaune, une *idem*
enclavée dans la craie, une ſur laquelle eſt un

vermiculaire ; on apperçoit la cavité de l'alvéole,
une bélemnite ouverte dans fa longueur, pour en
laiffer voir les ftries, une bélemnite noire garnie
vers le bas d'un fillon longitudinal s'étréciffant en
cet endroit, & s'élargiffant enfuite vers la bafe,
une applatie de la forme d'une amande, deux en
fufeaux dont une onix, deux également pointues
par les deux bouts, fur l'un defquels on apperçoit
la petite cavité fervant à l'articulation, une repliée
vers fa bafe, un alvéole pyriteux d'Angleterre,
une calotte d'alvéole, une jaune de Poitou dont
les couches font un peu exfoliées, une applatie
& élargie par fa bafe, adhérant à de l'ardoife,
& une fendue en deux & garnie de fon alvéole,
en tout dix-huit pieces.

52 Trente, tant bélemnites qu'avéoles des efpeces
décrites au numéro précédent, dont un très-gros
alvéole ferrugineux adhérent à fa matrice de pareille
nature, dans laquelle on apperçoit une corne
d'Ammon, des bélemnites & autres coquilles.

53 Trente autres.

54 Vingt - quatre autres.

ROUPES DE COQUILLES DE DIFFÉRENS GENRES.

55 Un rare groupe de Camites pétrifiées en fpath
calcaire, adhérentes entr'elles, mais laiffant beaucoup de jour entre leurs interftices.

16 *Idem*, on y remarque une grande valve d'huître
auffi fpathique ; ces deux morceaux font intéreffans.

57 Un morceau de marbre rouge, rempli de petites
cames, dont quelques-unes confervent leurs teft,
un plateau de coquilles fluviatites foffiles pétrifiées
dans une pierre calcaire, un groupe de vis agatifiées du Soiffonois ; prefque toutes recouvertes de
pierre calcaire.

58 Quatre autres groupes, favoir : un de vis

ferrugineuſes , un de Courtagnon contenant preſque toutes les qualités de coquilles foſſiles , tant bivalves qu'univalves , un groupe de pectinites & un d'oſtracites.

259 Quatre morceaux , dont un de Courtagnon contenant preſque toutes les variétés de coquilles foſſiles , trois ferrugineux remplis de vis.

260 Treize morceaux , ſavoir : un groupe d'anomites liſſes dans un marbre rougeâtre , un groupe de glands de mer de Suiſſe , un de Cardite , un d'Oſtracite , plus un tubiporite , un fongite , deux oſtracites , une ammonite , un noyau de boucardite à oreilles , & une pectinite de Suiſſe , de l'eſpece des corallines.

261 Trois groupes de coquilles , dont un de vis agatifiées , poli ſur une de ſes faces , un de très-petites buccinites liſſes , & un de vis criſtalliſées dans l'intérieur.

262 Trente pierres coquillieres de diverſes nature , tant univalves que bivalves contenant des coquilles de toutes eſpeces.

263 Un tiroir rempli de coquilles pétrifiées de différentes natures.

ZOOPHITOLITES.

STELLITES.

264 UNE ſtellite du genre de celles à queue de léſard ſur une pierre calcaire blanche.

Aſtéries , entronques étoilées , &c.

265 Une très-rare & magnifique *encrinite* à queue , dans un ſchiſt noir , de Boll en Wirtemberg , parſemée d'oſtracites , ſur un pédicule de ſix pouces & demi de haut , compoſé d'aſtéries , s'éleve le
faiſceau

faifceau des branches de l'étoile , épanoui en forme
de calice , lequel a près de huit pouces dans fa
plus grande largeur , fur deux vers fa bafe , &
fept de hauteur ; les vertebres qui forment les
rayons de ce calice ne font point pentagones ,
comme celles du pédicule , mais à-peu-près circulaires , de même que celles du *palmier marin* ,
avec qui ce morceau a une analogie frappante.

Ce morceau a été donné à M. Davila , par
M. Amman , docteur en médecine à Schaffoufe ,
dont le riche cabinet de pétrifications fait l'admira-
tion de tous ceux qui le voient.

*Ce beau morceau eſt gravé au catalogue du cabinet
de M. Davila , tome 3 , planche 1 , page 290.*

266 Une encrinite à colonne étoilée du même endroit,
pyriteufe & moins grande que la précédente ,
mais auffi intéreffante ; l'une des faces du fchifte
offre un groupe de rayons de différentes groffeurs , irréguliérement couchés les uns fur les
autres ; de ces rayons, les plus gros font en
colonnes pentagones , ou des portions de pédicules
plus ou moins longues, dont les vertebres font
inégales ; les autres , à vertebres arrondies , partent d'un de ces pédicules , & fe fubdivifent la
plupart en deux : plufieurs de ces derniers font
garnis de leurs pattes ou griffes en forme de *barbe
de* plume ; l'autre face du même fchifte offre à-peu-
près les mêmes objets, mais avec cette différence
que prefque toutes les vertebres y étant détachées & éparpillées en différens fens , les unes
forment de petites maffes d'entroques étoilées ;
d'autres préfentent des aftéries ou trochites plus
ou moins angulaires , &c. ce qui rend ce morceau un des plus curieux & des plus inftructifs
que l'on puiffe voir en ce genre, celui qui eft
gravé dans la phyfique facrée de Schenthzer,
tome premiér , planche 58 , *figure* 98 , peut donner
l'idée de l'une des faces de celle-ci.

X

267 Une encrinite à colonne étoilée de même nature,
& un peu moins grande que la précédente, l'une
des faces du fchifte eft chargée d'une multitude de
petits rayons, la plupart garnis de leurs pattes ou
doigts, & couchés les uns fur les autres, dans
une direction à-peu-près parallele, l'on y remarque
auffi une petite portion du pédicule, mais hors
de fa vraie place; l'autre face n'offre au contraire
que des parties du pédicule plus ou moins longues,
& difloquées avec un feul des petits rayons du
fommet.

268 Trente-deux petites boîtes contenant divers débris
de l'étoile arborefcente, à tiges pentagones, favoir :
deux d'aftéropodes pentagones, deux d'aftéropodes
plus petits, trois de caryophillites, une de fcyphoïdes,
huit d'entroques étoilées de différentes groffeurs
& longueurs, & à colonnes plus ou moins
angulaires, une d'entroques étoilées à colonne
comprimée fuivant fa longueur, une d'entroques
étoilées épineufes ou garnies d'appendicules qui
font probablement dus aux verticilles qui ont été
caffés, une de très-petites entroques, dont les
angles font peu fenfibles ; trois de vertebres
noueufes différentes des entroques, & qui fem-
blent appartenir aux rayons du fommet de l'étoile ;
une de vertebres ramifiées, & neuf d'aftéries très-
variées pour la grandeur & la forme de leurs
angles ; ces différens morceaux font de Suiffe,
d'Allemagne & de Franche-Comté.

269 Un lot d'entroques moins nombreux que le précédent.

270 Un magnifique *lys de pierre*, à colonne radiée,
trouvé dans les environs de Berne ; il eft encaftré
en partie, & fuivant fa longueur, dans un bloc
de marbre de neuf pouces & demi de long, fur
fept & demi de large ; le lis qui a quatre pouces
de long depuis fon fommet jufqu'à l'endroit où
il adhére à fon pédicule, eft comprimé, & ne

montre que fix de fes rayons, partant deux à deux du fommet de la tige, & un peu écartés vers le haut; quelques-uns de ces rayons font même garnis de leurs pattes ou griffes auffi comprimées, & femblables aux barbes d'une plume, particularité que l'on ne remarque point dans ceux qui font fermés; le pédicule formé d'entroques radiées, fe courbe à un pouce & demi de diftance de la bafe du lis, & fait avec lui un angle aigu; fa longueur, depuis la courbure ou caffure, eft de fept pouces & demi; ce qui donneroit au lis entier treize pouces de hauteur, fi le pédicule fe trouvoit dans la même direction; le refte de la furface du marbre eft parfemé d'une quantité prodigieufe de trochites de diverfes grandeurs qui proviennent vraifemblablement d'un autre morceau du même genre.

Ce rare & précieux groupe eft gravé dans le troifieme volume du catalogue du cabinet de M. Davila, *planche* 2, *page* 287.

271 Un lis de pierre à colonne radiée, auffi dans fa matrice de marbre; celui-ci eft fur-tout remarquable en ce qu'il eft fort peu comprimé, & qu'une des vertebres du pédicule eft affez détachée des autres pour montrer les rayons du centre à la circonférence, qui font propres aux trochitrs; le lis a trois pouces de long, & fon pédicule deux & demi; toute la maffe qui a cinq de fes faces polies, eft compofée des débris de l'animal mêlés avec beaucoup de pectinites.

Ce curieux morceau avoit été envoyé à M. Davila, par M. le chevalier de Baillou, directeur du cabinet d'Hiftoire Naturelle de fa Majefté Impériale.

272 Un lis de de pierre de l'efpece du précédent, mais hors de fa matrice; il eft fans pédicule, ou du moins il n'en a qu'un très-court, compofé de trois vertebres ou trochites, fa bafe eft faite de

cinq parties chacune defquelles fe divife en deux
branches qui fe fubdivifent auffi , & dont les
articulations s'engrainent les unes dans les autres.

273 Cinq morceaux intéreffans, favoir : un lis de
pierre de Lorraine , dans fa matrice , mais un
peu frufte ; une courte portion de fon pédicule
traverfe la pierre dans laquelle il eft engagé ; une
autre portion de pédicule compofée de vingt-
deux trochites dans une pierre calcaire auffi de
Lorraine , un amas de groffes entroques fpatheufes
de Gotlande , dont les trochites font alternativement minces & épaiffes ; la circonférence de celles-
ci eft percée de petits trous , un amas d'entroques
radiées & de milleporites dans un marbre rouge
de Ratwick en Dalécarlie , & un de Suiffe compofé d'entroques & de trochites mêlés à quelques pectinites.

274 Deux morceaux peu communs de l'ifle de Gotlande , dont le plus grand porte dix pouces de
long fur fix de large ; l'un & l'autre ne font
qu'un amas d'entroques radiées , fpatheufes , de
milleporites branchues , feuilletées & de camites.

275 Un amas d'entroques radiées, fpatheufes, blanches,
dans une pierre calcaire , un amas d'aftéries dans
un fchifte bleuâtre, une encrinite à colonnes radiées
d'où partent un grand nombre de ramifications ,
une pierre argilleufe durcie fur laquelle on remarque
quelques veftiges de ramifications d'encrinites à
colonnes radiées.

*Knor. part. 1,
tab. 28, fig. 1.*

276 Trois plaques de marbre encrinite , l'une grife ,
l'autre noire de Cobourg en Saxe , avec deux
orthocératites ou cornes d'Ammon droites , une
autre avec pectinites , toutes trois polies.

277 Vingt quatre boîtes contenant divers débris des
étoiles arborefcentes à tiges cylindriques, favoir :
une de forme conique , dont le fommet eft divifé
par cinq autres partant du centre comme dans les
aftéropodes , une tige d'encrinite cylindrique qui

jette latéralement trois groffes branches ; une encrinite conique chargée de vermiculaires , & ayant plus d'un pouce de diametre ; une encrinite chargée dans toute fa longueur de côtes circulaires alternativement groffes & petites ; une encrinite cylindrique , dont la bafe eft repliée , une encrinite cylindrique , dont le fommet eft chargé de petites ftries qui partent d'un centre, formées de petits grains , elle imite fort bien la paquerette des près ; une entroque radiée tubuleufe, dont l'intérieur eft fillonné de groffes côtes circulaires en vive arrête ; une encrinite fpathique liffe , dont le noyau eft formé d'une pyrite cuivreufe , une boîte de petites tiges d'entroques à quatre angles & autres.

CRUSTACITES.

278 Une rare & belle fquille pétrifiée pyritueufe d'Angleterre, de quatre pouces de long , mais qui en auroit plus de fix , fi la queue n'étoit pas recourbée en deffous ; elle conferve fes deux pinces & une de fes pattes ; fa queue eft compofée de fix anneaux ou boucliers, fans compter la derniere articulation formée de cinq nageoires affez larges & écartées les unes des autres.

Ce morceau eft gravé au troifieme volume du catalogue de M. Davila , *planche* 5 , *lettre* K.

279 Une autre de cinq pouces trois lignes de long qui différe de la précédente , en ce que la queue n'eft point recourbée.

280 Une très-belle fquille pétrifiée , & de la plus parfaite confervation, dans une pierre fciffile , de Pappenheim ; elle eft de la grandeur & de l'efpece de celle que nous citons, elle eft gravée planche Kuor. part. 1 trois du troifieme volume de M. Davila , figure tab. 13. b. f. 1. premiere.

281 Deux ardoifes des environs d'Angers, portant

l'une l'empreinte en creux, & l'autre celle en relief d'une espece de crustacée, dont la structure à beaucoup d'analogie avec celle dont il est parlé dans le Mémoire de l'Académie Royale de Sciences, fait par M. Guétard, année 1757, pages 82 & suivantes, sur *l'Éruca Antropomorphites* que possédoit M. Davila, & dont il est parlé à la page 204 du troisieme volume de son catalogue ; ces empreintes ont trois pouces & demi de longueur vers le haut, & trois pouces vers le bas ; elles font parsemées de parties pyriteuses blanches.

282 Deux *idem.*

283 Deux *idem.*

284 Deux autres, & une en forme de queue de langouste.

285 Deux *idem.*

GAMMAROTITES.

286 Un magnifique crabe pétrifié, de la Chine, dont le corps seul a quatre pouces neuf lignes de long, sur trois pouces quatre lignes de large ; ses deux grandes pattes ou serres, sont tournées l'une vers l'autre dans l'attitude où l'animal l'est met lorsqu'il veut pincer quelque chose ; elles ont cinq pouces de long & sont grosses à proportion ; ce crabe est de forme applatie, & a beaucoup d'analogie avec le crabe de roche de Rhumphius ; il est des mieux conservés, & a été envoyé de la Chine a feu M. Géoffroi, par le pere d'Incarville, Missionnaire Jésuite, & correspondant de l'Académie Royale des Sciences ; il est gravé au troisieme volume du catalogue du cabinet de M. Davila, planche 3, lettre G.

287 Un gros crabe fossile des environs de Dax, de l'espece du poupart, dont le corps, de forme arrondie, a quatre pouces de long sur trois de large, ses pinces sont repliées en devant, & il

adhére par sa partie inférieure à une matrice de pierre calcaire qui lui sert de support.

Il est aussi gravé au troisieme volume du catalogue du cabinet de M. Davila, planche 3, lettre H.

288 Un autre de même espece aussi fossile, mais hors de sa matrice, un crabe de même espece de la côte de Coromandel , & une petite écrevisse à queue recourbée fossile d'Angleterre.

289 Un crabe du genre des pouparts dans une matrice de pierre calcaire, deux empreintes de crustacées de l'espece analogue a celle decrite sous le n°. 281, & deux fragmens de crabes.

C A N C R I T E S.

290 Deux cancres pétrifiés de la côte de Coromandel, & une empreinte d'une autre espece de cancre dans une pierre scissile de Pappenheim.

I C H T Y O L I T E S.

291 Une rare & magnifique ichtiolite, c'est le squelette d'une espece de murene imprimé en creux & en relief dans deux ardoises noires de Glaritz , de trois pieds neuf pouces de long sur sept pouces de large, l'épine du dos seule porte trois pieds de longueur : la grandeur extraordinaire de ce morceau, qui, d'ailleurs, est de la plus parfaite conservation, peut le faire regarder comme unique en ce genre; l'empreinte de cette espece, qui se trouve dans le cabinet de S. A. S. Monseigneur le Duc d'Orléans , & dont M. Guettar a donné la figure dans les Mémoires de l'Académie Royale des Sciences , ne porte qu'un peu plus de treize pouces de long.

292 Un poisson pétrifié dans une pierre scissile grise, d'Allemagne; la tête, la queue , les nageoires &

la moitié fupérieure du corps revêtue de fa peau, toute divifée par lofangès, comme dans le poiffon cuit, font en relief ; l'autre moitié du corps, jufqu'à la queue, n'offre que l'empreinte en creux des vertebres & des arrêtes correfpondantes.

Ce beau morceau porte un pied de longueur fur cinq pouces dans fa plus grande largeur ; il eft gravé planche 4 du troifieme volume de M. Davila.

293 Une portion du fquelette d'une autre efpece de poiffon, dont la tête & la queue manquent, imprimée en creux dans une pierre calcaire, trouvée à foixante & quinze pieds de profondeur, dans une carriere de pierre de taille des environs de Saint Denis : elle porte dix pouces de long fur fept dans fa plus grande largeur, & conferve une partie de fes arrêtes enclavées dans la pierre, tandis qu'il ne refte que l'empreinte des autres.

294 Un poiffon pétrifié du genre des perches, dans une pierre fciffile grife d'Allemagne, la tête, le corps, la queue, & le nageoires parfaitement diftinats, fur-tout les cinq nageoires épineufes qui font confervées dans leur épaiffeur.

Ce beau morceau porte fept pouces fur cinq, & eft encadré dans une caiffe de bois blanc.

295 Neuf empreintes de petits poiffons, favoir : deux de Glaritz, encadrées, dont une offre le creux, l'autre le relief d'une efpece de fardine, dans une pierre fciffile, des environs de Nuremberg, l'empreinte entiere d'un petit poiffon affez femblable au goujon, dans une pierre calcaire d'Anfpach ; deux d'Œhningen, une de Pappenheim, & l'empreinte d'une nageoire de poiffon, avec celle d'une gryphite dans un fchift de Reutlingue.

296 Sept empreintes de poiffons dans des pierres fciffiles grifes.

297 Deux beaux ictyopétres dans des pierres fciffiles grifes.

298 Quatre ardoises contenant les squelettes de différens poissons.

299 Deux ardoises contenant des empreintes d'ictyo-
lites très-bien conservées, quelques-unes des écailles
sont pyriteuses.

300 Un schist noir globuleux de Saxe, fendu en deux,
dont chaque partie présente, l'une le relief &
l'autre le creux d'un poisson ; on y observe aussi
une petite géode de quartz cristallisée.

301 Une portion de mâchoire de quelque grand cétacé,
du genre des cachalots, trouvée dans une espece
de carriere, proche de Dives en Normandie, sur
la Falaise, à plus de trois cent pieds au dessus
du niveau de la mer ; elle porte sept pouces de
hauteur sur quatre de large & deux d'épaisseur ;
les dents qui y sont enclavées, dont une a six
pouces de long, sont de forme conique, un peu
comprimées suivant leur longueur, & ne différent
de celle qui est représentée dans Scheuchzer,
qu'en ce qu'elles ont de fines crénélures latérales ;
elles sont enduites d'une espece de vernis comme
les grossopetres ; une coquille pétrifiée du genre
des cœurs, adhére à ce morceau.

302 Sept grosses glossopetres, ou dents de lamie,
deux autres adhérentes à leurs matrice, treize
petites boîtes contenant autant d'especes de glossopetres, savoir : une de glossopetres triangulaires à bords crénélés & semblables aux dents
de requin, une de glossopetres non-dentelées,
une de glossopetres coniques ou pointues, qui
imitent la langue d'un corbeau, une de glossopetres à trois pointes, une de glossopetres coniques, droites & fort pointues comme les dents
du brochet, une de glossopetres doubles, six de
glossopetres fortement dentelées & recourbées,
une glossopetre arrondie, deux portions de mâchoires de poisson, quinze dents molaires connues
sous le nom de bufonites, crapaudines, &c. &

qui, suivant monsieur de Jussieu, appartiennent à un poisson de la mer du Brésil, nommé *grondeur*, de forme hémisphérique plus ou moins concave & de différentes grosseurs & couleurs, deux coniques jaunes, une platte, noire & rare, deux de forme sphérique couleur de corail, rares, & huit à taches centrales, cerclées de plusieurs zônes de différentes couleurs, comme l'onix : c'est la ressemblance de ces pierres avec la prunelle d'un œil, qui leur a fait donner le nom d'Ieux de serpens.

303 Trois masses d'ossemens pétrifiés, trouvés sur le bord de la mer, dans les environs de Dives, parmi lesquels se trouve des portions d'omoplate, & une portion de vertebres qui, par sa forme, ressemble absolument à la tête d'une tortue, plus six ossemens séparés, une portion d'ossemens polie sur une de ses faces, & une vertebre pyriteuse.

AMPHIBIOLITES.

304 L'extrêmité de la mâchoire supérieure qui paroît être celle du crocodile, avec portion de la tête qui conserve la moitié des arcs de l'orbite de l'œil ; on compte de chaque côté de cette mâchoire, dont la forme est étroite & alongée, quatorze alvéole s, dont quelques-unes garnies de leurs dents.

305 Quatre portions d'ossemens d'hippopotame fossile.

ENTOMOLITES.

306 Quatre empreintes, dont trois d'une espéce de grillon, & l'autre d'une espéce d'hanneton, de relief & bien caractérisées dans autant de pierres scissiles d'Œhningen.

Z O O L I T H E S.

307 Huit morceaux de Turquoises brutes, dont quatre grandes & quatre petites, & six Turquoises polies & taillées, depuis le bleu le plus pâle, jusqu'au plus beau bleu Turquin, quelques - unes tirant sur le verd, plus deux malachites taillées.

A N T R O P O L I T E S.

Les pétrifications humaines font plus rares que bien des auteurs ne l'ont cru; on a souvent confondu les parties offeuses de quelques animaux avec celles de l'homme : il en est cependant dont les caracteres ne font point suspects, fans parler de celles que l'on peut trouver pétrifiées, on rencontre quelquefois dans des mines, où l'on avoit anciennement travaillé, des cadavres enfevelis par quelques accidens, & qui font ou vitriolifés ou minéralifés, de ce genre est le feul morceau qui foit dans ce cabinet.

308 Une portion de crâne humain, foffile & coloré en verd, cette couleur est probablement due à quelques fucs vitrioliques & cuivreux, dont il a été pénétré ; c'est l'os occipital bien conservé.

P É T R I F I C A T I O S   I N C O N N U E S.

309 Cinq boîtes contenant des pierres nummulaires, ou numifmales de différentes grandeurs, depuis une demi-ligne, jufqu'à plus de deux pouces de diametre ; les unes minces & plates des deux côtés, les autres plates d'un côté, convexes de l'autre, & d'autres enfin convexes des deux côtés, quelques-unes font radiées en deffus, d'autres font ouvertes & montrent la spirale à révolutions fines & nombreufes de l'intérieur, & les concamérations

de l'intérieur ; ce qui favorife beaucoup l'opinion de M. Gefner qui regarde cette pétrification comme un coquillage de mer approchant du nautile ou de la corne d'Ammon , plus deux amas ou groupes de numifmales ; dix petites boîtes contenant des oolites ou pierres ovaires de différentes groffeurs.

PÉTRIFICATIONS VÉGÉTALES.

DENDROLITES.

310 UNE portion de tronc d'arbre entiérement agatifiée , portant dix-fept pouces de haut, fur dix-huit de circonférence ; polie aux deux extrêmités & en différens fens , pour en mieux faire voir les fibres intérieures , & les cercles concentriques qui marquent les croiffances du tronc ; ce beau morceau qui eft encore remarquable par un nœud affez profond, nous paroît avoir beaucoup d'analogie avec le chêne.

311 Un bloc de bois agatifié de la même efpece que le précédent, mais de couleur moins foncée, il porte deux pids de long , & ne céde en rien au précédent pour la beauté.

312 Un morceau de bois fort fingulier , en ce que l'on y remarque dans toute fa longueur, vers l'un de fes bords, une lame vitreufe , bleuâtre , laiteufe, demi-tranfparente , & chargée de quelques bulles d'air : cette lame porte une ligne d'épaiffeur, & eft entre deux couches du bois pétrifié , le refte du morceau eft noir comme l'ébene ; ce morceau rare porte neuf pouces de long fur quatre de large.

313 Un morceau de bois de rofe agatifié & criftallifé en quelques endroits , confervant fa couleur , &

(333)

fon organifation du bord de l'étang de Suze ;
il porte quatre pouces & demi de haut, fur quatre
d'épaiffeur.

314 Un morceau de bois pareil au précédent, & un
jafpé de petites lignes blanches & brunes fur un
fond noir.

315 Trois morceaux, dont deux de bois blanc, agatifiés, polis, & un vermoulu, dont les vers font
criftallifés ; on apperçoit encore dans ce morceau
la pouffiere brune produite par la deftruction
du bois.

516 Quatre morceaux de bois pétrifié, favoir : un
avec fon écorce auffi pétrifiée, un vermoulu de
l'efpece décrite au n°. précédent, un de Tranf-
filvanie ayant dans le milieu un trou formé par
un des nœuds du bois, & un agatifié blanc, poli
fur une de fes faces.

317 Quatre morceaux de bois agatifiés, du premier
choix, dont trois rubannés, & un auffi rubanné &
panaché de blanc & de brun.

318 Neuf variétés de dendrolites, favoir : une ardoife
dont les fibres feuilletées imitent le bois pétrifié ;
un morceau de bois brun fibreux, qui par fa
péfanteur & fa dureté, paroît indiquer le premier
degré de pétrification ; un morceau de bois mi-
partie pétrifié en quartz & bitumineux ; un morceau de bois noir compacte bitumineux, d'un
grain très-fin, une cafe contenant du bois pyriteux
vitriolique, un morceau de bois blanc rubanné,
agatifié, & poli fur une de fes faces, un morceau
de bois changé en mine de fer, un morceau de
bois agatifié chargé de petits criftaux de félénite,
un morceau de bois pétrifié dans lequel on diftingue l'obier du cœur dn bois, par fa couleur
plus foncée.

319 Trois morceaux de bois agatifiés & polis, dont un
jaune de Hongrie, un flambé de jaune & de blanc,
& un tronçon arrondi, poli fur une de fes faces

où l'on diftingue les fibres intérieures, les cercles concentriques & l'écorce qui environne le morceau.

320 Six morceaux de bois pétrifiés & agatifiés des efpeces ci-deffus décrites, dont deux polis fur une de leurs faces.

321 Neuf morceaux de bois péttifiés & agatifiés, dont deux de couleur brune & polis fur une de leurs faces.

322 Neuf morceaux de bois pétrifiés & agatifiés, dont trois polis fur une de leurs faces.

323 Sept morceaux de bois pétrifiés & agatifiés, dont deux polis fur une de leurs faces, un de bois bitumineux, & un indiquant le premier degré de pétrification.

324 Trois groffes bûches de bois pétrifiées.

325 Trois blocs de bois agatifiés, jafpés de différentes couleurs.

326 Neuf plaques de bois agatifiés, dont deux de bois blanc, & fept de bois brun veiné de gris qui proviennent du tronc d'arbre agatifié de l'article 310.

327 Trois fuperbes plaques de bois agatifiées, jafpées des plus vives couleurs de rouge & de brun.

328 Trois autres jafpées de gris & de brun.

329 Trois autres jafpées de brun, rubannées & ponctuées de blanc.

P H I T O L I T E S.

330 Une grande ardoife couverte d'empreintes de capillaires & de fougere.

331 Trois *idem*, & une ardoife couverte d'empreintes de gryphites.

332 Quatre ardoifes d'Angers, dont deux chargées de jolies arborifations, une recouverte d'une efflorefcence couleur de cuivre, & deux avec de petits criftaux féléniteux applatis, difpofés en étoiles.

BIBLIOLITES.

333 Dix bibliolites ou fragmens de pierres calcaires,
portant diverſes empreintes de feuilles de tremble,
d'orme, de ſaule, &c. dont cinq applaties d'A-
ningen, & cinq en amas de pierres feuilletées,
dont une avec un priapolite, plus un morceau
d'argille arboriſé.

CARPOLITES.

334 Un fruit agatifié des plus rares, qu'on ne peut
mieux rapporter qu'au genre de l'ananas; ſa
ſurface extérieure eſt couverte d'un compartiment
régulier d'hexagones contigus les uns aux autres,
diminuant de grandeur à meſure qu'ils approchent
du ſommet, la coupe tranſverſale qui a pris le
plus beau poli, fait encore mieux voir le rapport,
qu'a ce fruit avec celui auquel nous le compa-
rons; on y voit avec ſurpriſe treize loges ou
cellules diſpoſées circulairement autour d'un œil
formé de pluſieurs zônes concentriques, auquel
elles aboutiſſent : la place qui reſte depuis l'extrémité des cellules, juſqu'à la circonférence, eſt
occupée par une autre ſuite de cellules plus petites,
diſpoſées toutes d'une maniere trop ſymétrique,
pour qu'il ſoit permis de douter que cet admirable
morceau n'ait été réellement un fruit, quelque
ſoit l'eſpece à laquelle il appartienne.

Il eſt gravé au troiſieme volume du catalogue
du cabinet de M. Davila, planche 7, lettre M.

335 Deux autres fruits pétrifiés, l'un que l'on peut
comparer pour la forme à un épis de bled de
Turquie, l'autre à un noyau d'olive.

CURIOSITÉS DE L'ART,

Habits, peintures & uftancils des Chinois.

N?. 1 UNE lanterne Chinoife, dont ces peuples ornent les rues & les maifons, lors de la fête des lenternes ; c'eft un globe d'ivoire d'un pied de diametre, travaillé à jour, d'un goût exquis, avec un fupport mince de métal émaillé ; ce globe eft fufpendu fous une efpece de couronnement fait d'écaille & de métal émaillé, d'où pendent de longues franges de foie, ornées de fleurons de nacre de perle, &c. au deffous du globe eft attaché un cul de lampe d'ivoire, fait. dans le même goût, rempli de fleurs artificielles, le tout à quatre pieds de hauteur.

2 Un habillement de mandarin, compofé d'nne chemife de toile rouge, un calecon de foie blanche, une robe de gaze bleue brochée, une autre robe de fatin bleu richement brodée en foie nuée, repréfentant des fleurs & arbres, dont les tiges font brodées en or ; une paire de bottines d'été en toile, couleur de chair ; une autre d'hiver en fatin bleu brodé, une paire de bottines de fatin noir, une ceinture de foie bleue, garnie d'un étui de corne garni en argent, d'une guaine renfermant deux couteaux, dont un à manche d'ivoire, deux ftilets d'ivoire, un autre étui de rubans treffés, dans lequel eft un petit poignard à manche de corne, une bourfe de foie brochée en or, & un bonnet de forme conique, garni fur le fommet d'une houpe de foie rouge.

3 Trois ferviettes de mouffeline, de la Chine ;
teintes

teintes de diverses couleurs , & pliées de maniere
à imiter des fleurs & différens feuillages.

Plus, une manchette à deux rangs , à usage
de femme , faite de l'écorce du bois-dentelle de la
Havane.

4 Trois autres serviettes de mousseline de la
Chine , très-agréablement pliées de maniere à imiter
des fleurs.

5 Un morceau de satin brodé à la Chine , en soie
nuée , représentant diverses figures d'animaux &
de fleurs , & un morceau d'étoffe du même pays ,
tissue de papier de soie tressé du travail le plus
délicat , représentant des oiseaux & des fleurs.

6 Une très-grande tunique de toile de coton blanche ,
broché à l'usage des Chinois.

7 Une autre tunique faite en Chine , d'une espece
de gaze blanche , d'un tissu très-délié , à bandes
de soie satinée.

8 Un tapis de toile de coton blanche , plucheuse en
quelques endroits , aussi à l'usage des Chinois ; il
porte deux aunes de long sur une aune de
large.

9 Deux coëffures chinoises garnies en cheveux.

10 Deux paires de mules chinoises en satin , l'une
rouge , l'autre bleue , à l'usage des enfans, toutes
deux brodées en soie nuée.

11 Une gargoulette en kalin ou étain de la Chine
incrustée d'argent , & une piece ronde aussi
d'argent , en forme d'une forte virole garnie de
cinq chaines d'argent , terminées par autant de
petits grains à six pans ; cette piece pèse quatre
onces & demie.

12 Un morceau de tricot de soie brochée en mosaïque ,
une bottine de damas bleu piqué , un morceau
d'étoffe brochée en soie & or qui se met au dessus
des bottines , le tout à l'usage des Chinois ; plus
deux morceaux de tapisserie représentant des
coquilles & coraux.

Y

13 Une paire de mules chinoifes de drap rouge, brodée en or, à paillettes, & dont le bout eft recourbé en pointes.

14 Une autre paire en velours noir, auffi brodée d'or à paillettes.

15 Une autre paire en drap rouge brodé en or.

16 Une paire de babouches chinoifes, faite de canne treffée, du travail le plus délicat, le bout eft brodé en cordonnet.

17 Une autre paire en fatin rouge bordée de fatin bleu, & brodée auffi en cordonnet.

18 Une bourfe chinoife de foie bleue, garnie de grains de corail, & une efpece d'épaulette garnie de houppes très-longues, de petits grains de corail, de rofaces, de nacre de perles, & d'une groffe perle.

19 Deux boules de métal doré, dans lefquelles on entend fonner de petites balles d'amalgame de mercure qui ont un mouvement très-vif, lorfqu'on les agite, ou qu'elles font échauffées; elles font connues fous le nom de boule de fympathie, & fervent aux dames chinoifes.

20 Deux petits fauteurs Chinois & leurs boîtes; ils font plufieurs culbutes au moyen de l'amalgame de mercure qu'ils renferment.

21 Un tableau Chinois, peint fur une glace étamée dans une bordure de bois verni noir & or, il repréfente une très-jolie femme, vêtue d'une robe pourpre brodée d'or : elle porte à fon bras un panier de fruits, le fond offre un riche payfage ; un pied de haut fur huit pouces de large.

22 Deux tableaux peints à la Chine fur verre, de neuf pouces fur fept, dans des bordures de bois des Indes : l'un repréfente une femme vêtue d'une robe pourpre & ponceau, brodée d'or : elle eft appuyée fur un balcon.

L'autre eſt une femme auſſi richement vêtue en étoffes brodées d'or , & garnie de perles , elle eſt débout, les mains jointes devant une eſpece d'autel; le fond de la glace eſt étamée.

23 Un livre chinois écrit ſur cent quatorze feuilles de roſeau qui ont chacune dix - ſept pouces de long ſur un pouce de large , il eſt bien con-ſervé.

24 Un rouleau de papier de la Chine de ſeize pieds de long , ſur un de haut ; il repréſente une marche chinoiſe pour un mariage , les couleurs en ſont très - vives , les attitudes très - variées ; il contient quatre-vingt-huit figures.

25 Un autre rouleau de onze pieds de long ſur un de large , repréſentant une marche de mandarins ; il contient cinquante-trois figures.

26 Un rouleau de pareille meſure que le précédent , & qui ne lui cede point en beauté ; il repréſente une marche pour une pompe funebre , compoſée de cinquante-ſept figures, vêtues d'étoffes de diverſes couleurs les plus vives.

27 Un autre rouleau contenant ſeize différentes fabriques & manufactures de la Chine , agréable-ment peintes en miniature , des couleurs les plus belles , & du deſſein le plus riche & le plus varié ; chaque ſujet eſt renfermé dans un cartouche de neuf pouces en quarré.

28 Trente - trois eſtampes gravées & imprimées en Chine , repréſentant diverſes vues typographiques , de payſages avec fabriques , toutes variées.

29 Deux feuilles de papier de la Chine , peintes , l'une repréſentant une figure groteſque de guer-rier portant une hache ; l'autre un étang maré-cageux , rempli de poiſſon & de plantes ; on y diſtingue un très-gros poiſſon.

*Habits , Armes , & Uſtencils des & Indiens & des Sauvages
de différentes contrées.*

30 Un tapis Indien de peau blanche , coloré en
mozaïque , des plus vives couleurs ; il a environ
une aune quarrée.

31 Un tapis de toile de coton de cinq aunes de long ,
ſur deux tiers de large , teint par bandes obliques
de couleurs très-vives.

32 Un tapis de même nature que le précédent , de
quatre aunes & demi de long , ſur près d'une demi-
aune de large.

33 Un tapis de toile de coton , coloré en chevrons
de toutes couleurs ; il porte quatre aunes de long ,
ſur trois quarts de large.

34 Une ceinture de toile de coton brochée en ſoie ,
une calotte de toile de coton piquée , à l'uſage
des Indiens ; un tapis d'écorce d'arbre d'un tiſſu
très-ſerré , & fabriqué par des Sauvages.

35 Deux ſandales en bois , peintes de diverſes couleurs
en mozaïques ; ſur l'extrêmité de chacune d'elles
eſt une tulipe d'ivoire qui s'ouvre & ſe ferme
au moyen d'un reſſort que fait jouer un bouton
placé ſous le talon.

36 Une paire de ſouliers , une paire de ſandales de
cuir coloré , une ſandale à ſemelle de bois , très-
élevée , faite en marqueterie , & une paire de
ſouliers faite en roſeau.

37 Un inſtrument formé d'une calebaſſe remplie de
grains , traverſée d'un baton qui lui ſert de manche ,
& qui eſt garni de coton , une caſſolette & ſon
manche en buis garni & incruſté de petits clouds
de fer & de cuivre , une petite hache de fer
damaſquinée en or , à manche d'ivoire incruſté ,
une pipe de bois des Indes , garnie en cuivre ,
& un javelot court garni en cuivre.

38 Une dague de fer richement damaſquinée en or ,

& repercée à jour , repréfentant des dragons ; elle eſt formée de deux pieces , rentrantes l'une dans l'autre , & retenues par une forte bande de même métal damaſquiné de même.

39 Une pipe de terre de Boucaro, garnie de grains de verre de diverſes couleurs , & un morceau de bois de cerf ou de quelque autre animal ſculpté , & repréfentant un ſoldat aſſis ſur un trophée d'armes.

40 Deux carapaces de tatou, un vaſe de cou garni d'une anſe de cuivre , une taſſe indienne faite d'une calebaſſe , & huit petits paniers faits d'écorce d'arbre.

41 Une très-belle ceinture , & un tablier fait de grains de verre en mozaïque, en bâtons rompus.

42 Une hache de Sauvage, dont le fer eſt pointu & recourbé, le manche peint en rouge & en verd, & qui porte à ſon extrêmité cinq plumes noirâtres, & une caſſolette de bois de fer.

43 Un paquet de cordes & ceintures à l'uſage des Indiens & des Sauvages , la plupart ornée de grains de verre de différentes couleurs , un fouet fait d'une tige du lythophite, corail noir, & un quanchou, fouet de Pologne, dont on ſe ſert pour chatier les eſclaves de l'un & l'autre ſexe.

44 Un arc ceintré & ſon carquois de cuir, garni de quinze fleches , dont une ſe termine en bouton applati , & dont on ſe ſert pour tuer les hermines ſans endommager leur peau, un autre carquois, ſa ceinture & ſes glands de cuir coloré , garni par le bout, de peau de ventre de crocodile ; il eſt rempli de quatorze fleches , dont deux hampées d'os de poiſſons.

45 Un tapis très-artiſtement fait en roſeau, treſſé dans ſon étui auſſi de roſeau, une boîte à fleches de bois , vernie & colorée repréſentant des fleurs & des oiſeaux.

46 Un carquois, un étui & une paire de chauſſure

en cuir, coloré de diverses couleurs, garni en
petits grains, un panier d'écorce d'arbre, peint
de diverses couleurs, & une ceinture garnie de
son tablier fait de petites coquilles tissues très-
artistement.

47 Une bouteille recouverte d'un tissu de cordes
très-serré, & d'un joli travail; une autre de verre
garnie en crin rouge & blanc, & une calebasse
de forme alongée, sculptée, & représentant diverses
figures d'animaux.

48 Une bourse de peau colorée, garnie de houppes
& de grelots de cuivre, deux autres en écorce
d'arbre, teintes de diverses couleurs, & une autre
bourse faite d'une peau d'oiseau du genre des
grebes.

49 Une ceinture & deux paires de jarretieres faites
de jonc, diversement colorées, & garnies de
petits grains, plus un pompon de jarretiere, garni
en petits grains, au bout desquels pendent des
ailes de buprestes, du genre des richards, ce qui,
par le mouvement, fait un cliquetis singulier.

50 Une guaine, une espece de porte-feuille, un
collier & une ceinture, le tout de laine, garnis
de petits grains de verre, & à l'usage des
Sauvages.

51 Un arc ceintré, une flûte faite de roseau dans
le genre des flûtes traversieres, un étui à pipe de
roussette, un balai de roseau, garni de petits
grains de verre de différentes couleurs, & un
instrument de corne noir, fait en forme de vis,
fermé par un morceau de la même corne sculpté, en
forme de main.

52 Deux bonnets Indiens, l'un en forme de pain
de sucre & fort élevé, fabriqué en roseau &
garni sur le sommet de petites porcelaines du genre
des coliques, d'une houppe en grains de verre
bleus & blancs, d'un bandeau de plumes rouges,
& de deux aigrettes de plumes blanches; l'autre

auffi de rofeau, de forme conique, garni de petites houppes noires, faites d'écorce d'arbres, & trois couronnes ou bandeaux de plumes de différentes couleurs.

53 Trois bonnets d'écorce d'arbre, du plus joli travail.

54 Un hamac d'écorce d'arbre.

55 Un arc en bois de fer, trois javelots de rofeau, & un carquois de forme ronde en cuir coloré ; il eſt garni de ſa ceinture, & de ſes glands auſſi en cuir, de douze flèches, & de deux fers de flèches.

Armes & Uſtencils, à l'uſage des divers peuples de l'Europe.

56 Une paire de ſouliers de chambre de la belle Gabriëlle d'Étrécs, trouvée dans une armoire pratiquée dans la muraille de la ſalle des bains de la maiſon où elle demeuroit, rue Barbette au Marais, près l'hôtel Soubiſe.

57 Pantoufles & ſouliers de Gabrielle d'Étrées ; elles viennent du cabinet du Maréchal d'Étrées.

58 Une canne d'un ſeul morceau d'ivoire, de trente-deux pouces de hauteur, & ſa pomme en bec à corbin de même ivoire ; cet ivoire eſt celui de l'éléphant, & non du narwal, ce qui la rend plus rare.

59 Un couteau Turc, à manche d'ivoire, dans ſon étui de velours verd richement garni d'argent en filigrane.

60 Un poignard Turc, à manche de corne, garni d'argent, à lames auſſi incruſtées d'argent, dans un étui de velours rouge auſſi garni d'argent.

61 Un couteau Turc à manche & guaine de corne blanche.

62 Une canne d'ecailles d'une ſeule piece, de trente-

quatre pouces de long, & sa pomme de nacre de perle, à six pans incrustés en or.

63 Un collier de corail rouge composé de six plaques repercées à jour, en lacs d'amour., & cinq rosaces avec barette & anneaux d'argent; plus quatre grains de corail.

64 Dix-neuf empreintes sur verre, en relief, d'après les plus belles pierres gravées antiques, & parfaitement tirées, savoir : quatre de sujets, tels qu'Orphée, un Neptune sur un char trainé par des chevaux marins, un sacrifice, une Vénus, & quinze bustes d'homme & de femme, quelques-uns accolés, dont quatre de verre coloré, imitant l'onix, plus une empreinte en cire représentant une tête d'empereur, dans une boîte de bois des Indes tourné, & dix plaques de diverses compositions de verre, imitant l'avanturine, le lapis, &c.

65 Trente empreintes en verre, d'après les plus belles pierres gravées de l'antiquité, représentant différens sujets, tels que le laocoon, les travaux d'Hercule, le taureau farnese, des combats, des sacrifices, &c.

66 Soixante dix-sept empreintes en creux, en verre de diverses couleurs, représentant des bustes d'hommes & de femmes d'après les plus belles pierres gravées antiques.

67 Soixante - treize médailles en cuivre.

DESSEINS DE PLANTES,

OU ANIMAUX A GOUACHE

68 ANAS fera, ou canard sauvage, peint en miniature sur vélin, par Aubriet.

69 Anas lati-roftra ; la canne à bec large , efpece de canne mufquée, peinte en miniature fur vélin, par Aubriet.

70 Un oifeau nommé le *Jafeur de Bohême* , repré-fenté de groffeur naturelle , perché fur une branche d'arbre auffi peint fur vélin , par Agricola.

71 *Le Geai de Strasbourg ou Rolier de M. Briffon* , les ailes étendues & perché fur un arbre , auffi peint fur vélin , par Agricola.

72 Une feuille de neuf papillons , dont le beau bleu de la riviere des Amazônes, peinte à Gouache , fond blanc de plomb fur vélin , par Agricola ainfi que les fuivantes.

73 Une autre feuille de neuf papillons , dont le grand paon de nuit.

74 *Le verd à queue* d'une très-grande beauté , & huit autres papillons.

75 Une feuille de onze phalenes , dont *la feuille morte* , le *petit paon de nuit* , &c.

76 Une autre feuille de neuf papillons.
     Tous ces papillons font rendus avec une vérité qui femble égaler la nature.

77 Une feuille de cinq coquilles , qui font un grand *cul de lampe* , *la mufique* , *le bois veiné* , *la harpe ou Caffandre* , & la *tête de ferpent.*

78 Une feuille de onze coquilles , dont *la feuille de chou* , *l'écorchée* , *l'oreille de mer* , *l'hermine* , *le damier à bandes jaunes* , &c.

79 Autre de onze, dont *la coralline* , *la veuve* , *la flamboyante* , *la couronne impériale* , *la rotie* , &c.

80 Autre de onze, dont *la bouche d'or* , *la peau de ferpent* , *le zig-zag* , &c.

81 Autre de onze , dont *le foudre* , *la porcelaine tigree* , *la chenille à tubercules* , *la thiare* , &c.

82 Autre de onze , dont une grande *pourpre rameufe* , *une huître épineufe* , *le drap d'or* , *le navet* , *le fromage d'Hollande* , &c.

83 Une feuille de coquilles d'une grande beauté fur

une table , le fond forme une niche , un pied de large fur neuf pouces & demi de long.

84 Autres coquilles, auffi fur une table avec un vafe imitant le jafpe fanguin d'une forme très-gracieufe.

85 Le pendant du précédent , les coquilles font accompagnées d'un vafe peint auffi en coquilles.

86 Plufieurs belles coquilles fur une table , dans le haut un rideau à franges avec un gland d'or.

87 Autre *idem* qui fait le pendant.

88 Une feuille de fept pieces fur un fond blanc , *dont un ourfin, une branche de corail rouge , la manchette de Neptune , vermiculaires , madrépores , &c.*

89 Une feuille où font peints deux *cruftacées , un fcinque , une falamandre terreftre , & un poiffon.*

90 Une autre avec un *crabe , deux hippocames ,* deux *ovaires de raye ,* une *étoile* à cinq branches , & un poiffon nommé *diable de mer.*

91 *Cereus altiffimus gracilior , flore extus luteo , intus niveo , feminibus nigris pleno.* Sloan. cat. jam. p. 197 , le cierge avec une mouche fur une fleur naiffante , un papillon dans l'air.

92 Un fep de vigne avec fon fruit blanc , & un colibri fur une branche

93 Millepore à branches feuillues , formé fur une bouteille pêchée à la barbade ; ce morceau (dont l'original exifte dans ce cabinet , & a été décrit fous le n°. 82 des madrépores marins) eft peint fur vélin , par Mlle. Reboul, aujourd'hui M^de. Vien, & fe trouve gravé par elle - même à la fin du premier volume du catalogue du cabinet de M. Davila.

94 Huit plantes peintes fur papier , par Mlle. Ditchi , favoir :
Ficoides africana , foliis , plantaginis , planis.
Ficoides africana , folio enfiformi , brevi , latoque.
Ficoides africana , foliis plantaginis , undulatis.

Ficoides africana, folio tereti, in villos radiatos abeunte, flore purpureo.

Ficoides africana, plantaginis folio, flore suave rubente, longo podiculo insidente.

Ficoides africana minor, erecta, folio triangulari, glauco, punctis obscurioribus notato.

Ficoides africana, folio ensiformi, dilutè virenti, flore, pediculo brevi insidente.

Ficus aizoïdes, folio tereti, procumbens, flore purpureo.

95 Huit autres, savoir :

Ficoides seu ficus aizoïdes neapolitana, flore candido kali crassulæo minoris foliis.

Ficoides africana, humilis, folio triangulari glauco, dorso aculeato, flore luteo.

Ficoides africana, folio triangulari recurvo, floribus externè purpureis, internis obsoleti coloris.

Ficoides africana, humilis, folio triangulari glauco, bullato, flore luteo.

Ficoides africana repens, & late virens, flore purpureo.

Ficoides africana, folio triangulari, lanceolato, & aculeato.

Ficoides africana, longissimis aculeis, foliatis, è folicorum alis nascentibus.

Ficoides africana, folio ensiformi, dilutè virente à caulos fermè.

96 Six autres, savoir :

Sina pistrum pentaphyllum ; & triphyllum, flore luteo, nova.

Lippia, folliis dictamni cretici.

Anacampseros minor, purpurea.

Saxifraga montana pyramidalis sedi folio, longiore.

Anacampseros lusitamica, hæmatodes maxima, flore albido.

Coralloides ramosissima purpurascens

97 Huit autres, savoir :

Melongena, spinosa fructu oblongo luteo.

Dracontuim hederaceum , polyphillum , plumerii.

*Capsicum siliquis turbinatis , flavescentibus & pro-
pendentibus.*

*Saururus humilis , folio carnoso , & acuminato ,
plumerii.*

Capsicum siliquis recurvis , flavescentibus.

*Saururus repens lanceolatus , ad nodos villosus ,
plumerii.*

Pinguituta , germeri , la grasset te.

Capsici variæ species.

98 Huit autres , savoir :

Fungus corolaïdes.

Solanum peregrinum , fructu rotundo luteo.

Arum maximum autumnale.

Auguria fructu obscurè virente , trigono.

Plantago , augustifolia , paniculis lagopi.

Pepo americanus , fructu oblongo variegato.

*Stramonium ægyptiacum , flore pleno , intus albo ,
foris violaceo.*

Melo indicus , cucurbitæ fructu.

99 Neuf feuilles de champignons, savoir :

Fungus phalloïdes , pileolo villoso , plumerii.

Boletus phalloïdes plumerii.

Tubera testiculorum formâ , minosa , plumerii.

Tubera minora , candidissima , plumerii.

*Agaricus nostras , auritus , squammosus , rufescens ,
punctis flavescontibus , & cineraceis aspersus.*

*Agaricus nostras , auritus , squammosus , supinâ
parte fuscus , pronâ verò purpurascens.*

Tubera testiculorum formâ , majora , plumerii.

Agaricus , amplissimis squammis , plumerii.

*Agaricus , clypeatus , luteus , perfoliatus , denticulis
& circellis rubentibus inscriptus plumerii.*

*Agaricus niveus , brassicam albam crispam & punc-
tatam referens , plumerii.*

*Agaricus rosaceus , niveus , striis aureis , rugosus ,
plumerii.*

Boletus phalloïdes , rugofus , plumerii.
Boletus.
Lycoperdon globofum purpurafcens , plumerii.
Lycoperdon coronatum , plumerii.
Lycoperdon veficarium candidum , hians , plumerii.

100 Sept feuilles de champignons très-bien peints fur papier.

101 Sept autres.

M O D E L E S.

102 Un modele de fortification reguliere fait en carton, de relief; c'eft un fort hexagone, garni de fes baftions, demi lunes, foffés, glacis & chemin couvert : le tout portant fept pieds neuf pouces de diametre.

103 Un modele d'un vaiffeau de foixante pieces de canon, de cinq pieds de long, parfaitement con-fervé & garni de fes cordages.

C A B I N E T   D E   P H Y S I Q U E.

A I R.

Nº. 1 MACHINE pneumatique à manivelle, & à deux corps de pompes, avec le rouet pour tranf-mettre le mouvemeut dans le vuide : cette belle & grande pompe eft portée fur une armoire peinte, & vernie à la maniere Chinoife ; elle a deux robinets, l'un garni de cinq trous, joue par le mouvement de la manivelle qui fait agir ies piftons, le fecond robinet eft uniquement deftiné à conferver le vuide dans les expériences délicates.

L'armoire fert à renfermer différentes pieces relatives aux expériences que l'ou peut faire.

2 Une feconde machine pneumatique à étrier, mais avec une foupape appliquée à l'extrêmité du robinet, & dont l'effet eft de faciliter la remonte du pifton : elle eft encore garnie de fon rouet, peinte & vernie comme la précédente. Ces deux pompes font très-bien afforties en récipiens, les uns à l'ordinaire, les autres ouverts par le haut, & garnis d'une virole de cuivre dans laquelle s'adaptent des boîtes à cuir qui permettent de manœuvrer dans le vuide, fans y laiffer rentrer l'air.

3 Une troifieme machine pneumatique portative.

4 Un reveil qui par l'effet d'une détente part dans le vuide.

5 La cloche, la machine de l'abbé Nollet pour battre le briquet.

6 Le balon avec fon robinet pour péfer l'air.

7 Le récipient ouvert pour l'expérience de la veffie.

8 Le récipient pour la main & la tranche de pomme.

9 Deux baromêtres, l'un à l'ordinaire, l'autre ouvert par fon extrêmité fupérieure, renfermés tous deux dans un tube évafé par le bas.

Lorfque l'on pompe l'air de ce long tube, le mercure s'éleve dans le baromêtre fermé par le bas, & ouvert par le haut, par l'effet du reffort de l'air renfermé dans la boule ; & il baiffe dans le baromêtre ordinaire par la diminution du poids de la colonne qui le foutenoit ; ainfi on prouve dans une feule expérience le poids & le reffort de l'atmofphere.

10 Un récipient percé latéralement pour démontrer le preffion latérale de l'air.

On monte fur la platine un moulinet, & l'on pofe le doigt fur le trou du récipient, après quelques coups de pifton, en ôtant le doigt, l'air entre rapidement, & fait tourner le moulinet.

11 Un baromêtre de jauge deftiné à faire connoître le degré de raréfaction de l'air des récipiens.

12 L'expérience du jet-d'eau dans le vuide par l'effet du reffort de l'air.

13 Deux hémifpheres de Magdebourg en cuivre, peints & vernis.

14 Deux autres moins grands.

15 Un matras que l'on adapte à l'une des extrémités d'un tuyau de cuivre, d'ont l'autre s'adapte au récipient, qui eft fur la platine.

En plaçant du feu fous le matras, & faifant agir la pompe, l'eau eft en ébullition avant d'avoir acquis le degré de chaleur qu'elle prend à l'air libre avant de bouillir ; il n'eft donc pas étonnant qu'on ne puiffe fâire durcir les œufs fur le fommet des hautes montagnes : par le même tuyau en cuivre, on fait voir le danger éminent du gas méphytique qui s'échappe des charbons mal allumés ; on place un animal fous le récipient armé du tube de cuivre, dont l'autre extrêmité eft fur des charbons, on fait agir la pompe, le vide n'a pas lieu parce que l'air rentre en même tems par le tube ; mais comme il ne peut arriver dans le récipient, qu'en paffant par les charbons, le récipient fe remplit d'acide méphytique, l'animal tombe en afphixie, & perit fans retour, fi l'on ne le rappelle à la vie par l'alkali volatil fluor.

16 Une fontaine de compreffion, en cuivre, peinte & vernie, garnie de fa pompe & de fon robinet.

17 Une fontaine intermittente.

18 Une autre combinaifon de fontaine intermittente.

19 Un fufil à vent, dont la croffe peut fe démonter.

20 Un fufil à vent, *idem*.

21 La machine à condenfer l'air de M. l'abbé Nollet.

22 Une pompe en criftal qui repréfente celle qui eft en ufage dans les puits.

23 Deux corps de pompe, foulant & afpirant alternativement, moitié cuivre & moitié verre,

avec le réfervoir en verre; on voit le jeu des foupapes.

Cette pompe fe meut par un lévier, & fert de modele pour expliquer les pompes à balancier.

24 Une pompe à incendie de laquelle l'eau jaillit fans interruption, quoiqu'elle n'ait qu'un feul corps de pompe.

Cette pompe qui fait un grand effet a été imaginée par Léopold.

25 La fontaine de Hérode Sgravefandes, à quatre colonnes à travers defquelles l'eau paffe, & comme les effets du reffort de l'air font affez difficiles à faifir, il y en a une petite en étain qui s'ouvre pour en laiffer voir le mécanifme.

26 Deux blocs de marbre noir très-plans, avec une plaque de cuivre cimentée à l'un des blocs; lorfque l'on les a fait gliffer l'un fur l'autre, ils font adhérens, & ne fe féparent pas même dans le vuide.

27 La cloche du plongeur.

28 Modele du ventilateur de hales, en bois peint en noir.

29 Le ventilateur de Défaguilers en cuivre.

30 Un tube pour prouver la chaleur de l'eau bouillante fur l'air renfermé.

31 Différens baromêtres lumineux & non lumineux.

32 Un très-beau baromêtre à roue.

33 Le tube de verre garni d'un tube de bois cylindrique, à fond très-mince; lorfque l'on pompe l'air dans le tube de verre, l'eau qui eft dans le cylindre de bois, paffe à travers les pores du bois, & tombe en gouttes fur la platine.

34 Le vafe & le cylindre pour le mélange des liqueurs dans le vuide.

GRAVITÉ.

G R A V I T É.

35 Uu beau tube de criſtal de quatre pieds de hauteur, dans lequel on peut faire le vide, tous
les corps péſans & légers tombent alors également.

Ainſi l'inégalité qui s'obſerve dans la chûte
des corps, qu'on fait tomber d'un lieu donné
ſur la terre, eſt un effet de la réſiſtance que
l'air leur oppoſe.

36 La machine de Galilée, pour les loix de la
chûte des corps, comme elle occupe beaucoup de place, on la monte quand on veut faire
l'expérience.

37 Deux plaques de glace montées en cuivre, &
réunies par une charnière qui permet de leur
donner un angle donné; lorſque l'on la plonge
dans l'eau, ce liquide s'élève à différente hauteur
d'où réſulte une courbe qui eſt un effet du pouvoir
attractif des deux glaces.

38 Pluſieurs ſciphons de différentes formes, mais dont
les effets dépendent tous de l'attraction.

29 Le ſciphon que l'on appelle la charité fraternelle.

40 Un pendule en cuivre qui s'adapte à la colonne pour
les oſcillations.

F E U.

41 Un pyromêtre d'une nouvelle conſtruction, ſans
aucun rouage, dans lequel l'action du feu eſt
ſi prompte, qu'il n'y a point d'inſtans phy-
ſiques entre l'inſtant où la flamme ſe place ſous
la barre métallique, & le mouvement de l'aiguille; la ſenſibilité de cet inſtrument rend ſen-
ſible la cent-vingtieme partie du onzieme d'une
ligne dans l'allongement de différentes barres

métalliques qu'on expofe fucceffivement à l'action de la flamme de l'efprit-de-vin.

42 Un anneau de cuivre avec une boule du même métal pour la dilation en groffeur, lorfque la boule & l'anneau font froids ; la boule paffe à travers l'anneau, ce qui n'arrivre plus quand la boule eft chaude, & que l'anneau eft froid.

43 Plufieurs thermométres, les uns à l'ordinaire, les autres privés d'air.

AIR RÉGÉNÉRÉ.

45 La pompe à feu, telle qu'elle eft dans l'abbé Nollet, avec le récipient en verre pour laiffer voir le jeu des foupapes, ainfi que la fortie & rentrée.

46 Une marmite ou digefteur de Papin très-folide, & avec laquelle on peut faire les expériences fans danger.

47 Une grande éolipile en cuivre qu'on peut tenir à la main.

48 Une autre également en cuivre, & montée fur un charriot ; on explique par cette machine le reculement des armes à feu.

EAU.

49 La machine de l'abbé Nollet, pour établir la preffion des fluides en raifon de la hauteur & de la largeur de la bafe ; elle a trois beaux vafes de diamètre très-différent, & de même bafe, lorfque l'eau eft à la même hauteur dans chacun des vafes, la plaque de cuivre qui fupporte fucceffivement ces trois maffes d'eau inégales, s'abaiffe & enleve le même poids.

Comme ce phénomene étonnant n'a pas encore

été bien expliqué , on a cherché à le conftater par plufieurs expériences.

1º. Par une efpece de foufflet rempli d'eau, & percé au milieu de la planche fupérieure ; ce trou porte un écrou, dans lequel peut entrer un tube de fer blanc, d'environ trois pieds & demi de longueur, & de demi pouce de diametre ; lorfque le foufflet eft plein d'eau, & que le tube n'y eft pas adapté, un poids léger fait fortir l'eau par l'ouverture , mais lorfqu'il eft viffé dans l'écrou , deux hommes peuvent monter fur le foufflet fans faire fortir l'eau par l'orifice du tube.

2º. La même vérité établie par une caiffe en chêne, dont chaque côté eft garni d'un morceau de verre folidement maftiqué ; lorfque l'on place le tube de fer blanc fur cette caiffe , on fait caffer les verres en verfant une peinte d'eau dans le tube.

3º. On démontre encore cette vérité par un vafe cylindrique de fer blanc percé d'un trou dans la partie latérale , ce trou répond à un long tube qui s'enclave pareillement au vafe cylindrique, on lie autour du vaiffeau une veffie mouillée qui y eft étroitement appliquée fans qu'il refte de l'air entre la furface de l'eau & la veffie ; en verfant de l'eau dans le tube , la preffion occafionnée par une pinte de ce liquide eft fi forte , que l'eau paffe à travers les pores de la veffie.

5o Une balance hydroftatique très - fenfible ; elle s'adapte à la colonne dont on a parlé , cette balance eft accompagnée de tout ce qui eft néceffaire pour faire voir non - feulement que les folides perdent une partie de leur poids lorfqu'ils font plongés dans l'eau , mais encore que cette perte est égale au volume d'eau déplacé par le solide.

On peut connoître par ce moyen la pésanteur spécifique des corps solides.

Un très-beau & très-grand vase de cristal qui sert aux expériences précédentes.

51 Un canon sur son affût, & accompagné d'un quart de cercle gradué, qui donne le moyen d'incliner le canon sous un angle donné, lorsque cet angle est tout au plus de cinq degrès, & qu'on pointe le canon contre la surface de l'eau d'un baquet, la balle après avoir frappé la surface de l'eau, se releve & va percer une planche de chêne placée à l'extrèmité opposée du baquet.

52 La double feringue de Sgravesandes, avec deux ajutages qui se croisent, l'un à angle droit, l'autre à angle aigu ; on met du vin dans l'une des feringues & de l'eau dans l'autre; en poussant les deux pistons en même temps, chaque fluide suit sa direction, lorsque les ajutages sont à angle aigu, & s'ils sont à angle droit l'eau déplace le vin au point du choc, & les fluides changent d'ajutages.

53 Un grand vase de cristal, garni dans sa partie inférieure, d'un tuyau de cuivre, dans lequel on peut faire entrer des tubes de verre de différentes formes, & dans des positions verticales ou inclinées ; l'eau remonte toujours dans ces tubes au niveau de celle du grand vase.

La même expérience avec un vaisseau de fer blanc peint & verni.

54 L'eau dans un tube de verre privé d'air.

55 Un vase en cuivre peint, garni d'un tuyau récourbé pour faire voir à quelle hauteur l'eau jaillit, la hauteur du réservoir étant donnée.

ÉLECTRICITÉ.

56 Machine électrique de M. Franklin , composée
d'une roue horifontale , & de trois cylindres
enduits intérieurement de maftic , & de trois
récipiens en verre blanc qui fervent à ifoler
les trois conducteurs, les cylindres tournent ver-
ticalement, la table qui les fupporte a trois pro-
longemens qui peuvent s'abaiffer & fe mettre
de niveau avec la table , à volonté ; ils font
deftinés à recevoir trois grandes jarres & armées
intérieurement & extérieurement ; on place encore une quatrieme jarre fur le milieu de la
table. Dans cet état les quatre jarres peuvent
fe charger & fe décharger d'un feul coup ; elles
produifent un grand effet qu'on peut encore aug-
menter en ajoutant une batterie de douze petites
jarres.

57 Grande machine électrique avec une roue très-bien
faite, & qui fait tourner un très-beau globe à
poles applatis ; cette machine a un grand con-
ducteur en fer blanc, un globe de foufre, &
un cône de même matiere pour l'électricité en
moins, un beau globe enduit de cire d'Efpagne,
& garni de fon robinet pour le priver d'air,
un grand gâteau en cire , un très-grand tableau
magique , de grandes bouteilles pour la commotion , plufieurs globes & cylindres , les
uns montés , les autres fans monture ; les figures
en cire pour la décharge électrique, les plaques
pour la danfe électrique, la couronne, le vafe
pour l'accélération de l'eau , les petits globes
avec une verge qui les traverfe , & un robinet
pour pomper l'air de leur intérieur ; on donne
la commotion avec ces globes privés d'air.

58 Une petite machine électrique portative.

59 Un petit globe qu'on peut électrifer dans le vide, un beau tube pour le phénomenes de l'éclair, une lame de cuivre taillée en *S*.

60 Une petite machine électrique, à l'Angloife, renfermée dans une boîte de bois des Indes.

A I M A N T.

61 Un grand aimant naturel armé.

62 Un petit aimant armé & monté en argent; il ne pefe pas deux onces, & porte deux livres.

63 Aimant artificiel fait avec des barres d'acier, & chargé de dix-fept livres.

64 Un aimant artificier en fer à cheval.

65 Une aiguille aimantée, fur une grande plaque circulaire de cuivre; la plaque eft graduée, & renfermée dans une grande boîte pour obferver la déclinaifon de l'aiguille.

M O U V E M E N T.

66 Machine pour les expériences des corps à refforts & des corps mols.

67 Un billard en bois de rofe, auquel s'adaptent deux fupports en bois de rofe, qui fupportent deux marteaux d'ivoire, faifant tomber de la même hauteur & fous le même angle; la balle qu'ils frappent décrit une diagonale, on ôte ces deux léviers, & on allonge le billard d'une planche en bois de rofe qui porte un reffort enfermé dans un barillet en cuivre; l'arbre auquel eft attaché le reffort eft fixé dans une verge de cuivre horifontale, & traverfée par des marteaux d'ivoire & mobiles; on place deux boules d'ivoire fur le billard, la plus groffe vis-à-vis le marteau le plus éloigné du centre, & de cette maniere la maffe eft compenfée par la

vîteſſe ; & les deux boules frappées en même-tems arrivent au but , & en même tems.

68 Machine en cuivre dans laquelle le mobile décrit à l'œil la diagonale d'un quarré , par l'effet de deux forces égales appliquées à angle droit au mobile.

69 La cycloïde pour l'iſochroniſme.

70 La cycloïde pour la ligne de la plus grande vîteſſe , la parabole décrite par un mobile en proie à la force de projection , & à l'action de la force centrale ; les abſides & les ordonnées de la parabole ſont tracées ſur cette machine.

71 Grande machine , pour faire voir qu'un corps qui tombe obliquement ſur un plan , ſe releve en faiſant avec le plan , un angle égal à l'angle d'incidence.

MÉCHANIQUE.

MACHINES SIMPLES.

72 LE lévier, en bois des Indes , toujours en équilibre ſur ſon ſupport , au moyen d'un cylindre de cuivre , qui, racourciſſant ou alongeant le petit bras du levier à volonté , compenſe l'effet des variations de l'armoſphere , la partie du ſupport qui eſt appliquée au levier eſt tranchante pour diminuer les frottemens.

73 La poulie mobile , & la poulie immobile.

74 Le treuil porté ſur des rouleaux de frottement pour rapprocher autant qu'il eſt poſſible la pratique de la théorie ; cette machine ainſi que les

poulies , le coin & les moufles eſt ſupportée par
la colonne.

75 Un plan incliné d'une nouvelle conſtruction qui
donne l'angle du plan incliné à volonté , & qui
permet de faire agir la puiſſance dans toutes
les directions poſſibles , le coin formé par deux
plaques de cuivre auxquelles on donne l'ouverture qu'on veut , on le ſuſpend entre deux
rouleaux que des poids connus rapprochent l'un
de l'autre.

76 Deux vis , à filets tranchans , une vis à filets
quarrés.

MACHINES COMPOSÉES.

77 Trois leviers qui agiſſent les uns ſur les autres , en
bois des Indes.

78 Une jolie romaine de cuivre pour péſer les
canons.

79 Autre romaine.

80 La machine du docteur Déſaguiller , pour faire
voir que la réſiſtance occaſionnée par les frottemens , eſt toujours le tiers du poids , & non
en raiſon de la grandeur des ſurfaces frottantes ;
cette machine ingénieuſe eſt très - bien faite ;
l'arbre qui ſupporte la zône eſt porté ſur des
roues , & la roue reçoit le mouvement d'un
reſſort auquel une gradation permet de donner
la même force.

81 Le levier de la garouſſe en cuivre.

82 La grue de Paudmore en cuivre , c'eſt un
modèle de celle qui fut employée pour le pont de
Londres.

83 Différentes moufles en cuivre , les unes à
poulies placées les unes au - deſſus des autres ,
les autres à poulies parallèles.

84 Un cric en cuivre.

85 La vis d'Archimede en bois des Indes, une autre en verre.

· 86 Différentes grues en bois.

87 Une combinaison de différentes machines simples, dans laquelle on fait monter un poids de cent livres par le seul effort d'un cheveu appliqué au volant.

88 Machine pour comparer la force des bras des hommes.

89 Autre pour comparer celle des doigts.

90 Différens cylindres pour évaluer la résistance occasionnée par la roideur des cordes.

91 Deux canons sur leurs affûts.

92 Un canon d'une nouvelle construction.

93 Deux mortiers.

94 Modeles de différens carriots pour le service de l'artillerie.

95 Une grande & belle balance.

96 Une balance d'essai, qui trébuche à la six-centieme partie d'un grain ; elle est de la plus grande perfection, & comme sa grande sensibilité auroit pu la faire varier par la seule agitation de l'air de la chambre, on la fait agir dans une boîte vitrée, au moyen d'une vis qui la souleve ; cette balance ingénieuse a son fléau porté sur des rouleaux d'or, & son support est en marquetterie.

97 La machine de Sgravesandes pour calculer l'effort des puissances qui agissent dans des directions plus ou moins inclinées.

98 Un charriot en cuivre qu'on peut mettre sur deux roues ou sur quatre roues, ce qui donne la facilité de connoître quelle est la charge de l'essieu dans ces deux circonstances.

99 Un rouage pour calculer les frottemens occasionnés par les engrenages.

100 La quadrature des montres à répétion en grand.

101 Différens modeles d'échappemens, foit à cylindre, foit à roues de rencontre, foit à cônes tronquées, foit à ancre.

O P T I Q U E.

102 Tous les phénomenes de cette partie de la phyfique font repréfentés en relief par des foies de différentes couleurs qui font voir le jeu & le croifement des rayons de la lumiere, & rendent fenfibles les phénomenes de l'optique, dioptrique, & catoptrique ; cette fuite eft unique, les miroirs font figurés par des morceaux d'ébene concaves & convexes les lentilles foit concaves, foit convexes, par des morceaux d'ivoire taillés de la même maniere ; le jeu des rayons dans les humeurs de l'œil, foit en s'approchant de la perpendiculaire, foit en s'en écartant, les défauts de la vue des Myops, & des Presbites font rendus fenfibles de cette même maniere ; on a eu le même foin pour qulques phénomenes aftronomiques, tels que la parallaxe.

103 Grand téléfcope grégorien de Nairne, monté fur un fupport en bois des Indes, & très-facile à diriger, au moyen de deux baguettes, dont l'une opere le mouvement horifontal, & l'autre le mouvement vertical.

Ce beau téléfcope a fix pieds de longueur fur huit pouces de diametre.

104 Une belle lunette montée fur un beau fupport, & qui fe meut par le même moyen que le téléfcope précédent.

105 Un téléfcope grégorien de feize pouces.

106 Un petit téléfcope qui fe peut porter dans la poche.

107 Un grand téléfcope neutonien.

108 Une lunette de onze pieds avec fon fupport.

109 Un miroir concave de métal, de grand diametre.

100 Un autre de moindre diametre.

111 Un autre.

112 Un miroir concave de verre étamé.

113 Un miroir convexe de verre étamé.

114 Une très-belle lentille de vingt-deux pouces de diametre, & de la plus grande perfection; on fent la difficulté de fe procurer des lentilles de cette grandeur & de cette beauté; elle produit un grand effet.

115 Une lentille compofée de deux calottes fphériques creufes qu'on peut remplir de différents fluides, pour examiner leurs pouvoirs réfractifs.

116 Un miroir cylindrique avec douze cartons.

117 Un miroir conique avec douze cartons.

118 Un miroir prifmatique avec douze cartons.

119 Un miroir triangulaire.

120 Un optique en perfpective avec plufieurs changemens.

121 Un optique ordinaire accompagné de beaucoup d'eftampes colées fur des cartons.

122 Un optique, dont on peut fe fervir avec des bougies.

123 La chambre obfcure de l'abbé Nollet.

124 Une autre en forme d'un livre *in-folio* à la maniere angloife.

125 Une lanterne magique qui fert le jour comme la nuit; les douze fignes du zodiaque & les planettes, telles qu'elles paroiffent au télefcope, font fur les verres.

126 Un microfcope folaire très-bon.

127 Six fupports pour les prifmes qui fervent à la décompofition de la lumiere; il y a des prifmes équilatéraux, d'autres ifocèles, & fur-tout un très-beau.

Cette partie qui regarde les expériences de Newton, est très-bien assortie, soit en lentilles, soit en verres colorés, pour intercepter ou laisser passer les rayons, soit en miroirs plans pour faire entrer le soleil, lorsqu'il est nécessaire, soit en verres à facettes pour la formation de l'étoile, soit en lentilles pour réunir les rayons en tout ou en partie, soit enfin dans tout ce qu'il faut pour la transmission de la lumiere.

128 Deux grands miroirs en carton doré avec leurs supports peints & vernis, pour l'expérience de Francfort.

On place ces miroirs, l'un vis-à-vis de l'autre, à la distance de vingt à trente pieds, plus ou moins loin; si l'on place un corps combustible au foyer d'un des miroirs, & un feu vif au foyer de l'autre, le corps combustible prend feu.

129 Un œil artificiel.

130 Un autre beaucoup plus grand pour le renversement de l'image.

131 Les effets de la réfraction.

Toutes les machines qui forment ce cabinet sont de la plus belle conservation, la plupart sont enfermées dans des boîtes vitrées; elles sont aussi parfaites qu'elles puissent l'être, & ont toutes servi dans des cours publics; on peut dont regarder ce cabinet comme un des plus beaux en ce genre.

Outre le détail ci-dessus, il est une foule d'objets qu'on a passé sous silence.

ASTRONOMIE.

132 La machine des forces centrales de Sgravesandes, avec quelques changemens qui en

rendent la manipulation facile ; on donne , au moyen de cette belle machine , la feconde loi de Kepler en expérience ; foit en variant les tems des réfolutions , foit en variant les maffes , foit en variant les diftances du centre. On peut encore faire voir en adaptant à cette machine une grande plaque circulaire de bois , qu'un corps placé fur un plan , tourne dans le même tems avec ce plan , en décrivant un cercle autour du centre commun , & que fi la force centrale ceffe d'agir , le mobile s'éloigne du centre par une ligne , qui étant prolongée pafferoit par le centre ; on démontre que des volumes égaux de fluides , de denfités différentes , renfermés dans un efpace déterminé en tournant autour du centre , s'en éloignent ou s'en approchent ; que les corps de maffe inégale peuvent compenfer leurs efforts en tournant , fi les maffes font en raifon inverfe des viteffes.

133 Un planetaire en cuivre , de près de trois pieds de diametre , avec les courbes apparentes & les courbes réelles, les planettes font fuppofées dans le plan de l'écliptique , leurs diftances du centre font proportionelles ; elles font inclinées fur leur axe , & ont le mouvement annuel , & le mouvement diurne.

Jupiter eft accompagné de fes quatre fatellites , dans leurs diftances relatives , & avec leur mouvement vrai ; le mouvement de la terre & celui de la lune ont été doublés , pour rendre les phénoménes plus fenfibles , Saturne eft entouré de fon anneau qui peut s'élargir , fe rétrécir , & fe placer dans différens plans ; on donne à tout ce fyftême planetaire , & même au foleil le mouvement au moyen d'une manivelle ; & comme un des côtés du planétaire porte un cadran, où font gravés tous les mois & tous les jours de l'année ; un tour de l'aiguille repréfente une année. La table qui fupporte cette machine eft octogone, & le tout fe recouvre d'une efpece de dôme vitré également octogone.

134 Une machine en cuivre pour la premiere loi de Kepler, celle des aires proportionnelles aux tems, le mouvement de la planette fe fait dans une ellipfe, & l'on voit à l'œil fon accélération, lorfqu'elle s'approche du périhélie, & fon retard lorfqu'elle s'en éloigne.

135 Deux grands globes Anglois avec leurs méridiens en cuivre ; fur le globe célefte, fe trouvent les nouvelles conftellations & fur le terreftre, la route de l'Amiral Anfon & celle des navigateurs qui avoient fait avant lui le tour du globe.

136 Une petite fphere & un petit globe à l'ordinaire.

M U S I Q U E.

137 Un grand fonometre très-bien fait ; on peut avec cet inftrument, prouver quel eft le degré de tenfion qu'il faut donner à des cordes, d'égale largeur, & d'égale groffeur, pour faire fonner la tierce, la quarte, la quinte ; les cordes font attachées par une de leurs extrêmités à des tourniquets qu'on charge de différens poids ; lorfqu'ils font dans le rapport de un à deux, on a l'octave ; s'ils font comme deux à trois, elles donnent la quinte.

138 Un harmonicà compofé de vafes de verre, dans une pofition verticale ; il y en a plufieurs de rechange.

A N A T O M I E.

139 Une belle tête en cire pour la section horisontale; une autre pour la section verticale.

140 Les poumons & le cœur ; les premiers, dans le moment de l'inspiration, avec la trachée-artere, & ses différens cartilages.

141 Le canal thorachique.

142 Une matrice à huit mois, avec l'enfant.

143 Le tronc de la femme & celui de l'homme.

144 L'estomac, avec le foie, la rate & le pancréas.

145 Un enfant dont tous les visceres peuvent se déplacer & se remettre.

146 Une extrêmité supérieure.

Nota. Toutes ces pieces sont parfaitement exécutées en cire par le célebre M. Sue, l'Oncle.

147 Le squelette d'un rachitique.

Ce morceau est rare dans son espece par la grande courbure des os.

148 Le squelette d'un enfant qui n'avoit qu'un œil au milieu du front.

149 Celui d'un autre qui n'avoit point de crâne.

150 Celui de deux enfans réunis avec leur modele en terre cuite.

151 Un grand sujet bien injecté pour la myologie, l'angiologie, & un peu de névrologie.

152 Un monstre avec quatre bras & quatre jambes, venu à terme.

Il est conservé dans l'esprit-de-vin.

Permis d'imprimer & distribuer. A Lyon, ce **15** *Novembre* **1782.**

B A S S E T.